Genova e Liguria. Storia del clima e del meteo (1965-2023)
di Paolo Pellegrino
ISBN 9788864388052

Via Massimo D'Azeglio 1-15
16149 Genova
(+39) 338.7676020
info@editricezona.it
editricezona.it

Edizione 2024

Paolo Pellegrino

Genova e Liguria
Storia del clima e del meteo
(1965-2023)

ZONA

Introduzione

Qual è l'immagine più consueta della Liguria dal punto di vista climatico? Non è difficile rispondere. Spesso per i non liguri, e in particolare per i padani, andare verso la Liguria simboleggia il fuggire dai rigori dell'inverno e del grigiore per correre verso il sole e un clima mite assicurato.

Sicuramente in quest'immagine c'è del vero. Succede infatti varie volte che, nel cuore dell'inverno, mentre la Val Padana è sotto una coltre di nebbia fredda e umida, sulla Liguria splenda il sole e si possa trovare una temperatura molto più mite. Tuttavia questo quadro è stato, specie negli ultimi decenni, ampiamente travisato, fino ad assumere quasi le caratteristiche di una specie di leggenda metropolitana.

Spesso, infatti, essendo stato per diversi anni insegnante di matematica in scuole del Piemonte, e avendo pendolato da Genova fino al 2008, diversi colleghi mi hanno rivolto la domanda su che tempo facesse nella mia città, sicuri che, anche se in quella località piemontese stesse piovendo, io avrei risposto che a Genova splendeva un sole meraviglioso.

E d'altra parte anche alcune canzoni non aiutano a dipingere un quadro reale del nostro clima. Per esempio, *Genova per noi* dell'astigiano Paolo Conte recita: "Genova per noi, che abbiamo il sole in piazza rare volte e il resto è pioggia che ci bagna", oppure: "Lasciaci tornare ai nostri temporali, Genova ha i giorni tutti uguali".

Se infatti andiamo a vedere la media della piovosità di Torino, Asti e Alessandria, e la confrontiamo con quella di Genova, non solo scopriremo che nella nostra città, in un anno, piove almeno il doppio, ma anche che i giorni con pioggia[1] sono più numerosi.

E allora come si conciliano le credenze popolari con la fredda realtà statistica? Proviamo a dare una risposta esauriente.

---

1 Per giorno con pioggia s'intende una giornata in cui cade almeno 1 mm di pioggia.

Innanzitutto, il piemontese medio ha l'immagine della Liguria delle vacanze e della seconda casa, e generalmente le località più frequentate dai piemontesi sono quelle della Riviera di Ponente, nel tratto da Savona a Ventimiglia. Il clima di quest'area, in realtà, è notevolmente diverso rispetto a quello della parte centrale e orientale della Riviera, specialmente rispetto a quello di Genova.

Si può infatti affermare che, in quel tratto di costa che va da Capo Mele al confine francese, l'inverno praticamente non esiste o, al massimo, può registrare qualche giornata veramente fredda, ma per il resto della stagione il clima è molto mite e, spesso, anche molto soleggiato. Quella zona è infatti particolarmente privilegiata da Madre Natura, poiché le Alpi Liguri, che a pochi chilometri dalla costa raggiungono già considerevoli altezze, e precipitano ripide verso il mare, con rare zone pianeggianti, separano letteralmente quella parte di costa dal resto meteorologico del Nord: in tutti i sensi, poiché non solo la proteggono dal freddo, ma anche da molte ondate di maltempo.

Se guardiamo infatti quanti giorni con pioggia si verificano a Sanremo, scopriremo che il valore è sui 60 annui, contro i 135-140 medi della Riviera di Levante e i 125-135 di Genova: si tratta di una differenza enorme!

C'è però da fare un'altra considerazione: non solo il piemontese e il lombardo in genere hanno un'idea distorta del clima della nostra regione, ma vale anche il contrario: quante volte molti miei amici concittadini, quando lavoravo in Piemonte, mi espressero sentimenti di solidarietà per il fatto che affrontassi "inverni rigidissimi, nebbia, brutto tempo, cielo sempre grigio".

In realtà, non tanto in inverno, quanto nelle altre stagioni, specialmente in estate, moltissime volte sono partito da Genova con l'ombrello e, dopo la galleria del Turchino o dei Giovi, ho riscontrato un miglioramento del tempo, sempre più deciso a mano a mano che procedevo verso il Piemonte.

Quindi il problema è duplice: per il ligure medio, spesso l'Appennino o le Alpi separano il sole e la luminosità mediterranea da "una notte sicura"; viceversa, per il piemontese e il lombardo, oltre l'Appennino è sempre primavera.

Perché tutta questa confusione? I motivi sono vari.

Innanzitutto, occorre distinguere tra "giorno con pioggia" e "giorno di pioggia", nel senso che la prima definizione indica che nella giornata è caduto almeno 1 mm di pioggia, mentre la seconda indica che "è piovuto per l'intera giornata senza interruzione".

In Liguria, specie nella parte centrale e orientale, e in tutto l'entroterra, i giorni con pioggia sono in genere tra i 95 e i 140 annui. In tutta la Liguria, specie sulla costa, non sono frequentissime le piogge fini, persistenti e prolungate, ma spesso a forte maltempo segue la schiarita, e magari dopo alcune ore un nuovo peggioramento, mentre a Milano, per esempio, sono leggermente più frequenti quel tipo di precipitazioni un poco noiose, anche se il numero di giorni con pioggia è inferiore rispetto a Genova.

I numeri poi mettono tutto a posto.
Per i giorni *con* pioggia, danno:

Torino:	83
Milano:	100
Genova:	132

Ma guardate cosa succede per i giorni *di* pioggia:

Torino:	45
Milano:	83
Genova:	78

I commenti sono superflui.

Emerge comunque che il clima piemontese è, in ogni caso, assai più povero di piogge rispetto a quello ligure; ma, poiché in Piemonte e in Lombardia sono frequenti le nebbie, in queste due regioni il soleggiamento complessivo annuale è inferiore a quello di molte zone costiere liguri (anche nel Genovesato, benché la costa di Ponente sia una vera "acchiappanuvole"), ecco svelato il mistero della leggenda metropolitana ed ecco giustificato forse un poco quanto Paolo Conte ha scritto nella sua famosa e bella canzone.

Anche riguardo alle temperature, occorre fare più di una distinzione: vediamo alcune medie del gennaio ligure, piemontese e lombardo:

Genova:	7.5° C
Savona:	6.0° C
Imperia:	9.0° C
Ospedaletti:	10.2° C
Rapallo:	8.1° C
Milano:	1.9° C
Torino:	0.3° C
Asti:	0.0° C
Alessandria:	–0.2° C

Da quest'elenco, sembra giustificato il piacere dei piemontesi e lombardi a recarsi in pieno inverno nella nostra regione. E in parte è così. Bisogna però tenere conto della sensazione termica dovuta a vento e umidità[2].

Il Piemonte e la Lombardia padani hanno inverni in genere caratterizzati da calme atmosferiche, ovvero assenza quasi totale di vento: l'organismo umano percepisce quindi circa la stessa temperatura espressa in gradi centigradi (con una sensazione di maggior freddo in presenza di dense nebbie e umidità).

Ma per la Liguria il discorso è diverso. Se si parla di molte località della Riviera, in special modo di Levante, protette a Nord Est dalla tramontana, è chiaro che il turista lombardo o piemontese che vi giunge ha una sensazione di clima assai più mite.

Per Genova e Savona purtroppo è diverso, poiché, a parte ristrette oasi micro-climatiche (Pegli, Nervi), su queste città in inverno tira spesso vento e non troppo raramente raggiunge punte considerevoli,

2 Per sensazione termica s'intende la temperatura che percepisce il nostro corpo: ovvero, se fuori il termometro segna 0° C, non sempre il corpo percepisce zero; per esempio, se si è in presenza di vento, anche a 30 km/h, il corpo percepisce una temperatura molto più bassa; analogamente per l'umidità, ma in misura meno accentuata.

accentuando così enormemente la sensazione di freddo (la famosa temperatura percepita). Nella stessa Genova, poi, il divario tra quartieri è enorme, e non solo per l'esposizione diversa ai freddi venti Nord orientali, ma anche per la temperatura.

Nel seguente elenco, riporto alcune medie del gennaio nei vari quartieri di Genova, seguite da *** se molto ventoso, da ** se normalmente ventoso, da * se parzialmente ventoso, e da nessun segno se assai poco ventoso (mi riferisco al vento freddo da Nord o Nord Est, quello che così spesso in un inverno normale perseguita il cittadino genovese, ma rende anche l'aria assai meno inquinata rispetto ad altre città).

Voltri:	6.5° C ***
Pra'':	6.7° C ***
Pegli:	8.9° C
Sestri Ponente:	7.7° C **
Cornigliano:	7.0° C ***
Sampierdarena:	7.2° C ***
Rivarolo:	6.0° C **
Bolzaneto:	5.3° C **
Pontedecimo:	4.5° C *
Centro:	7.7° C **
Foce:	7.5° C ***
Staglieno:	7.2° C **
Molassana:	6.7° C **
Prato:	5.8° C **
San Martino:	6.8° C ***
Borgoratti:	7.3° C **
Albaro:	7.4° C **
Sturla:	7.7° C **
Quarto:	8.0° C *
Quinto:	8.9° C *
Nervi:	9.8° C

Il lettore può facilmente intuire come in zone come Voltri e Pra', e soprattutto nei quartieri collinari, l'inverno sia in genere tutt'altro che mite.

Se poi consideriamo certe giornate d'inverno, non molto rare a Genova, con pioggia e forte vento di Tramontana Scura[3], ecco che il mix è fatto.

Spesso però a simili giornate ne seguono di splendenti, in cui lo sguardo all'orizzonte spazia fino alla Corsica, e quindi il genovese e il ligure in genere è spesso premiato da tanta furia degli elementi, poiché il tempo bello, quello col cielo terso e la visibilità ottima, anche se a Genova non dura moltissimi giorni, è veramente bello, e la natura lavata dalla pioggia caduta energicamente sembra volersi mostrare in tutto il suo splendore sotto un sole spesso radioso, anche nel cuore dell'inverno.

In ogni caso, se vogliamo addentrarci maggiormente nell'esplorazione del clima della nostra regione, scopriremo che si tratta di un lavoro affascinante, poiché la Liguria, pur in un territorio limitato, vanta un rapido passaggio tra climi completamente diversi, e persino nella stessa Genova il clima non è affatto uniforme, e non certo per sfumature di decimi di grado; infatti in inverno varia parecchio da un quartiere all'altro, a causa della diversità d'esposizione e dell'orografia.

Iniziamo quindi questo cammino all'affascinante scoperta della bellezza e della varietà del nostro clima, che possiamo definire sicuramente mite, ma che offre all'appassionato fenomeni di tutti i tipi, e variazioni anche repentine da un giorno all'altro e da zona a zona.

---

3 La Tramontana Scura è un vento che si verifica di frequente a Genova in autunno e inverno, raggiungendo anche punte considerevoli. Lo si ha in presenza di una bassa pressione a S della città e correnti da S o SE o SO in quota. Queste correnti calde, superato il crinale dell'Appennino, sostituiscono l'aria fredda pesante con aria più calda, e la ricacciano verso la costa. Di conseguenza, spesso a Genova piove con forte vento di tramontana (scura) che proviene dalla Pianura Padana, e raffredda di molto l'atmosfera cittadina.

L'intento di questo libro è quello di aiutare il lettore in questa scoperta, e per questo è stato strutturato nel seguente modo:

1) Analisi delle 26 zone climatiche in cui è stata Suddivisa la nostra regione.

2) Descrizione del clima e tempo che a Genova e dintorni ha caratterizzato il periodo dal 1965 a fine 2023, con riferimenti a quanto contemporaneamente accadeva nel resto d'Italia e all'estero.

I numerosi climi della Liguria

Pur nella sua non grande estensione, la Liguria vanta un'estrema eterogeneità di climi, anche tra valli o località vicine. Una variabilità annuale è una caratteristica non solo della Liguria, ma del clima di tutto il Nord Ovest italiano, in special modo del Piemonte e della Lombardia occidentale; per questo a inverni molto rigidi possono seguirne molto miti o viceversa (è il caso del 1928-29 seguito dal 1929-30, o della freddissima terna 1984-85-86-87 seguita dalla mite terna 1987-88-89-90).

Vi sono anni molto piovosi, come per esempio l'anno record 2014, il 2002, il 2010 e il 2013, e anni con forti siccità, come il 2003 e, soprattutto, l'anno record 2017. Tuttavia, in Liguria certi eventi estremi (ondate di gelo o di caldo, siccità) non sono mai così "estremi" (eccetto le alluvioni, vera piaga del nostro clima).

Tra il 1870 e il 2018 l'anno più secco a Genova è stato il 2017, con 510 mm di pioggia, che è la normale media annuale del delta del Pò (meno recentemente, è stato molto secco il 2007, con quasi 750 mm complessivi, e in passato fu molto secco il 1921, con 610 mm); l'anno più piovoso invece è stato il 2014, con 3062 mm, seguito dal 1872, con 2700 mm, dal 2002, con 2382 mm, dal 2010, con circa 2250 mm, e dal 1977, l'anno più piovoso del XX secolo, con circa 2100 mm (nel 2013 sono caduti circa 2050 mm).

In ogni caso si possono comunque evidenziare altre caratteristiche del clima ligure nella sua globalità:

a) La mitezza del clima invernale in alcune aree della costa;

b) La notevole ventosità invernale del versante marittimo delle Alpi, dell'Appennino e di molte aree della costa meno riparate verso Nord o Nord Est.

c) La frequenza degli eventi alluvionali, più frequenti nella parte centrale, ma a cui non sfugge nessuna zona del nostro territorio.

d) Il periodico verificarsi di stagioni siccitose, seguite da lunghi periodi di forti precipitazioni, specialmente nella parte occidentale della nostra regione.

e) Una certa variabilità del tempo, specialmente in inverno, dove a una giornata rigida può seguirne una mite e in seguito un'altra rigida.

f) Il notevole numero di temporali nella seconda parte dell'estate e all'inizio dell'autunno, spesso con carattere di nubifragi.

g) La debole escursione termica diurna di tutta la costa, del versante marittimo delle Alpi e dell'Appennino, che spesso in estate comporta, specie nelle grandi città, notti molto afose malgrado la temperatura massima molto raramente superi i 30°C.

Le zone climatiche liguri

Volendo condurre un'analisi dettagliata e abbastanza precisa del clima della nostra regione, la Liguria si presta a essere divisa in tante fasce climatiche quante sono le lettere dell'alfabeto.

Noi la divideremo nelle due macro aree 1) e 2), rispettivamente la zona costiera e la zona interna.

Vedremo comunque che, anche all'interno di ogni macro area, le differenze sono notevolissime.

1) Climi costieri

A) IL CLIMA DELLA COSTA OCCIDENTALE DAL CONFINE FRANCESE A CAPO MELE

Gli inverni sono molto miti, con medie del mese più freddo dai 9°C d'Andora agli 11°C di alcuni punti di Ospedaletti; il gelo e la neve sono eventi eccezionali.

Le estati sono moderatamente calde, con medie del mese più caldo dai 22°C ai 23.5°C. In ogni stagione, le temperature possono subire brusche temporanee impennate a causa del Fohn (vedi nota al paragrafo Q), peraltro molto frequente, con massime di 22°C nel mese più freddo e di 37°C in quello più caldo.

Le precipitazioni sono moderate e variano dai 700 mm della zona d'Imperia agli 850 mm presso Capo Mele o il confine Francese; il numero dei giorni annuali con precipitazioni è limitato e varia dai 50 ai 65 giorni. Il regime pluviometrico è prettamente sublitoraneo, in altre parole con massimo principale in autunno e secondario in inverno. Si registra un'accentuata siccità in luglio e agosto, con medie mensili di 15 mm.

Il soleggiamento annuale è di circa 2600 ore (come a Lisbona, sebbene essa sia situata a sei gradi di latitudine più a Sud).

B) IL CLIMA DELLA COSTA OCCIDENTALE DA CAPO MELE A BERGEGGI

Gli inverni sono miti, ma con episodi di forte vento da E-NE che può abbassare le temperature. Le medie del mese più freddo variano dagli 7°C d'Albenga ai 9°C di Alassio; il gelo è rarissimo, mentre il numero dei giorni nevosi è di 1 l'anno.

Le estati sono moderatamente calde, con medie del mese più caldo dai 23°C ai 24°C.

Le precipitazioni non sono molto abbondanti, e variano dagli 850 mm di Capo Mele ai 1050 mm di Bergeggi. Il numero dei giorni con precipitazioni cresce da Ovest a Est, e varia dai 65 di Capo Mele ai 90 di Bergeggi. Le precipitazioni hanno massimo principale in autunno e secondario in primavera, ma manca una stagione decisamente secca, poiché anche in estate, a causa di qualche temporale a volte forte, le medie sono superiori a 30 mm mensili.

Il soleggiamento annuale è di circa 2400 ore (come a Porto, Nord Portogallo, malgrado essa sia situata piu' a Sud di 3 gradi di latitudine).

C) IL CLIMA DELLA COSTA OCCIDENTALE TRA VADO ED ALBISOLA SUPERIORE

È caratterizzato da inverni non molto freddi, ma che i forti venti di Tramontana possono rendere molto sgradevoli. La media del mese più freddo è di circa 6°C-6.5°C; il gelo è raro mentre le nevicate non sono rarissime, con una media di 3 giorni l'anno. Queste, quando avvengono, si presentano sotto forma di bufera, ma in ogni caso la neve resiste al suolo solo per pochi giorni.

Le estati sono moderatamente calde, ma l'elevata umidità le può rendere afose; le medie del mese più caldo variano dai 23°C ai 24°C.

Le precipitazioni sono abbastanza abbondanti, intorno ai 1050-1100 mm, e il numero dei giorni con precipitazioni è di circa 90-95. Il regime pluviometrico è appenninico, e cioè con massimo principale nell'autunno e secondario nella primavera; il minimo è estivo, ma manca una stagione decisamente secca, poiché in estate possono verificarsi forti temporali, e le medie mensili dei mesi estivi sono superiori ai 45 mm.

Il soleggiamento annuale è di circa 2250 ore (come a Vigo, Galizia, Spagna).

D) IL CLIMA DELLA COSTA OCCIDENTALE DA ALBISOLA CAPO A CREVARI

È caratterizzato da inverni in complesso miti, con medie del mese più freddo tra 7°C e 8.5°C. Nel caso d'irruzioni fredde da Est possono verificarsi intervalli con temperature più basse e forte vento, che le rende sgradevoli. Il gelo è raro e le nevicate hanno una media di 2.5 giorni l'anno (Varazze, isola microclimatica riparata dal Monte Beigua, ne registra 2).

Le estati sono moderatamente calde e leggermente meno afose che a Savona, con medie tra i 23°C e i 24°C.

Le precipitazioni sono abbastanza abbondanti, ma crescono rapidamente verso il punto più interno del golfo, variando dai 1100 mm di Celle ai 1200 mm di Cogoleto e ai 1600-1800mm di Vesima e Crevari.

Il numero di giorni con precipitazioni varia dai 95 di Celle ai 130 di Crevari. Il regime pluviometrico è ancora appenninico, ma col massimo che, a mano a mano che ci si avvicina al punto più interno del golfo tende a spostarsi nella tarda estate-inizio autunno, senza una stagione decisamente secca. L'estate può registrare forti temporali e la media del mese meno piovoso (luglio) è attorno a 50 mm.

Il soleggiamento annuale è di circa 2250 ore (come a Vigo, Galizia, Spagna).

E) IL CLIMA DELLA COSTA ORIENTALE DA VOLTRI A PRA (CASTELLUCCIO DI PEGLI)

È caratterizzato da inverni non molto freddi, ma con forti venti di Tramontana assai frequenti, che spesso possono durare giorni. La temperatura varia dai 6°C ai 6.5°C nel mese più freddo.

È la zona costiera più nevosa della Liguria, con una media di 4 giorni l'anno e le nevicate si presentano sempre come violente bufere. Il gelo è solo leggermente più frequente rispetto alle altre zone costiere, e infatti i giorni con temperatura sottozero rimangono inferiori ai 7 annui.

L'estate è moderatamente calda, con media sui 23.5°C, ma umida e afosa.

Le precipitazioni sono molto abbondanti, variando dai 1700 ai 2050 mm del punto più interno del golfo (i valori superiori a 2000 mm si registrano solamente tra la foce del Cerusa e quella del Leiro).

Il regime è molto particolare: massimo principale nella tarda estate-inizio autunno (fino a metà novembre) e secondario in aprile-maggio, con una media di 135 giorni con pioggia annui, ma ogni mese può registrare piogge intense, benché il minimo si abbia in luglio, con circa 70 mm.

È la zona generalmente più colpita dai temporali estivi, spesso assai violenti, che a volte assumono il carattere di persistenza per varie ore (autorigeneranti).

Il soleggiamento annuale non è molto buono (2000 ore di sole annue, come nella Costa Galiziana Occidentale, Spagna): il cielo è frequentemente nuvoloso e si ha un maggior numero di giorni sereni e limpidi nell'inverno rispetto alle altre stagioni grazie ai forti venti di Tramontana.

F) IL CLIMA DELLA COSTA ORIENTALE DA PEGLI (CASTELLUCCIO) A METÀ VIA MERANO DI SESTRI

È caratterizzato da inverni miti e assai meno ventosi rispetto al resto di Genova; la media del mese più freddo è attorno a 9°C con rarissimi giorni di gelo e rarissime nevicate (media annuale: 1 giorno).

L'estate è moderatamente calda, con media del mese più caldo di 24°C, molto umida e afosa.

Le precipitazioni sono abbondanti, con una media annuale intorno ai 1500 mm, con massimo principale da agosto a novembre (ottobre è il mese più piovoso) e secondario in primavera.

L'estate registra spesso forti temporali. Manca un periodo fisso decisamente secco, essendo la media delle precipitazioni nel mese più asciutto (luglio) sui 60 mm. Il numero dei giorni con precipitazioni è di circa 130-135 l'anno.

Il soleggiamento non è molto buono (2050 ore di sole annue, come nella costa della Galizia Occidentale, Spagna), migliore in inverno.

G) IL CLIMA DELLA COSTA ORIENTALE DA SESTRI (METÀ VIA MERANO) ALL'ASSE DEL RIGHI E DELLA BASSA VAL POLCEVERA (FINO ALLA COOP DI TEGLIA)

È caratterizzato da inverni non freddi, con temperature del mese più freddo che variano dagli 8°C della zona di Via Merano e del Centro Storico di Genova ai 5°C della parte più lontana dal mare della bassa Val Polcevera. La zona è caratterizzata da frequenti e forti venti di Tramontana, specie sulle alture e nel tratto terminale della Val Polcevera; il numero dei giorni con gelo varia dai 3 di Via Merano e del Centro Storico ai 7 di Rivarolo.

La neve non è rarissima, con numero di giorni nevosi che va dai 3 della costa (3.5 alla foce del Polcevera) ai 4.5 della parte più interna.

L'estate è moderatamente calda, con medie del mese più caldo tra 23.5°C e 24.5°C, con deboli escursioni. Tuttavia l'umidità, sempre piuttosto elevata, la rende afosa.

Le precipitazioni variano dai 1200 mm della foce del Polcevera ai 1500 mm di Sestri Ovest e Genova Centro, fino ai 1400 mm di Rivarolo (parte più interna). Il regime pluviometrico è appenninico, con massimo spiccato dalla tarda estate all'intero autunno (ottobre è il mese più piovoso) e le altre stagioni con piogge sempre copiose, ma molto meno abbondanti del periodo di massimo assoluto; l'estate è la stagione meno piovosa, ma di molto poco rispetto alla primavera e all'inverno (anche luglio, il mese più asciutto, registra una media che va dai 56 mm di Sestri-Borzoli e Rivarolo-Teglia Bassa ai 40 di Genova Centro e i circa 30 mm dell'Aeroporto di Sestri, perché situato più lontano dallo spartiacque montuoso dove avviene lo scontro delle masse d'aria umida.

Si registrano temporali estivi notevolmente forti, specie in agosto. Il numero dei giorni piovosi è di circa 132 l'anno.

Il soleggiamento non è molto buono (2100 ore di sole annue, come nella costa occidentale della Galizia a Nord di Vigo), migliore in inverno rispetto all'estate.

Questa zona può essere ulteriormente divisa in tre (in realtà due) sottozone:

G1) DA METÀ VIA MERANO DI SESTRI
ALLA STAZIONE DI CORNIGLIANO

G2) DALLA LANTERNA ALL'ASSE DEL RIGHI
che presenta inverni leggermente più miti e meno ventosi,
con media di 3 giorni nevosi l'anno.

G3) DALLA STAZIONE DI CORNIGLIANO
ALLA LANTERNA, con inverni più freddi, ventosi
e media dei giorni nevosi dai 3.5 nella costa ai 4 di Rivarolo.

H) IL CLIMA DELLA COSTA ORIENTALE DALL'ASSE DEL RIGHI FINO A INIZIO QUARTO (OSPEDALE GASLINI) E DELLA BASSA VAL BISAGNO FINO AL CIMITERO DI STAGLIENO

È caratterizzato da inverni non freddi, con medie del mese più freddo che variano dagli 8°C di inizio Quarto ai 6°C di Marassi Alta, rincruditi spesso da forti venti di Tramontana Scura, che proprio in questo settore, uniti a perturbazioni atlantiche, causano i maggiori accumuli autunnali-invernali rispetto alle altre zone. Il Righi coincide infatti con l'isoieta[4] inverno = primavera, nel senso che a Est di esso il

4 Un'isoieta è una linea che unisce tutti i punti in cui si registra la stessa quantità di pioggia. In questo caso, per isoieta inverno = primavera s'intende la linea che unisce tutti i punti che separano la zona dove il massimo secondario delle piogge è in primavera (a Ovest) da quelle in cui questo è in inverno (a Est).

massimo secondario delle precipitazioni non è più primaverile, ma invernale (regime sublitoraneo).

Il gelo è raro, con una media dai 3 ai 6 giorni annui, mentre il numero medio di giorni nevosi va dai 3 del Centro ai 4 della Val Bisagno. In questa zona la Tramontana Scura crea anche i maggiori accumuli negli eventi nevosi, che si presentano sotto forma di bufera.

L'estate è moderatamente calda, con medie del mese più caldo dai 23.5°C ai 24.5°C, umida e afosa, con debole escursione termica diurna. agosto può registrare forti temporali.

Le precipitazioni sono abbondanti, tra i 1300 mm di Corso Italia e i 1500 mm della zona di Staglieno, con massimo principale in autunno e secondario nell'inverno. Manca una stagione decisamente secca, essendo la media del mese meno piovoso (luglio) tra 40 e 45 mm.

Il numero dei giorni piovosi va dai 130-135 nella parte più occidentale ai 138 nell'estremo confine orientale della zona.

Il soleggiamento è discreto, ma nulla più (2222 ore di sole annue, come nella periferia Nord di Vigo, Galizia, Spagna). Frequenti i giorni nuvolosi e coperti; il maggior numero di giornate limpide si ha nell'inverno.

I) IL CLIMA DELLA COSTA ORIENTALE DA QUARTO (OSPEDALE GASLINI) AL PROMONTORIO DI PORTOVENERE

È caratterizzato da inverni miti, con temperature del mese più freddo che variano dai 10°C di Nervi agli 8°C di Quarto, dagli 8°C di Deiva Marina ai 9°C di Bonassola, con una media intorno agli 8°C in quasi tutte le zone, 9°C solo nei punti più riparati (Cinque Terre), e 10°C solo in particolarissimi tratti che hanno considerevoli rilievi immediatamente a ridosso della costa (Nervi).

Si può affermare che anche la Riviera di Levante possiede moltissimi microclimi, ma questi non sono stati trattati poiché rappresentano differenze meno uniformi e non suddivisibili in zone, come nel Ponente. Per fare un esempio, si può dire che a Deiva Marina l'inverno è più rigido e ventoso rispetto a Bonassola, ma poiché in tutta questa riviera la neve è molto rara, dato che a ogni ondata di maltempo sopraggiunge lo Scirocco, vento umido da SE che alza le temperature, non si possono fare troppe distinzioni e catalogazioni, almeno rispetto a quanto si prefigge questo testo.

Come già detto, la neve è quindi un evento molto raro, che si presenta solo in casi di forti irruzioni fredde da E-NE (Burian), e il numero dei giorni nevosi è inferiore a 1 l'anno. Il gelo è molto raro, con una media annuale di 2-3 giorni.

La zona più orientale può risentire del Mistral del Golfo del Leone, un vento freddo che proviene dalla Valle del Rodano, alle spalle di Marsiglia.

Le estati sono moderatamente calde, con medie sui 24°C-24.5°C, e presentano deboli escursioni, ma in complesso sono meno afose rispetto a Genova.

Le precipitazioni, abbondanti, variano in questo modo: sui 1500mm nel Golfo Paradiso; 1600-1650mm tra Portofino e Zoagli, tra i 1500 e 1200 mm tra Chiavari e Levanto, incrementandosi nelle Cinque Terre fino a 1700 mm annui nella zona tra Coniglia e Riomaggiore. Il regime pluviometrico è sublitoraneo, con massimo principale nell'autunno e secondario nell'inverno. Solo il mese di luglio è abbastanza asciutto, con medie sui 20 mm, poiché negli altri due mesi estivi si registra un discreto numero di temporali, il cui numero è tuttavia minore rispetto a Genova e al Ponente, con uno spostamento verso l'autunno. Forti precipitazioni si hanno invece nel tardo autunno-inverno. Il numero dei giorni con precipitazioni varia dai 138 di Nervi ai 140 delle Cinque Terre.

Il soleggiamento è discreto e aumenta da Ponente a Levante, passando dalle 2230 ore di sole annue di Quinto fino alle 2350 ore di sole annue delle Cinque Terre (è come da Vigo procedere verso Sud e arrivare in una località della costa settentrionale portoghese tra Oporto e Viana Do Castelo).

J) IL CLIMA DEL GOLFO DEI POETI

Registra inverni non freddi, ma con escursioni termiche leggermente maggiori rispetto alle altre zone della Liguria. Nella zona della Spezia, infatti, il numero di giorni di gelo sale a 10 annui, facendo scendere la media del mese più freddo a 6°C-6.5°C.

Nelle altre zone il clima è più mite, con medie del mese più freddo sui 7°C-8°C, e il numero di giorni con gelo intorno a 5 annui.

In occasione d'irruzioni fredde, la zona può essere interessata da forti venti. La neve è in ogni caso molto rara, con 1 giorno nevoso l'anno, poiché il fenomeno genovese e savonese della Tramontana Scura qui è assente, e ogni perturbazione è quasi sempre accompagnata da venti sciroccali (solo la città di La Spezia e l'immediato entroterra, per una particolare specie di Tramontana Scura meno fredda che si forma al Passo della Cisa, ha una media di giorni nevosi di 1.5 l'anno).

L'estate è moderatamente calda, ma con maggiori escursioni termiche rispetto alle altre zone della Liguria; per questo motivo, anche se la media del mese più caldo è sui 24°C-25°C, massime superiori a 30°C sono abbastanza frequenti.

Le precipitazioni sono abbondanti, e variano dai 1500 mm della Spezia ai 1200 di Portovenere e della zona di Lerici e Tellaro.

Il numero dei giorni con precipitazioni è circa 140 l'anno. Il regime pluviometrico è sublitoraneo, con massimo principale nel tardo autunno e secondario nell'inverno, con una moderata siccità in luglio (in cui si registrano circa 20 mm di pioggia).

Il soleggiamento è abbastanza buono, specie in estate (2350 ore di sole annue).

K) IL CLIMA DELLA BASSA VAL DI VARA (FINO A PIANA DI BATTOLLA), DEL PIAN DI MAGRA E DELLE IMMEDIATE COLLINE PROSPICENTI

È caratterizzato da inverni non molto freddi (media di gennaio tra 6°C e 7°C), ma con maggiori escursioni termiche rispetto al resto della Liguria costiera; i giorni con gelo sono però più frequenti (sui 12-13), ma con nevicate assai rare (1-1.5 giorni annui), dato che il tempo perturbato è spesso accompagnato dallo Scirocco o dal Libeccio.

In caso di anticiclone russo, la zona può essere interessata da forti venti da NE.

Le estati sono piuttosto calde, con medie sui 24.5°C-25°C, ma frequenti sono temperature massime superiori ai 30°C.

Le precipitazioni sono abbastanza abbondanti, tra i 1100 mm del confine toscano e i 1400 mm della zona della Val di Vara verso Piana Battolla, con una media di 140 giorni annui. Il regime pluviometrico è sublitoraneo, con massimo principale nell'autunno inoltrato e secondario nell'inverno e con minimo estivo (luglio registra dai 20 mm della costa ai 30 delle zone più interne).

Il soleggiamento è abbastanza buono, specie nel semestre caldo (2350 ore di sole annue).

2) Climi interni

L) IL CLIMA DELLE VALLI E RILIEVI DEL VERSANTE MARITTIMO DI PONENTE, DAL CONFINE FRANCESE AL COLLE DEL MELOGNO (E ASSE MELOGNO- BERGEGGI)

È caratterizzato da inverni più freddi rispetto alla costa, con la temperatura che diminuisce con l'altitudine, variando dai 2°C del Colle del Melogno ai 7°C-8°C delle zone più vicine al mare (media del mese più freddo). Tuttavia nella zona non si hanno quasi mai inverni veramente freddi (a parte oltre gli 800 m di quota), poiché la neve risente dell'influenza mitigatrice del mare; il gelo spesso è più frequente nelle valli più incassate, che hanno maggiore escursione termica diurna e annuale rispetto ai pendii.

La media dei giorni nevosi varia da 2-3 nelle zone più vicine al mare e nelle valli; la media dei giorni di gelo invece varia da 15 delle valli a 5 delle zone più vicine al mare. La zona non è esente dal fenomeno della Tramontana Scura, anche se maggiormente mitigata rispetto alla parte centrale del golfo a causa della compressione adiabatica[5] fornita dalla discesa di quota.

Le estati sono in complesso non molto calde, ma con diversi fattori locali: in località come Pigna si possono superare frequentemente i 30°C, essendo maggiore l'escursione termica. La temperatura del

5 Per compressione adiabatica s'intende il riscaldamento di una massa d'aria durante la discesa di quota, nel senso che se, per esempio, una raffica di vento parte da quota 1000 m, nella discesa verso il mare l'aria diventa più pesante e nello stesso tempo si riscalda, attraversando quote sempre più basse. Adiabatica significa "che non perde calore", nel senso che, diventando più pesante, dovrebbe raffreddarsi. In realtà la perdita di calore è compensata dall'innalzamento della temperatura con l'abbassamento di quota.

mese più caldo varia dai 17°C-18°C del Colle del Melogno ai 24°C di Pigna, ma la media nella maggior parte del territorio è sui 22°C-23°C. La non eccessiva umidità rende il clima estivo assai più gradevole rispetto a Genova o Savona.

Le precipitazioni sono ovunque piuttosto abbondanti, variando dai 900 mm di Taggia ai 1500 mm delle zone poste più in quota e più esposte ai venti umidi del mare; in complesso la maggior parte del territorio ha valori tra i 1000 mm e 1200 mm. Manca la siccità estiva della costa imperiese, poiché tutta la zona nella stagione calda è soggetta a frequenti temporali, pur di non lunga durata, sicché la media delle precipitazioni nel mese più secco (luglio) va dai 30 mm di Dolceacqua ai 70 mm del Melogno e dell'Alta Val Nervia.

Il numero di giorni piovosi, rispetto alla costa, è elevato proprio a causa dei frequenti temporali estivi e varia dagli 80 dell'immediato entroterra di Taggia ai 110 del Melogno e dell'Alta Val Nervia. Il regime pluviometrico è appenninico, con massimo principale nell'autunno e secondario nella primavera.

Il soleggiamento è abbastanza buono, ma decresce con la quota (da 2400 a 2000 ore di sole annue).

M) IL CLIMA DELLA ZONA DELLE ALPI LIGURI AL DI SOPRA DEI 1000 m

È un clima tipicamente alpino, con inverni rigidi; la vicinanza del mare può tuttavia determinare l'improvvisa riduzione del manto nevoso, come per esempio a Monesi.

La temperatura del mese più freddo è compresa tra i –4°C della cima del Monte Saccarello e i 4°C delle zone più protette dai venti del Nord; le nevicate sono frequenti, ma intense sciroccate invernali possono portare la pioggia anche oltre i 1500 m. I giorni di gelo sono maggiori nelle valli meno accessibili rispetto ai pendii, anche a quote elevate.

Le estati sono ovunque fresche, con medie generalmente intorno ai 18°C-20°C, che possono scendere anche a 15°C sulle cime più alte. Le precipitazioni sono abbondanti, intorno ai 1200-1500 mm annui, con regime appenninico: massimo principale nell'autunno e secondario nella primavera, ma in pratica con eguale quantità di precipitazioni tra estate e inverno. I giorni con precipitazioni variano tra 110 e 120, aumentando in prossimità delle vette.

Il soleggiamento è variabile ma in complesso abbastanza buono, specie in inverno. Le ore di sole complessive annue variano da 2000 a 2200.

N) IL CLIMA DELL'IMMEDIATO ENTROTERRA DI SAVONA ED ALBISSOLA, A SUD DEL COLLE DI CADIBONA E DEL COL DI GIOVO

È caratterizzato da inverni freddi e assai ventosi, sia in casi di Tramontana Scura che in casi d'irruzioni fredde da Est. La media del mese più freddo varia da 3.5°C a 5.5°C. Il numero di giorni di gelo varia da 10 a 20 annui e quello dei giorni nevosi da 4 a 7. Le nevicate si presentano sempre sotto forma di violente bufere, che nei punti esposti al vento possono dare notevoli accumuli.

Le estati non sono molto calde, con medie del mese più caldo tra i 21°C e i 23°C; sono meno umide rispetto a Savona e con frequenti temporali.

Le precipitazioni sono abbondanti e variano dai 1150 mm ai 1500 mm annui, con regime appenninico, ovvero massimo principale nell'autunno (ottobre) e secondario nella primavera (aprile-maggio), senza alcuna stagione decisamente secca dato che anche luglio, il mese meno piovoso, registra una media dai 50 ai 65 mm. Il numero di giorni con precipitazioni varia da 110 a 125 annui.

Il soleggiamento è discreto, migliore in inverno. Le ore di sole complessive annue vanno da 2200 a 2000.

O) IL CLIMA DELLA VAL BORMIDA

È caratterizzato da inverni rigidi; in occasioni di persistenti ondate di freddo nelle zone alte della valle (Bardineto e Calizzano) si possono toccare temperature estreme anche inferiori ai –15°C (a Calizzano – 24°C nel 1985). La media del mese più freddo varia da 1°C a –2°C secondo l'esposizione, il maggiore o minore irraggiamento notturno e la possibilità di essere raggiunti dal vento di mare, che innalza la temperatura.

Spesso si registrano nebbie da irraggiamento, la cui frequenza aumenta col procedere verso il Piemonte. Il numero dei giorni nevosi varia dai 10 ai 20, secondo l'esposizione; la neve resiste abbastanza a lungo, poiché il colle del Melogno e di Cadibona sbarrano notevolmente l'influenza del mare in queste zone. A volte le nevicate sono accompagnate da vento, ma non molto frequentemente. I giorni di gelo variano da 40 a 60 annui.

Le estati non sono molto calde, con temperature che aumentano procedendo da Bardineto al Piemonte, e le medie del mese più caldo variano dai 20°C ai 22.5°C, con notevoli escursioni termiche che comportano notti raramente afose.

Le precipitazioni sono abbondanti, intorno ai 1100-1300 mm, con regime appenninico e senza alcuna stagione decisamente secca; luglio, mese meno piovoso, ha ancora 40-50 mm. Più si procede verso il Piemonte, più la differenza di precipitazioni tra estate e inverno si riduce;

si può affermare che a Cengio l'estate è solo leggermente più asciutta dell'inverno.

Il numero annuo di giorni con precipitazioni è compreso tra 100 e 110.

Il soleggiamento è buono in estate, scarso nell'inverno per la presenza delle nebbie (migliore nell'alta valle). Le ore di sole complessive annue vanno da 2000 a 1700.

P) IL CLIMA DEL RETROTERRA MARITTIMO DELLA COSTA OCCIDENTALE DA CELLE A CREVARI, A SUD DELLO SPARTIACQUE DEL GIOVO, FINO A UN'ALTEZZA DI 800 m

È caratterizzato da inverni non troppo freddi, ma abbastanza ventosi, con medie del mese più freddo tra i 7.5°C delle zone più vicine alla costa e i 3°C delle zone più alte. La neve è più frequente rispetto alla costa (5-7 giorni annui), ma non resiste mai a lungo; il gelo non è molto frequente, variando dai 6 ai 15 giorni annui.

La zona è più mite rispetto all'immediato entroterra di Albisola e Savona; questo è dimostrato dalla risalita della vegetazione mediterranea a quote maggiori, mentre nella zona di Savona è rigorosamente confinata presso la costa.

L'estate è temperata e gradevole, con medie del mese più caldo tra 20°C e 23°C. Le precipitazioni sono abbondanti, in particolare quando soffia lo Scirocco, e variano dai 1100 mm dell'immediato entroterra di Celle fino ai 2000 mm della zona di Passo della Gava; nella maggior parte del territorio sono distribuite tra i 1400 e i 1800 mm, con regime appenninico particolare: massimo principale nella tarda estate-inizio autunno e secondario in maggio, separati da due periodi meno piovosi; manca una stagione veramente secca, poiché in luglio, il mese meno piovoso, si hanno medie tra i 40 mm e gli 80 mm.

Il numero dei giorni piovosi varia dai 105 della parte più occidentale ai 135 della zona di Passo della Gava.

Il soleggiamento non è molto buono, specie nel tratto più orientale, a volte regno di nebbie e nubi basse. Le ore di sole complessive annue vanno da 2000 a 1800.

Q) IL CLIMA DEL CRINALE DELLA ZONA DI TRANSIZIONE E DEL RELATIVO VERSANTE MARITTIMO, OLTRE GLI 800 m DI QUOTA, DAL BEIGUA, AL FAIALLO; AL PENNELLO, AL LECO, FINO AL PASSO DELLA BOCCHETTA

È un clima piuttosto rude, caratterizzato da inverni molto freddi, con medie del mese più freddo tra i 2°C delle zone più riparate e i –2°C del Passo del Faiallo e relativo crinale battuto da venti a volte molto violenti e solitamente presenti.

Gli inverni sono freddi ma instabili, con brusche oscillazioni termiche. Le nevicate sono molto frequenti, con una media di 15-22 giorni annui; cadono sotto forma di violente bufere, che possono accumularne anche metri. Il manto nevoso è tuttavia instabile: basta una sciroccata per limarlo velocemente e a volte ridurlo drasticamente.

Le estati sono fresche, con medie tra i 18°C e i 15°C, anch'esse spesso ventose. Caratteristica di questo clima è l'intensa nebulosità, con frequenti nebbie da nubi veloci accompagnate da forti venti che creano un'atmosfera tempestosa che può verificarsi in ogni stagione.

Le precipitazioni sono molto abbondanti, variando dai 1600 mm della zona del Beigua ai 2300 mm d'alcune aree soggette a effetto Stau (i pendii del Pennello e dei Piani di Praglia sopra Isoverde). Il regime è particolare, con massimo principale nella tarda estate e inizio autunno e secondario nella tarda primavera, ma in realtà non esistono mesi con piogge scarse; luglio, il mese più asciutto, ha una media che va dai 60 mm del Beigua agli 80 mm dei pendii marittimi del Faiallo e Reixa.

Il numero dei giorni piovosi varia tra 135 e 150, aumentando da Ovest a Est. Frequenti i temporali estivi anche violenti.

Il soleggiamento è ovviamente scarso, malgrado in inverno possano presentarsi molte giornate limpide. Le ore di sole complessive annue variano da 1600 a 1400, per la presenza di dense nebbie da Stau[6].

R) IL CLIMA DELL'URBE E DEL VERSANTE PADANO OLTRE IL GIOVO E I CRINALI TRA IL BEIGUA E IL MONTE PENNELLO

È caratterizzato da inverni molto rigidi, con medie del mese più freddo tra 0°C e –3°C. La rigidità della temperatura varia con l'altitudine e l'esposizione, ma in genere si registrano picchi di minimi assoluti a valle, dove è più forte l'irraggiamento.

La neve è molto frequente, con un numero di giorni annui che varia da 15 a 20, secondo le zone; in genere essa permane al suolo per tutta la stagione invernale, pur con frequenti limature a causa dello Scirocco o del Libeccio.

I giorni di gelo sono numerosi, variando dai 50 ai 75 annui; anche in questo caso sono determinanti l'esposizione e l'irraggiamento (per

6 Lo Stau è il fenomeno per cui una massa d'aria umida si scontra con montagne disposte perpendicolarmente a essa, come in Liguria, sale di quota, condensa e riversa tutto il suo carico di pioggia sul versante da cui proviene. Sul versante opposto discende di quota perdendo molta umidità e riscaldandosi, e costituendo quindi il fenomeno del Fohn. Gli Stau più frequenti in Liguria sono quello da S, che causa maltempo nel versante marittimo e tempo sempre meno perturbato, ma ventoso (il famoso Marino, che non è altro che il Fohn) nel versante padano; quello da N, al contrario, frequente nella stagione fredda, causa dense nebbie e pioggia fine (o neve) sul versante padano e forte vento con cielo sereno sul versante ligure.

esempio, nella zona della Badia di Tiglieto e a Sassello (che raggiunge spesso i –20°C: –30°C nel famoso inverno dell'85) questi sono molto numerosi).

Le estati sono relativamente calde nelle parti basse, specie in Valle Erro, più fresche nell'Urbe e altre zone. Nella stessa Valle Stura possono verificarsi, specialmente nelle zone più vicine al Piemonte, temperature massime attorno a 30°C, ma seguite da notti quasi mai afose.

In complesso le temperature del mese più caldo variano tra 23°C nelle zone più vicine al Piemonte ai 21°C-22°C delle zone medie fino a 17°C-18°C delle zone più alte.

Le precipitazioni sono abbastanza abbondanti in Valle Erro, ma senza eccessi (tra 1000 mm e 1200 mm); assai più abbondanti procedendo verso Est, tra i 1300 mm e i 1800 mm nella zona di Urbe e raggiungono il ragguardevole valore di 2400 mm a Masone. Tale valore decresce rapidamente verso Nord fino ai 1100mm del confine piemontese della Valle Stura.

Il numero dei giorni con precipitazioni varia dai 100 della Valle Erro al confine col Piemonte fino ai 170 di Masone, con una media nella maggior parte del territorio tra 100 e 140. Il regime pluviometrico è appenninico, con massimo principale in ottobre-novembre e secondario in aprile-maggio, separati da un periodo più asciutto in estate: in quest'ultima stagione si possono registrare piogge scarse; la media delle precipitazioni nel mese più asciutto (luglio) varia dai 20 mm della zona dell'Erro al confine piemontese ai 25 mm della zona di Urbe, aumentando verso i crinali e raggiungendo 100 mm a Masone, dove non esiste stagione secca.

Il soleggiamento è medio: migliore nel semestre caldo rispetto all'autunno-inverno. Le ore di sole complessive annue vanno da 1700 a 1900.

S) IL CLIMA DELLE VALLI CERUSA E VARENNA E RELATIVI PENDII FINO A 700-800 m

È caratterizzato da inverni non molto freddi ma ventosi, specie in Val Cerusa, con temperature del mese più freddo che variano dai 7°C-8°C delle zone della Val Varenna più vicine al mare e i 4°C dei pendii più elevati della Val Cerusa (Reixa).

Frequenti gli episodi di Tramontana Scura. Il numero dei giorni nevosi va dai 2-3 degli ultimi avamposti marittimi della Val Varenna fino a 7-8 dei pendii più elevati del Reixa. In Val Cerusa le nevicate assumono sempre carattere di bufera.

Il numero dei giorni di gelo non è molto elevato, variando dai 3-4 della Val Varenna vicino alla costa, fino a 12-15 dei contrafforti del Reixa.

Le estati non sono molto calde, con medie del mese più caldo tra i 23°C delle zone più vicine al mare e i 19°C dei contrafforti più elevati; sono caratterizzate da frequenti temporali, anche forti. Le precipitazioni sono molto abbondanti, e variano dai 2150 mm di Fabbriche e Fiorino fino ai 2500 mm dei contrafforti del Reixa e del Pennello, con circa 2200 mm a San Carlo di Cese. Il numero dei giorni con precipitazioni varia tra 135 e 160, aumentando da Ovest a Est. Il regime delle precipitazioni registra un massimo principale nel mese d'agosto in Val Cerusa, e in settembre nella Val Varenna, seguito da autunni molto piovosi. Non mancano piogge a carattere torrenziale pericolose, prodotte da temporali auto-rigeneranti (ossia temporali di lunga durata che si auto-alimentano caricandosi d'energia per parecchie ore). Il massimo secondario si ha in maggio.

Non esiste stagione veramente secca; luglio è il mese meno piovoso e registra circa 80-90 mm in Val Cerusa e 60-70mm in Val Varenna, con punte di 100 mm sui pendii d'entrambe le valli.

Il soleggiamento non è buono, con un numero di ore di sole che va dalle 1950 alle 1600 annue.

T) IL CLIMA DELLA VALLE DEL TURCHINO E DELLA ZONA DI ACQUASANTA, COI RELATIVI PENDII FINO A 700 m

È caratterizzato da inverni più freddi e ventosi rispetto alle valli Cerusa e Varenna, a causa dell'altezza modesta del Passo del Turchino, con temperature di gennaio che variano tra 6°C delle zone più vicine a Voltri ai 2°C del Passo del Turchino.

In inverno, piogge e nevicate si manifestano con carattere di forti bufere. Assai frequente la Tramontana Scura e spesso molto più intensa rispetto alla costa.

Il numero dei giorni nevosi varia dai 5 delle vicinanze del mare ai 12 del Passo del Turchino. Il numero di giorni di gelo varia tra 7-8 delle zone vicine a Voltri, ai 12 di Acquasanta e Mele, fino ad arrivare ai 20-25 del Passo del Turchino.

Le estati sono miti e gradevoli, con medie che variano dai 22.5°C delle zone più vicine al mare ai 18°C delle zone più elevate.

Le precipitazioni sono molto abbondanti e variano dai 2100 mm nelle zone più vicine a Voltri fino a 2400-2500 mm del Passo del Turchino, ai 2350 mm dei contrafforti di Punta Martin; non esistono stazioni pluviometriche al Fado e alle Giutte, ma è proprio in quelle zone che si registra il massimo di precipitazioni di tutto il Nord Ovest Italiano (calcolando un valore intrinseco, con le equazioni differenziali, si suppone che si possano oltrepassare i 3000 mm, con quasi 170 giorni piovosi annui – sono questi infatti i due punti principali in cui avviene lo scontro frontale tra le correnti umidissime da Sud di provenienza atlantica e i rilievi, vicinissimi alla costa); il massimo stagionale principale si ha da agosto a novembre, con piogge e temporali molto violenti, e un massimo secondario in maggio. Non esiste stagione secca; luglio è il mese meno piovoso e registra cumulate precipitative tra gli 80 mm e 120 mm. Il numero dei giorni con precipitazioni varia tra i 138 nei pressi di Voltri ai 170 giorni della zona del Turchino e Punta Martin, con punte massime di 190 nell'imbuto costituito dal quadrilatero MELE-ACQUASANTA-GIUTTE-ZONA TRA FADO E IL TURCHINO

Il soleggiamento è scarso, a causa di frequente Effetto Stau da Sud in tutte le stagioni, meno frequente in inverno, la stagione forse più luminosa. Le ore di sole complessive annue vanno da 2000 a 1600.

U) IL CLIMA DELL'ALTA VAL POLCEVERA (DALLA COOP DI TEGLIA AL PASSO DEI GIOVI)

È caratterizzato da inverni piuttosto freddi e ventosi, con medie di gennaio che variano dai 5°C di Teglia ai 2.5°C del Passo dei Giovi. In tutta la zona è quasi assente il riparo dai venti freddi di Tramontana Scura che pescano dal versante padano.

I giorni nevosi variano dai 5 di Teglia ai 10 della zona più prossima al passo; le nevicate si manifestano sempre sotto forma di bufera. Il numero di giorni di gelo non è elevato: dai 10 di Teglia ai 25 delle zone prossime al Passo Dei Giovi.

Le estati sono moderatamente calde nelle parti basse (Bolzaneto, Pontedecimo, Campomorone e Isoverde), con medie del mese più caldo tra i 23°C e 24°C; le escursioni termiche sono leggermente maggiori rispetto al centro di Genova; sono più frequenti i giorni con temperature superiori ai 30°C.

Salendo in quota, la temperatura estiva scende gradatamente fino ai 21.5°C del Passo Dei Giovi e ai 19°C-20°C del Passo della Bocchetta.

Le precipitazioni sono abbondanti, variando dai 1500 mm di Teglia ai 1600 mm di Pontedecimo, fino ai 2000 mm di Isoverde, con regime appenninico: massimo principale da settembre a novembre e secondario in aprile-maggio. Il numero dei giorni con precipitazioni varia dai 135-140 di Teglia ai 155 di Isoverde.

L'insolazione è mediocre, con un numero annuo di ore di sole che varia tra 2000 e 1700.

V) IL CLIMA DELLA VALLE SCRIVIA E DELLE VALLI SECONDARIE DEL VERSANTE PADANO GENOVESE (CASELLA, VOBBIA)

È caratterizzato da inverni rigidi, con media del mese più freddo che varia da 1°C di Busalla a –1°C di Pietrabissara, con notevoli escursioni termiche diurne, irraggiamento e frequenti formazioni nebbiose (ma non come in Pianura Padana).

Il numero dei giorni nevosi varia dai 13 di Busalla ai 18-20 di Pietrabissara, che è situata in una zona molto colpita dal gelo; il numero dei giorni di gelo, difatti, varia dai 25-30 di Busalla e Casella fino ai 60 di Pietrabissara, dove si possono registrare anche temperature di –15°C in inverni particolarmente rigidi.

Le estati non sono molto calde, ma con buone escursioni termiche: si possono raggiungere anche i 30°C, seguiti però da notti piacevoli.

Le precipitazioni, abbondanti, variano dai 1700 mm di Casella ai 1100 mm di Pietrabissara e registrano un regime tipicamente appenninico: massimo principale in autunno (ottobre) e secondario in primavera (aprile-maggio) con un solo mese veramente poco piovoso (luglio), la cui media risulta compresa tra i 60 mm di Busalla e Casella fino ai 25 mm di Pietrabissara.

L'inverno è sensibilmente più piovoso rispetto all'estate. Il numero dei giorni con precipitazioni varia dai 150 di Casella fino ai 100 di Pietrabissara, diminuendo verso il Piemonte.

Il soleggiamento non è molto buono, a causa di nebbie o Stau da Nord, ed è maggiore sicuramente nel semestre caldo. Il numero di ore di sole annuo varia tra 1800 e 1600.

W) IL CLIMA DELL'ALTA VAL BISAGNO, DA STAGLIENO AL PASSO DELLA SCOFFERA CON LIMITE AL TUNNEL BARGAGLI-FERRIERE

È caratterizzato da inverni non molto freddi e più miti rispetto alla Val Polcevera; infatti la zona rimane più protetta dall'Appennino, con medie del mese più freddo tra 6.5°C di Staglieno fino a 3°C verso il Passo della Scoffera.

Non mancano forti venti di Tramontana Scura, che accompagnano molto spesso gli episodi piovosi. Il numero dei giorni nevosi non è molto elevato, passando dai 4 di Staglieno fino ai 7 nei pressi della Scoffera; la neve non resiste mai a lungo. Il numero dei giorni di gelo va dai 6 di Staglieno ai 15 della zona della Scoffera.

Le estati sono moderatamente calde, con medie sui 23°C-24°C nella Val Bisagno fino a Prato e decrescenti fino ai 21°C del Passo della Scoffera. Le escursioni termiche sono più elevate rispetto al centro di Genova; in estate, a Molassana e a Prato si possono avere massime sopra i 30°C, seguite però da notti più fresche.

Le precipitazioni sono molto abbondanti, e variano dai 1500-1600 mm di Staglieno fino ai 2500 mm e più dei contrafforti montuosi esposti ai venti marini (Davagna, Dercogna, Bargagli), con numerosi temporali estivi, spesso estensioni di nuclei temporaleschi che si originano nella Val Trebbia. Il numero dei giorni con precipitazioni varia dai 135 di Staglieno ai 155 della zona dei contrafforti montuosi verso la Scoffera. Il regime pluviometrico è appenninico, con massimo principale in ottobre-novembre e secondario in aprile-maggio; non esiste stagione secca poiché l'estate è spesso ricca di temporali pomeridiani, in numero minore nel comune di Genova e sempre più frequenti a mano a mano che si procede verso la Val Trebbia.

Le medie precipitative del mese meno piovoso (luglio) variano tra 50 mm di Molassana e Prato e i 100 mm di Davagna, Dercogna e Bargagli.

Il soleggiamento è migliore rispetto alla Val Polcevera, ma non molto elevato. La stagione meno nuvolosa risulta l'inverno. Il numero complessivo annuo di ore di sole varia tra 2150 e 1800.

X) IL CLIMA DELLA VAL TREBBIA

È caratterizzato da inverni freddi, ma non troppo, grazie alla presenza di montagne di considerevole altezza che proteggono la zona dall'influenza diretta del clima padano.

Le medie di gennaio, il mese più freddo, variano tra i 3°C di Torriglia agli 1.5°C della zona di Gorreto, al confine con l'Emilia. Le nevicate sono abbastanza frequenti e anche abbondanti, ma il manto nevoso è meno stabile rispetto ad altre zone interne.

Il numero dei giorni nevosi varia tra 7 della Scoffera ai 14 della zona di Gorreto. Il numero dei giorni di gelo è compreso tra 15 e 35, aumentando con l'altitudine e a mano a mano che si procede verso l'Emilia.

Le estati sono temperate, con medie tra i 22°C della zona di Gorreto e i 18°C delle aree più elevate di pendio; caratteristica peculiare di questa stagione sono i frequenti temporali pomeridiani, di tipo orografico o "di calore" (convettivi), che a volte possono presentarsi per più giorni consecutivi. Di conseguenza il minimo delle precipitazioni non si ha in estate, come nel resto della Liguria, ma in inverno. Il regime è in parte simile a quello padano a Nord del Po: massimo principale nell'autunno e secondario nella primavera; minimo in gennaio (ma non molto sensibile) ed estate ricca di temporali.

Le precipitazioni sono abbondanti e variano dai 2000 mm della Scoffera ai 1300 mm della zona di Gorreto, ma con punte di 2200 mm nei contrafforti montuosi esposti ai venti da Sud Ovest.

Il numero dei giorni con precipitazioni è molto elevato proprio a causa dei temporali estivi ed è compreso tra 130 e 165 giorni secondo le zone.

L'insolazione non è molto buona, ma nemmeno pessima, poiché nella zona non sono molto frequenti vere nebbie da irraggiamento; la stagione più soleggiata è comunque l'estate, nonostante i temporali. Il numero complessivo di ore di sole annue va da 1900 a 1700.

Y) IL CLIMA DEI RILIEVI DEL VERSANTE MARITTIMO DEL LEVANTE E DELLE VALLI INTERNE A SUD DELLO SPARTIACQUE DEL VERSANTE INTERNO (PASSO DELLA SCOGLINA, PASSO DELLA FORCELLA), DAL TUNNEL BARGAGLI-FERRIERE FINO AL CONFINE TOSCANO

È caratterizzato da inverni non rigidi, con temperature del mese più freddo tra 3°C e 6°C, ma molto meno ventosi rispetto ad altre zone della Liguria.

Il considerevole irraggiamento notturno causa un numero di giorni di gelo che va dai 10 di Uscio ai 20 della parte più interna della Val Fontanabuona; il numero dei giorni nevosi è piuttosto ridotto: dai 2 del tratto più vicino al mare della Val Fontanabuona fino ai 6 delle zone di pendio più elevate: in tutta la zona, infatti è pressoché assente il fenomeno della Tramontana Scura; di conseguenza le perturbazioni portano innalzamento della temperatura e solo raramente delle nevicate.

Le estati sono temperate, con medie del mese più caldo tra i 23°C della Val Fontanabuona e i 20°C delle parti più elevate. Una certa escursione termica può portare nella Val Fontanabuona o in località basse come Varese Ligure o Brugnato massime sopra i 30°C con una certa frequenza, seguite però da notti non afose.

Le precipitazioni sono ovunque abbondanti, e variano dai 1500-1700 mm della Val Fontanabuona fino ai 2400 mm delle zone di pendio più esposte ai venti marini; il regime è appenninico, con massimo principale in novembre e secondario in aprile, ma senza alcuna stagione decisamente secca, poiché il mese più asciutto (luglio) registra ancora tra i 40 e gli 80 mm, secondo le zone. Il numero dei giorni con precipitazioni varia tra 140 e 155.

Il soleggiamento è mediocre, con un numero annuo di ore di sole che va dai 2200 ai 1900.

Z) IL CLIMA DELL'APPENNINO LIGURE DI LEVANTE OLTRE I PASSI DELLA FORCELLA E DELLA SCOGLINA E IN GENERALE SOPRA I 700 m DI QUOTA

È caratterizzato da inverni freddi, con punte anche considerevoli nelle valli più elevate e meno esposte ai venti marini, come per esempio a Santo Stefano D'Aveto.

Non mancano brusche variazioni di temperatura e impreviste riduzioni del manto nevoso. La media del mese più freddo va dai 3°C ai –1°C delle aree più elevate. Il numero dei giorni nevosi è distribuito tra 10 e 20 giorni; quello dei giorni di gelo varia tra 25 e 60; solo in aree molto elevate tali valori sono superiori.

Le estati sono relativamente fresche, con medie tra i 21°C e i 17°C nelle aree più elevate (Monte Maggiorasca).

Le precipitazioni sono abbondanti ovunque, intorno ai 1800-2000 mm, ma con punte di 2500 mm nei pendii più esposti ai venti del quadrante Sudoccidentale, come nei pressi del Penna e del Maggiorasca. Il regime pluviometrico è appenninico, e non si ha nessuna stagione decisamente secca, dato che in luglio, il mese meno piovoso, cade ancora una quantità di pioggia superiore ai 50 mm. Il numero dei giorni piovosi è elevato, e varia dai 145 ai 165 giorni.

Il soleggiamento è mediocre in tutte le stagioni, con un numero complessivo di ore di sole annue tra 2100 e 1800.

Puntualizzazione sulle ore di sole annue

Nell'elenco delle zone climatiche è stato riportato, per ciascuna, il numero complessivo di ore di sole annue. Per avere un confronto più diretto, elenco ora il numero di ore di sole annuo di alcune città italiane ed europee:

MILANO:	1900
VOGHERA:	1700
TORINO:	1950
GENOVA CENTRO:	2222
GENOVA SESTRI:	2100
GENOVA VOLTRI:	2000
AGRIGENTO:	3100
CADICE (SPAGNA):	3280
ALMERIA (SPAGNA):	3200
SANREMO:	2600
NAPOLI:	2550
ROMA:	2450
PARIGI:	1700
LONDRA:	1600
COSTA DELL'ISOLA DI CIPRO:	3300
MALTA:	3250

Storia del clima genovese (con riferimenti italiani ed esteri) dal 1965 a fine 2023

Premessa importante:

Per capire il comportamento climatico di un anno può essere utile, anche se non essenziale, avere un riferimento riguardo alla media delle temperature e delle precipitazioni di Genova mese per mese, calcolata nell'ultimo secolo.

È anche fondamentale precisare cosa s'intende per millimetro di precipitazione:

Si dice che in una determinata zona (sempre molto circoscritta) cade un mm di pioggia se si riversa un litro d'acqua (o neve, o grandine) sulla superficie di un metro quadrato: quindi 1 mm di pioggia = 1 litro-metro quadro = 1 l-m^2.

Si dice che una località riceve in media una quantità di pioggia ottimale e benefica per l'agricoltura quando, su essa, in un anno, cadono 1000 mm di pioggia, ripartiti in modo regolare in ogni mese dell'anno (85 giorni con nessun mese inferiore ai 4 giorni o superiore ai 12 è una buona media).

Dai dati di Genova, emerge una città piovosa, ma in modo un poco particolare. Vedremo infatti leggendo la sua storia meteorologica dell'ultimo mezzo secolo come essa possa essere soggetta a periodi di siccità abbastanza lunghi (mai lunghissimi, se non in casi veramente rari ed eccezionali) e a frequenti eventi estremi, come alluvioni o temporali molto violenti.

Ecco comunque nella pagina seguente la tabella promessa – i dati sono di Sestri Ponente Centro, nel periodo 1973-2018.

MESE	TEMP. MINIMA	TEMP. MASSIMA	PRECIPITAZIONI mm	GIORNI CON PRECIPITAZIONI
GENNAIO	5.4°C	9.6°C	106	11
FEBBRAIO	5.6°C	9.8°C	66	10
MARZO	7.8°C	12.2°C	87	12
APRILE	10.6°C	17°C	105	13
MAGGIO	13.5°C	20.3°C	95	12
GIUGNO	17.7°C	23.5°C	90	9
LUGLIO	20.2°C	27°C	56	7
AGOSTO	21°C	26.2°C	121	9
SETTEMBRE	17.8°C	23.6°C	151	11
OTTOBRE	14°C	19.6°C	214	13
NOVEMBRE	9.4°C	14.2°C	162	13
DICEMBRE	6.2°C	11.8°C	105	12
ANNO	12.4°C	17.9°C	1358	132

Per aiutare meglio il lettore, sottolineo inoltre che si considera asciutto un mese in cui cadono meno di 30 mm di pioggia, umido uno in cui ne cadono più di 100.

Da questa tabella il clima di Genova sembra assai regolare, uniforme ed equilibrato… in realtà non è affatto così: spesso sono gli eventi estremi opposti a far quadrare la statistica, come vedrete confrontando i dati della tabella.

Storia climatica della città di Genova

1965

Gennaio

L'inizio del 1965, soprattutto nei primissimi giorni, si presenta mite e asciutto, con un cambiamento del tempo più deciso solo dal giorno 4, associato a un deciso calo delle temperature, anche se solo per qualche giorno, sino al 7, seppure in un contesto relativamente anticiclonico; segue quindi una temporanea fase stabile – soleggiata ma più mite, per un temporaneo ritorno dell'anticiclone delle Azzorre; ma dopo la metà del mese il grande freddo e l'inverno vero per più giorni si impadroniranno di tutta la città, con temperature costantemente sotto la media e generalmente comprese tra gli 0°C e i 2°C, la notte e al primo mattino, i 5°C e i 7°C il giorno lungo la costa, e tra –1°C e 1°C e 3°C e 5°C nelle vallate cittadine più interne e sulle alture, sin quasi verso la fine del mese, con una nevicata il giorno 28, senza accumulo lungo la costa, per nevischio o pioggia mista a neve, mentre nelle vallate interne cittadine si avranno accumuli relativamente modesti di ca. 5-7 cm, e solo leggermente più significativi sui rilievi circostanti, a quote però generalmente superiori ai 500-700 m, accompagnate da forte vento di tramontana e accentuata sensazione di gelo per windchill. Solo verso la fine del mese, un temporaneo addolcimento del clima, causando un rialzo termico anche moderato, riporterà un leggero tepore in città, almeno nelle ore diurne, con punte sino a 10°C-12°C lungo la costa.

Febbraio

Dopo un inizio relativamente più gradevole e al massimo associato a tempo leggermente grigio e con precipitazioni complessivamente deboli o più spesso ridotte a sole pioviggini, entro pochi giorni dall'inizio del mese seguirà una nuova e forse ancora più intensa ondata di gelo, che per giorni, se non addirittura per settimane, attanaglierà la città con temperature, sulla costa, comprese tra i –1°C-0°C la notte e al primo mattino, nei quartieri meno freddi e temperature ampiamente sotto zero nelle vallate più interne e sulle zone collinari, ma soprattutto temperature non superiori ai 2°C-5°C di giorno. Verso fine mese si avrà il giorno 20 una nevicata con discreto accumulo, anche superiore ai 10-15 cm sin sulla costa. Soltanto con la fine di febbraio si assisterà a un relativo ristabilimento del tempo, con temperature in temporaneo rialzo per valori compresi tra i 5°C-7°C la notte e al primo mattino e i 10°C-12°C di giorno.

Marzo

L'inizio del primo mese della primavera meteorologica appare non poi cosi tanto primaverile... almeno non come ci si sarebbe potuto forse aspettare, infatti dopo pochissimi giorni dall'esordio mensile una nuova, per quanto breve, ma intensa ondata di gelo dal Nord Europa c'interesserà con nuove giornate davvero rigide, che porteranno a Genova la terza nevicata stagionale, il giorno 5, con temperature quasi costantemente ferme intorno allo 0°C, freddo anche intenso, specie per il periodo, che si protrarrà per alcuni giorni sin verso la metà del mese, seppur con un lento ma costante rialzo delle temperature, sino a 10°C-12°C di massima e 5°C-7°C la notte e al primo mattino. Intorno alla metà del mese, però, dopo l'ennesima intensa ondata di freddo invernale, seguirà una nuova fase, più mite e caratterizzata da instabilità, che porterà piogge anche abbondanti specie nelle giornate del 13, 16, 22 e 23 marzo, con accumuli discreti e scarsa escursione termica, per il prevalente grigiore diurno. Solo verso fine mese il ritorno dell'alta pressione riporterà invece un clima dal sapore più primaverile, con temperature sin verso i 20°C e tempo più stabile e soleggiato.

Aprile

È dopo giorni, se non settimane di grande freddo, particolarmente insistente, e di pioggia e neve... che finalmente per i Genovesi, ormai molto e forse persino troppo infreddoliti, giungerà un mese, se non un più lungo periodo, decisamente gradevole, a tratti persino caldo, con temperature frequentemente superiori ai 20°C-22°C, anche se in un contesto piuttosto indefinito, denominato di "laguna barica", con correnti prevalentemente Nord-occidentali, quindi anche decisamente asciutto, almeno sino alla terza decade del mese, quando un calo anche piuttosto apprezzabile delle temperature riporterà invece i valori termici entro i 13°C-15°C diurni e i 5°C-7°C nella notte e primo mattino, se non anche qualche grado in meno sulle zone collinari e nelle vallate interne, per venti più freddi settentrionali.

Maggio

Dopo un inizio relativamente fresco, intorno al 10, una prima seppur moderata ondata di caldo, con temperature sino a 25°C-27°C lungo la costa e leggermente superiori nell'immediato entroterra, porterà un anticipo d'estate sulla città e non solo, caratterizzando complessivamente l'andamento mensile, seguite però poi da una fase relativamente più instabile e uggiosa, che porterà le temperature verso i 15-17°C di giorno e delle minime comprese entro i 10°C-12°C, quindi a tratti piuttosto fresche per il periodo.

Giugno

Moderatamente fresco e un poco piovoso fino al 14 del mese, per un moderato ritorno del flusso umido atlantico, associato a discreti accumuli di pioggia, specie nelle giornate del 1, 3 e 8. Dal 15, un anticiclone africano porterà una forte ondata di caldo molto afoso, con una punta di 33°C di massima in città il 29 giugno.

Luglio

Fino al 3, prosegue il caldo intenso di fine giugno, ma il 4 e il 5, coll'arrivo di aria artica, si scatenano violenti temporali, non tanto per la quantità di pioggia (moderata), quanto per la furia degli elementi, che abbasserà di molto la temperatura, che rimarrà fresca per alcuni giorni. In quei due giorni alcune regioni del Nord Italia saranno investite da fenomeni estremamente violenti, specie per la grandine, e questo mese per l'agricoltura sarà una vera ecatombe, e sarà ricordato per moltissimi anni. Nello stesso periodo, specie nei famigerati giorni 4 e 5, al Sud si avrà un'intensa ondata di scirocco, con temperature fino a 42°C.

In seguito caldo nella norma e complessivamente asciutto, quindi estremamente gradevole per il periodo, con quasi totale assenza di temporali (uno a fine mese) e valori diurni mai superiori ai 28°C-30°C, con umidità relativa alquanto bassa.

Agosto

Caldo e afa, con elevati tassi di umidità, a tratti anche opprimente, caratterizzeranno l'inizio mensile. Gradualmente, a seguito di una crescente instabilità termo convettiva, le temperature caleranno di qualche grado, accompagnate da rovesci temporaleschi, specie da metà mese, con giornate anche piuttosto piovose e associate anche a forti temporali specie nelle nuovamente terribili giornate del 22, 23 e 31 agosto, che causeranno nuovi disastri generalizzati in tutto il Nord e il Centro, e segneranno questa estate come una delle peggiori della storia della meteorologia italiana.

Settembre

Il primo mese dell'autunno meteorologico affonda il coltello nella piaga, dopo un'estate segnata da eventi estremi. Sarà infatti notevolmente perturbato, specie nei primissimi giorni, con importanti accumuli, soprattutto nelle giornate dell'1 e 2. Il mese proseguirà poi relativamente asciutto e stabile con giornate molto più gradevoli, se non moderatamente calde, per valori termici generalmente compresi tra i 17°C-19°C e i 23°C-25°C diurni, sin quasi verso fine mese, quando un ritorno più convinto del flusso umido-instabile atlantico riporterà piogge e rovesci anche intensi, sancendo cosi anche l'inizio dell'autunno astronomico.

Ottobre

A un esordio mensile decisamente instabile e perturbato, anche se ancora piuttosto mite, farà seguito un ritorno temporaneo di condizioni di variabilità soleggiata, sin quasi verso la fine del mese, quando un graduale e per quanto contenuto calo termico, associato a deboli piogge, porterà condizioni di tempo piuttosto uggioso. Seguirà un moderato e graduale aumento termico, ma con giornate maggiormente variabili, specie negli ultimi giorni.

Novembre

Il classico mese autunnale: spesso piovoso e instabile, anche se relativamente mite, sin quasi verso la metà del mese. Successivamente si mostrerà decisamente più freddo, se non proprio gelido per il periodo, specie la notte e il primo mattino. Verso la terza decade giungeranno precipitazioni piuttosto frequenti e freddo umido davvero pungente, associate a nevicate a quote molto basse, sino in prossimità dell'immediato entroterra cittadino. A fine mese un temporaneo addolcimento porterà temperature comprese tra i 3°C-5°C di minima e i 10°C-12°C di massima, solo con qualche punta locale di 15°C nelle zone a clima più temperato, con precipitazioni comunque mai troppo intense, ma spesso capaci di determinare discreti accumuli, poiché persistenti.

Dicembre

Leggermente più freddo della norma, l'ultimo mese dell'anno, anche se con temperature di fatto mai troppo rigide, si presenterà decisamente asciutto, con scarsissime precipitazioni, al più deboli e sparse, pur in un contesto di tempo piuttosto uggioso. Dopo il 20 diventerà localmente più mite, specie durante le Festività Natalizie, che scorreranno pertanto con temperature superiori alla norma e certamente affatto invernali, per valori mediamente compresi attorno ai 3°C-5°C di minima e 9°C-12°C di massima.

1966

Gennaio

L'inizio del '66 appare piuttosto mite e asciutto, con giornate prevalentemente soleggiate o improntate a una variabilità soleggiata, per temperature leggermente superiori alla norma, lungo la costa, con valori diurni compresi tra i 10°C-12°C e minime intorno ai 5°C-7°C, quasi come si era infatti concluso l'anno precedente, e questo anche nelle zone più fredde della città. Ben presto, però, e già dall'Epifania, un'intensa e forse persino eccezionale ondata di gelo siberiano, che sarà piuttosto duratura, porterà temperature davvero glaciali lungo la costa, con minime comprese tra i –3°C e –1°C anche nelle zone più temperate cittadine e i –5°C e –3°C nei quartieri più freddi, come nei quartieri delle vallate interne, e questo per giorni, con valori diurni spesso solo di poco superiori allo 0°C, anche se accompagnate da giornate relativamente terse e soleggiate, con una sola nevicata il giorno 11. Intorno al 20 gennaio, dopo un graduale e temporaneo addolcimento del clima, specie dopo il grande gelo dei giorni immediatamente precedenti, il ritorno del mite e umido flusso atlantico riporterà le grandi piogge in città, con intense nevicate nell'interno, ma localmente sino a quote piuttosto basse, soprattutto nel genovese e savonese... almeno inizialmente. Solo negli ultimissimi giorni di gennaio, i fatidici giorni della merla, una decisa espansione dell'Anticiclone delle Azzorre riporterà invece un certo tepore in città, quasi dal sapore primaverile, con valori diurni spesso superiori ai 15°C-17°C.

Febbraio

Si presenta relativamente mite ma davvero piovosissimo, con accumuli di pioggia molto significativi, spesso abbondanti e accompagnati da rovesci quasi di tipo autunnale, soprattutto nella seconda e terza decade e specialmente il giorno 23, con temperature comprese mediamente intorno ai 9°C-15°C. Si tratterà senz'altro di un mese più autunnale che meramente invernale.

Marzo

Piuttosto mite e soprattutto siccitoso, sarà un mese prevalentemente dal sapore primaverile, con giornate spesso soleggiate e decisamente gradevoli, per valori diurni anche superiori ai 15°C-17°C e sino a 19°C-21°C, quindi quasi caldo, specie nei quartieri più temperati della città, e valori notturni sempre piuttosto miti con temperature comprese tra i 7°C-9°C soltanto nelle zone più fredde della città.

Aprile

Moderatamente piovoso e piuttosto mite, se non quasi caldo, specie nell'ultima decade, con temperature che negli ultimi giorni del mese raggiungeranno punte di 25°C-27°C di massima, specie nelle giornate del 29 e 30. Si distinguerà per i contenuti sbalzi termici, legati a una frequente copertura nuvolosa, accompagnata abbastanza spesso da precipitazioni, per quanto non troppo abbondanti.

Maggio

Inizialmente caldo e soleggiato, nonché generalmente asciutto, vedrà temperature nella norma o leggermente superiori, specie nei valori diurni. L'elemento più significativo sarà invece rappresentato dalle scarsissime precipitazioni.

Giugno

Caldo e piuttosto siccitoso. A fine mese le temperature, sempre in un contesto meteo-climatico anticiclonico, raggiungeranno punte di 30°C-32°C, specie tra le giornate del 25 e 30.

Luglio

Un mese di pioggia, dall'inizio alla fine, con l'eccezionalità di una 5°C a 1500 m che stazionerà per moltissimi giorni, e porterà continui temporali, se non nubifragi. Ricordo il giorno di domenica 17 luglio, che dopo avere festeggiato il mio quinto compleanno dai nonni, andammo a fare un giro in centro, sotto una pioggia persistente e scarsa visibilità, e i miei genitori che mi fecero indossare un maglione pesante per tutto il giorno. Ricordo la fitta pioggia in Piazza Corvetto, coi filobus verdi che passando sulle pozzanghere causavano forti spruzzi d'acqua. Ma ricordo ancora meglio la mattinata di mercoledì 20, con un nubifragio che durò per molte ore, con pioggia molto violenta alternata a grandine, e mia nonna che mi spiegava cosa fosse un temporale: fu il mio primo incontro con la Meteorologia, che mi affascinò subito, e mai più l'avrei abbandonata. Questo nubifragio molto intenso causò molti allagamenti nel Ponente genovese, specie nel Voltrese. Seguiranno sempre piogge e freddo per la stagione, con qualche intervallo di giornata dal sapore più estivo, ma anche afosa.

Agosto

Caratterizzato da caldo moderato per quasi tutto il mese, 17°C-19°C di minima e 27°C-30°C di massima; l'aspetto più significativo di questo mese resterà in ogni caso l'assenza di precipitazioni fino al giorno 28, che risulteranno generalmente modeste e particolarmente occasionali, se non quasi assenti. Soltanto dalla notte del 29 pioverà con una certa insistenza, e la temperatura si abbasserà notevolmente.

Settembre

Inizio grigio, fresco e piovoso, poi nuovamente caldo, anche se più gradevole, in quanto meno afoso, ma in ogni caso associato a tempo piuttosto secco, con temperature mai inferiori ai 23°C-25°C sul mare e 25°C-27°C nelle vallate interne cittadine, a cui seguiranno solo verso il finale mensile temperature in graduale calo, anche significativo, per l'arrivo di perturbazioni atlantiche sempre più convinte e decise, che porteranno precipitazioni relativamente copiose, con qualche temporale intenso.

Ottobre

Mite e piuttosto piovoso, si caratterizzerà per la pressoché assoluta mancanza di giornate fresche, o dal sapore di pieno autunno, per temperature sempre generalmente comprese tra i 19°C-21°C di giorno e minime intorno ai 15°C-17°C, dovute alla scarsa escursione termica giornaliera e mensile causa la prevalenza di cieli grigi.

Novembre

I primi giorni, contemporaneamente all'alluvione di Firenze, saranno caratterizzati da intense precipitazioni, specie il giorno 4, con accumuli davvero importanti. Seguiranno giornate davvero molto fresche, pure di giorno, per quanto asciutte. Il mese verrà purtroppo ricordato per la grave alluvione di Firenze e tra l'Emilia Romagna e il Triveneto. Nella prima decade le temperature saranno generalmente comprese tra i 3°C-5°C, con locali punte di 7°C, nei valori minimi, e i 10°C-13°C di giorno. Dopo il 10 ritorneranno perturbazioni e precipitazioni, anche se non troppo abbondanti.

Dicembre

Relativamente freddo, anche se nel complesso poco piovoso, vedrà un finale mensile in corrispondenza del Natale con valori decisamente invernali per temperature comprese tra 1°C-3°C e i 7°C-9°C sino al 29 del mese. L'ultimo dell'anno invece apparirà molto più mite e soleggiato, con la notte di S. Silvestro che avrà temperature in città di ca.10°C.

1967

Gennaio

Il 1967, dopo un inizio piuttosto mite con temperature gradevoli, vedrà temperature in rapido e consistente calo, per una relativamente breve ma intensa ondata di gelo, che dal 4-5 del mese e per qualche giorno accompagnerà i Genovesi, con giornate relativamente asciutte ma molto fredde, con valori termici quasi costantemente sotto zero anche lungo la costa, e di poco superiori di giorno, con una nevicata moderata il giorno 8, con costante temperatura sottozero. Solo intorno al 12, a seguito di un relativo addolcimento del clima, il freddo allenterà la sua morsa, e si avranno giornate piuttosto soleggiate e quindi meno rigide, a cui seguiranno di fatto solo due vere giornate di pioggia il 20 e 22, con accumuli giornalieri discreti. Sarà il gennaio del 1967 un mese quindi piuttosto rigido ma abbastanza soleggiato o al più variabile.

Febbraio

Decisamente freddo, se non gelido, e spesso perturbato, con frequenti fenomeni nevosi sino in città, soprattutto intorno alla seconda-terza decade, ovvero verso il 15-20 del mese, giorni nei quali si avranno diverse nevicate con accumulo anche lungo la costa, specie nella giornata del 17 (20 cm in riva al mare nei luoghi meno freddi) e un poco anche del 18, con freddo intenso tra l'11 e il 19, quasi perdurante anche di giorno, e vere giornate di ghiaccio (minime e massime sotto lo zero) a tratti nei quartieri cittadini più freddi. Dopo il 20 le temperature si rialzeranno leggermente, tornando su valori relativamente più gradevoli, compresi tra i 3°C-5°C di minima e i 10°C-13°C di massima, specie nei giorni conclusivi.

Marzo

Decisamente più mite, anche se sempre piuttosto asciutto. Registrerà temperature comprese tra i 10°C-12°C di minima e i 15°C-17°C di massima, con solo qualche debole pioggia, a inizio mese, intorno al 10 e verso la fine, in un contesto termico sempre gradevole.

Aprile

Alquanto fresco, se non freddo, e piuttosto piovoso tra la prima e la seconda decade, con temperature comprese tra i 5°C-7°C di minima e i 13°C-15°C di massima, con precipitazioni relativamente importanti il giorno 9. Si mostrerà solo relativamente più tranquilla la terza decade, anche se in un contesto climatico sempre piuttosto fresco. Nella giornata del 29, invece, un primo assaggio di primavera porterà le temperature a raggiungere alcune punte di 20°C-22°C.

Maggio

Decisamente mite e piuttosto asciutto, se non proprio siccitoso, con due temporanee ondate di caldo, relativamente intense, intorno alla seconda decade, tra il 14 e il 20 maggio, e in prossimità di fine mese, con estremi anche di 27°C-29°C.

Giugno
Piuttosto piovoso e fresco, soprattutto nella prima decade, con discreti accumuli tra il 10 e il 15 giugno. Solo dopo il 20 torneranno valori tipici per il periodo con punte di 28°C-30°C, specie a fine mese, tanto che il 30 giugno le massime raggiungeranno punte di 32°C-35°C in città, anche se senza umidità, facendo cosi vivere il primo gran caldo stagionale ai Genovesi.

Luglio
Caldo e afoso, sarà ricordato per i temporali piuttosto intensi, specie quello del primo pomeriggio di domenica 16 luglio, e le temperature generalmente comprese tra i 20°C-23°C di minima e i 30°C-33°C di massima per giorni, specie nella seconda e terza decade.

Agosto
Caldo anche se meno afoso, si mostrerà comunque piuttosto piovoso con temporali o passaggi instabili distribuiti in tutte le decadi, con accumuli anche interessanti, come nelle giornate del 6, 10, 14, 20 e 25.

Settembre
Piuttosto caldo e relativamente secco, con temperature elevate specie nella prima parte, con estremi sino a 27°C-29°C, almeno sino al 10, poi gradualmente più fresco.

Ottobre
Mite e abbastanza siccitoso, con temperature comprese generalmente tra i 15°C-17°C e i 21°C-23°C a inizio mese, più fresche in seguito, con precipitazioni a macchia di leopardo, e quindi abbondanti solo in zone ristrette.

Novembre
Decisamente piovoso e piuttosto fresco, se non addirittura molto fresco, specie dopo il 20, giorno d'inizio di una decade che presenterà

temperature comprese attorno ai 5°C-7°C di minima e i 10°C-12°C di massima.

Dicembre

Moderatamente freddo, anche se piuttosto secco, specie a inizio mese, per poi proseguire meno intensamente sino alla terza decade, con temperature minime spesso comprese tra 0°C e 3°C e massime intorno ai 9°C-11°C, con una nevicata con accumulo il giorno 10, per estremi tra –1°C e 0°C e 1°C e 3°C. La fine del mese e le festività natalizie scorreranno invece generalmente miti e siccitose.

1968

Gennaio

L'inizio del 1968 a Genova è molto freddo e a tratti anche nevoso, specie nella giornata del 9 e del 14 gennaio, con temperature frequentemente sotto lo zero, se non localmente anche ben al di sotto, specie nei quartieri più freddi della città e soprattutto nella prima parte mensile, sino al giorno 15. Seguirà quindi una fase gradualmente più mite o quanto meno gradevole, con temperature generalmente comprese tra i 3°C-5°C della costa e gli 0°C-3°C dell'immediato entroterra, soprattutto le vallate cittadine, con valori diurni mai superiori ai 10°C-12°C, solo un pò più alti nelle giornate del 6, 15, 18 e 27 gennaio, con punte diurne superiori ai 15°C e sino a 17°C in centro città.

Febbraio

Decisamente più umido e perturbato di gennaio, con frequenti giornate di pioggia (specie l'1), anche abbondante, e temperature generalmente comprese tra i 3°C-5°C al mattino e i 9°C-12°C di massima o leggermente più basse nei quartieri collinari e più freddi della città, con locale nevischio, o pioggia mista a neve.

Marzo

Moderatamente freddo e piuttosto piovoso, specie nella terza parte del mese e in particolare nei giorni immediatamente prima del 23, quando una tremenda frana si abbatte su un palazzo di Via Digione, purtroppo con numerose vittime. Più rigida la parte iniziale del mese, con temperature mai superiori ai 10°C-12°C, anche nelle zone più calde della città, mentre il clima diventa più temperato nella seconda parte, con punte di 19°C-21°C.

Aprile

Mite e relativamente piovoso, con discreti accumuli di pioggia, generalmente mai superiori ai 15 mm, benché le precipitazioni siano piuttosto frequenti. Le temperature sono gradevoli, piuttosto fresche fino al 17, mentre dal 18 in poi risulteranno più miti, fino a raggiungere i 20°C. Nella terza decade il mese scorrerà con tempo variabile e spesso instabile.

Maggio

Piuttosto piovoso ma decisamente mite, se non a tratti persino un pò caldo, con temperature massime sin verso i 25°C-27°C, almeno localmente e specie nella seconda-terza decade.

Giugno

Mite, ma affatto caldo o afoso, benché piuttosto piovoso, specie nella fase iniziale. Rileverà temperature nella norma meteo-climatica, con locali punte di 27°C-29°C, ma più generalmente comprese tra i 13°C-15°C di minima e i 21°C-23°C di massima.

Luglio

Caldo specie nei primissimi giorni del mese, con punte di 33°C il giorno 1, e a tratti anche afoso nella seconda decade, in cui un giorno si raggiungeranno i 30°C. Più gradevole e meno caldo solo verso fine mese, con temperature nella norma, intorno ai 25°C-27°C. Le precipitazioni risulteranno invece scarse e prevalentemente a carattere temporalesco, seppur non intense.

Agosto

Caldo ma piovoso, specie dopo il 15, con accumuli importanti e localmente davvero significativi tra il 27 e il 31 del mese, con un violentissimo nubifragio con apice la sera del 29, che scaricherà 220 mm di pioggia a Sestri Ponente, frutto di un estesissimo temporale su tutto il NO, e ricordo perfettamente quella serata a Gavi Ligure con fulmini che illuminavano a giorno, luce che mancò improvvisamente e per lungo tempo, e io coi miei che ci recammo dai vicini di sotto per farci dare una candela (si doveva passare da un balcone, dove si trovava l'ingresso della loro abitazione, ma non avemmo alcun problema di buio perché i continui lampi illuminavano a giorno, anche se io, bambino di 7 anni, ne ero terrorizzato). Nel mese le temperature si manterranno nella norma del periodo, con afa moderata soltanto a seguito di qualche breve rovescio di pioggia; si abbasseranno poi gradualmente dopo la metà del mese. Umidità compresa intorno al 65-70% e temperature più fresche durante la fase decisamente piovosa di fine agosto.

Settembre

Decisamente piovoso, anche se inizialmente ancora piuttosto caldo, soprattutto nella prima parte mensile, con punte anche di 25°C-27°C, mentre più fresco e instabile nella seconda parte del mese, la quale si mostrerà decisamente la più piovosa del periodo, con temperature quasi mai superiori ai 21°C.

Ottobre

Mite e poco piovoso, con precipitazioni frequenti ma di scarsa entità, e temperature di poco superiori alla norma, intorno ai 18°C-21°C, con qualche punta di 23°C. Sarà il classico mese autunnale, a parte la piovosità, che sarà abbondante solo negli ultimi tre giorni, specie sul savonese e in particolare ad Albissola, dove il giorno 30 purtroppo un fulmine ucciderà due persone in un garage.

Novembre
Discretamente piovoso, ma complessivamente mite o con valori termici nella norma meteo-climatica. Proporrà in ogni caso, verso metà-fine mese, qualche fugace brinata nell'entroterra cittadino, pur con temperature notturne e al primo mattino solo localmente intorno allo 0°C. Lungo la costa si avranno certe giornate con temperature abbastanza basse nelle solite zone più fredde. Apparirà decisamente più perturbato e fresco verso la metà, segnatamente nelle giornate del 15, 16 e 17 novembre, con un pomeriggio in cui cadrà pioggia mista a neve.

Dicembre
Freddo e a tratti anche molto freddo, anche se piuttosto secco, nonostante un inizio più perturbato, specie nel giorno dell'Immacolata. Proseguirà rigido, anche se il grande gelo investirà la città solo dopo Natale, con giornate di ghiaccio, per temperature mai superiori ai 2°C in molte zone, con minime ampiamente e spesso sotto lo zero, in particolare il giorno 30 e 31.

1969

Gennaio
Freddo e moderatamente piovoso, specie durante la metà del mese, con accumuli anche abbondanti specie nelle giornate dell'11, con circa 100 mm, e del 14, con 45 mm di media in città, con nevischio o pioggia mista a neve in centro e neve bagnata nelle solite zone più fredde cittadine. Solo dopo la metà del mese si mostrerà relativamente più mite e soleggiato, specie nella terza decade.

Febbraio
Molto freddo e perturbato, quindi spesso nevoso, anche in città, con frequenti nevicate, nelle giornate del 14, 15, 18 e 19 (quattro giornate di neve in una settimana, un vero record per la città), con accu-

muli anche spesso interessanti. Mentre nella fase iniziale del mese la temperatura vedrà valori compresi tra i 5°C-7°C di minima e 10°C-12°C di massima, all'arrivo del freddo le temperature si avvicineranno molto allo zero, per scenderne sotto durante le nevicate. Gli ultimi giorni del mese porteranno un poco di rialzo delle temperature.

Marzo

Spesso piovoso e piuttosto mite, per temperature comprese tra i 7°C-9°C di minima e i 15°C-17°C di massima, solo a tratti più freddo, specie verso metà mese, con parziale ritorno dell'inverno, per temperature non superiori ai 10°C di giorno, anche in centro e lungo la costa.

Aprile

Nella sua fase iniziale, si presenta discretamente piovoso e piuttosto mite, con 17°C-19°C di massima. Successivamente, si mostrerà gradualmente sempre più caldo, con temperature anche di 23°C-25°C verso fine mese.

Maggio

Molto gradevole, se non persino un pò caldo, con temperature massime intorno ai 25°C-27°C, anche se in un contesto talvolta uggioso e grigio. Da segnalare giovedì 15 maggio, giorno dell'Ascensione (che a quel tempo era festivo), quando tornando coi miei da Recco, dalle 18 in poi trovammo una fitta nebbia marina per tutto il percorso col treno fino a Sestri Ponente, fenomeno non frequente ma tipico delle alte pressioni primaverili in loro fase di stanca. Da ricordare che i giorni di brutto tempo coincidevano sempre con le domeniche, specie il 25, quando al mattino si abbattè una violenta pioggia sulla città.

Giugno

La prime decade vede un'ondata di freddo che ha pochi precedenti per il mese di giugno, con tempo spesso grigio e temporali. In seguito mite, ma affatto caldo. Continuerà infatti a essere spesso grigio e piovoso, quasi autunnale, piuttosto che tardo-primaverile, con valori termici compresi tra i 18°C-23°C nelle giornate più gradevoli.

Luglio

Inizialmente ancora relativamente fresco, con temperature non superiori ai 23°C-25°C-27°C, gradualmente assumerà le vesti estive, specie dopo il 15-20 del mese, con temperature più consone per il periodo, comprese attorno ai 29°C-31°C, anche se ancora temporalesco, soprattutto intorno a fine mese. La notte tra il 20 e il 21 seguii l'allunaggio con caldo e afa notevole.

Agosto

Caldo, ma affatto fastidioso, per umidità relativa piuttosto contenuta. Sarà il classico mese estivo azzorriano, con qualche temporale e clima più uggioso solo verso fine mese.

Settembre

Decisamente piovoso anche se gradevole, con temperature sempre o quasi nella norma, con piogge e temporali frequenti, ma più fresco intorno a metà mese, per temperature intorno ai 13°C-15°C di minima e 19°C-21°C di massima.

Ottobre

L'anno si segnala per l'autunno molto caldo (non solo in senso politico e sociale) e siccitoso su tutto il Nord. A Genova, in ottobre, non cade una goccia d'acqua. La televisione mostra immagini di bambini milanesi che giocano tranquillamente nei parchi a metà ottobre, con una temperatura massima pomeridiana di 23°C, fatto insolito per il capoluogo lombardo, almeno fino a quel periodo. A Genova massime anche di 25°C sino a fine mese, con una gigantesca alta pressione a radici subtropicali che copre tutta l'Europa.

Novembre

Siccitoso, anche se gradualmente sempre più fresco, pur con temperature massime sopra i 20°C sino a metà mese, che danno l'impressione di una estate prolungata. Dopo il 18 arrivano le prime piogge, con un abbassamento notevole della temperatura, intorno ai 3°C-5°C di minima e 10°C-12°C di massima.

Dicembre

Si mostrerà piuttosto rigido e ventoso, anche se nuovamente alquanto asciutto.

1970

Gennaio

La prima decade del mese è piuttosto fredda e piovosa, con temperature generalmente comprese tra gli 0°C e i 2°C e tra i 9°C e gli 11°C, seguita da un temporaneo rialzo termico con valori attorno ai 3°C-5°C di minima e i 9°C-12°C di massima, seppur in un contesto grigio e piovoso, con un miglioramento del tempo solo nella terza decade del mese, con valori però decisamente più rigidi, se non anche gelidi, specie al mattino, con 0°C-2°C di minima e 5°C-7°C-9°C di giorno. Grave maltempo nel centro e Sud Italia.

Febbraio

Dopo un inizio abbastanza mite o comunque relativamente gradevole, per valori compresi tra i 5°C-7°C e i 9°C-11°C, associato a condizioni di tempo soleggiato leggermente frizzante solo al mattino, la seconda decade del mese vedrà invece un deciso ritorno invernale, con un calo termico piuttosto apprezzabile specie intorno alla metà del mese, con giorni molto freddi e ventosi e una perturbazione che il giorno di San Valentino causerà un'intensa nevicata sulla città, con valori compresi tra 0°C e 2°C in centro. la terza decade invece riporterà condizioni meteo-climatiche abbastanza miti e asciutte, con valori compresi tra i 7°C-9°C e 15°C-17°C, quindi notevolmente sopra media.

Marzo

L'inizio della primavera meteo-climatica appare piuttosto freddo e uggioso, con temperature ancora invernali e con nevischio o neve bagnata il giorno 8 del mese, per valori tra 0°C e 2°C di minima e 9°C e 11°C di massima. Seguirà una fase più instabile e piovosa, anche se sempre piuttosto rigida, o quasi più decisamente invernale, e pioggia molto forte la mattina del 14. Dalla metà del mese invece un rialzo delle temperature sempre più convinto, associato però a una perdurante fase instabile, se non propriamente perturbata verso la fine del mese, tra il 23 e il 25 porterà un tepore quasi primaverile, con valori compresi tra i 9°C-11°C e i 13°C-15°C. Da segnalare tempo molto instabile nel pomeriggio di Pasquetta, il giorno 30, quando tentammo di andare al Gazzo coi miei e dovemmo presto indietreggiare perché ci sorprese un notevole acquazzone.

Aprile

Inizialmente uggioso e a tratti piovoso, anche se non molto rigido, caratterizzato da clima fresco o solo a tratti freddo, per temperature comprese tra i 5°C-7°C e gli 11°C-15°C, con la purtroppo ormai famosa mareggiata del 9, che fece affondare la London Valour. la seconda decade vedrà un aumento delle temperature più deciso, per il ritorno seppur graduale di clima più primaverile per correnti più secche, e temperature tra i 7°C-9°C e i 15°C-17°C; la terza decade avrà invece connotati tipicamente tardo-primaverili, con temperature ben superiori alla norma, comprese tra i 13°C-15°C di minima e i 21°C-23°C di massima.

Maggio

Mese che passerà alla storia nella maggior parte d'Europa, a causa di un clima in buona parte ancora prettamente invernale. L'inizio di maggio si mostrerà piuttosto fresco e piovoso, con temperature tra i 13°C-15°C di notte e al primo mattino e 17°C-19°C di massima, con locali punte di 21°C. La seconda decade farà pensare ai genovesi a un ritorno di un semi-inverno, con temperature sotto i 15°C fino al giorno 16, e un venerdì 15 sotto pioggia e freddo, quasi di tipo invernale. Il giorno 17, in cui feci la Prima Comunione, fu fresco e grigio, con pioggia nel primo pomeriggio, a cui seguì un turbolento giorno 18 con forte vento e pioggia nel pomeriggio. La terza decade, più mite e asciutta, non vedrà però un rialzo termico cosi significativo, per temperature sempre abbastanza fresche, al più gradevoli, comprese attorno ai 15°C-17°C e 21°C-23°C, con un violento temporale la mattina del giorno 30, associato a una forte grandinata, che osservai dai banchi della mia classe di Terza Elementare, col nostro maestro che ci spiegava tutto sui temporali. Il giorno seguente scoppiò un notevole caldo, con tanto sole e temperatura fino a 25°C.

Giugno

Inizialmente mite e asciutto, con temperature nella norma, tra i 17°C-19°C e i 21°C-23°C, vedrà intorno a metà mese una fase più piovosa, anche se mite, con temperature simili; solo la terza decade infatti vedrà l'inizio della vera estate del 1970, con temperature tra i 21°C-23°C e i 27°C-29°C. Forti temporali in città si avranno invece nei giorni 12, 20 e 29 giugno. Ricordo quello del 12 per i tuoni particolarmente assordanti, e ricordo che il 20 giugno (un sabato, prima di Italia-Brasile del giorno dopo) era piovuto abbondantemente nella tarda mattinata. Nel primo pomeriggio, una breve tregua fece decidere ai miei genitori di recarsi tutti a Pegli da mia zia, ma si scatenò un fortissimo temporale, tanto che non potemmo scendere dall'autobus per come veniva forte. Eravamo sull'1, arrivammo al capolinea di Voltri e restammo ad aspettare che il mezzo facesse il ritorno a Sestri, col temporale quasi cessato.

Luglio

Inizio grigio, ma poi arriverà il caldo e sarà un mese tipicamente estivo, con temperature in rialzo sino a 32°C-35°C, specie a fine mese.

Agosto

Molto caldo e specialmente afoso, anche se spesso piovoso, con frequenti pioggerelle o brevi rovesci, talvolta temporaleschi, per temperature tra i 21°C-23°C di minima e fino ai 31°C-33°CC di massima.

Le fasi piovose e temporalesche avranno comunque maggiore frequenza nella terza decade.

Settembre

Decisamente caldo e piuttosto siccitoso, con temperature tra i 19°C-21°C di minima e i 25°C-27°C di massima. Un giorno verso il 20 si toccarono i 28°C, sotto un cielo grigio e senza una bava di vento: quindi una situazione veramente opprimente. Mio padre, vedendo i torrenti di Sestri in secca e mal tenuti, pronunciò una frase fatidica: "Al prossimo acquazzone si allaga tutto!". Successivamente si rattristò per quella terribile "profezia".

Ottobre

Dal 1 ottobre, ogni sera nel Ponente Genovese si scatena un temporale, con intensità crescente; i temporali compaiono anche al mattino il 6 e il 7 ottobre. In particolare, quello della mattina del 7, molto violento, ingrossa i torrenti e li rende degni di osservazione. Finito il temporale del 7, la cappa grigia resta immobile. Quel giorno, nel pomeriggio, vengono a casa mia dei miei compagni di scuola. Alle 7 di sera, la madre di una mia amica viene a prendere la figlia (avevamo 9 anni), e dice: "Piove!". Dopo un quarto d'ora, inizia a scatenarsi un diluvio terribile e violentissimo: un tremendo temporale auto rigenerante che dura sino alle 7 della mattina successiva. È la prima parte della più grande alluvione della storia recente della città: dalle 19 del 7 alle 16 dell'8 cadono, a più riprese e secondo le zone, dai 550 ai 900 mm di pioggia, che sommergono ogni quartiere di Genova che non sia situato in collina. Il massimo della piovosità si ha nel quartiere di Bolzaneto, con 950 mm, quantità da clima monsonico, e sicuramente oltre i 1000 mm sui monti prospicienti. Quella mattina il padre di un mio compagno decide di accompagnarci a scuola in macchina, con la sua Simca 1000. Ma arrivati a scuola, circondata da un grande lago, ci dicono che il nostro maestro la sera prima ha corso il rischio di morire a Voltri travolta dalla piena, e quindi non era venuto a scuola. Torniamo così a casa. Dalle 9 alle 10 altro diluvio, poi tregua, poi altro diluvio dalle 11:30 alle 13. Poi sembra sopraggiungere una tregua, ma sempre con cappa grigia e pesante. Poiché avevo la tosse da giorni, i miei decidono di portarmi dal medico. Mentre siamo in sala d'aspetto, si scatena un ennesimo nubifragio, questa volta terribile, e dalle finestre della sala d'aspetto vedo Via Sestri che gradualmente si inonda nuovamente d'acqua: la scena mi rimarrà scolpita nella mente. Ricordo pure cosa mi disse il dottore: "Infiammazione ai bronchi". Quando usciamo dallo studio, vediamo che Via Sestri gradualmente si sta liberando dall'acqua, e nel cielo s'intravede una schiarita a Ponente, con un tramonto splendido. È la fine della grande alluvione, anche se il nubifragio del pomeriggio è stato proprio quello che ha fatto esondare il Bisagno e portato, purtroppo, la conta dei morti a 35. Dopo tre giorni di tregua, si registra una debole pioggia, ma fino a metà novembre non si hanno nuove precipitazioni. L'ignoto autore della descrizione degli anni fino al 1970, descrive questo ricordo dell'alluvione: "un amico-conoscente di mia zia, resterà aggrappato in cima a un albero in Via Casaregis, completamente allagata, per quasi 5 ore prima di essere salvato, subendo un gravissimo shock... i poliziotti erano sul tetto delle loro volanti per sfuggire alla piena del fiume che in Piazza della Vittoria raggiunse i 2 m di altezza, su gran parte dell'estensione della piazza, la più grande di Genova. Dopo questo tragico evento, il clima persisterà assai mite, ma con picchi di caldo estivo fino a 27°C gradi di massima e 19°C di minima un giorno verso metà mese. Seguirà quindi una fase ancora più soleggiata e sempre piuttosto gradevole, per temperature tra i 9°C-11°C e i 17°C-19°C. Solo la parte conclusiva del mese si mostrerà invece abbastanza fresca, anche se soleggiata.

Novembre

Il novembre del 1970, dopo l'incubo dell'alluvione dell'inizio del mese precedente, si mostrerà inizialmente mite e senza piogge, anche se già dalla seconda decade una fase più fresca e piovosa, con temperature tra i 7°C e i 13°C, non potè non risvegliare nei cittadini di Genova la recente paura... non si ebbero in ogni caso più quelle abbondanti precipitazioni di ottobre (caddero 60 mm). Intanto, nel centro-Sud imperversavano siccità e temperature di gran lunga superiori alla media, che porteranno una sera a dire a Bernacca: "Non c'è neve sotto i 2000 m", fatto a quei tempi strano, ora non so...Nella terza decade si assisterà a un moderato abbassamento della temperatura, che varierà in media dai 7°C-11°C di minima e i 14°C-17°C di massima.

Dicembre

Inizia piuttosto freddo e asciutto, con temperature leggermente sotto la norma, comprese tra i 5°C-7°C di minima (localmente anche più basse nelle zone collinari e nelle vallate interne) e i 10°C-13°C di giorno; continuerà ancora più freddo, ma sempre secco, con valori compresi tra i 3°C-5°C di minima e i 7°C-10°C di giorno, sino a ridosso del Natale, quando alla Vigilia un'intensa e duratura ondata di gelo siberiana, in ingresso dalla Valle del Rodano, portò un forte abbassamento della temperatura e un'ondata di neve e gelo non sufficientemente ricordata in seguito come avrebbe meritato; infatti a Genova il giorno di Natale la temperatura minima scenderà sensibilmente al di sotto dello 0°C, con punte di –5°C e massime di 1°C-2°C, a cui seguiranno nevicate copiose nel giorno di Santo Stefano, con accumuli sino a 40 cm, con i primi fenomeni che cominceranno ad aversi già dal pomeriggio e dalla sera del 25, e dalla notte del 26. Ricordo che la bufera ebbe la sua massima intensità nel pomeriggio, quando verso le 6 osservavo entusiasta il mio terrazzo coperto da 40 cm di neve. Il tempo proseguirà con nevicate più acquose alternate a violente mareggiate, sino a Capodanno o poco oltre, con temperature spesso prossime allo 0°C anche di giorno, ma con puntate di 5°C in occasione della prevalenza del vento forte di Libeccio freddo.

1971

Gennaio

Nella prima metà è molto rigido: nella Valle del Rodano il grande gelo causa notevoli danni. A Genova a Capodanno nevica discretamente, e in tale periodo nevica sulla città ancora per numerose volte, con alcune precipitazioni abbondanti, che segneranno un periodo storico e particolare per la città. Un giorno in città il termometro scende a –4°C. Dopo il 15 le temperature si alzano e la seconda parte del mese è notevolmente più mite, con qualche pioggia. In ogni caso, il grande freddo non ha ancora mollato la presa. La sera di domenica 17 gennaio, dopo essere stato coi miei a Recco, in una mite giornata soleggiata, il telegiornale mostra il Sud del paese sommerso dalla neve, e io provo una leggera invidia. Ma il giorno 21 eccomi subito ripagato: una fortissima tempesta di neve per tutto il giorno attanaglia Genova, con abbondanti accumuli. Il giorno dopo, la neve gira in pioggia, col sopraggiungere dello scirocco, ma il mese si conclude con una domenica 31 all'insegna di forte maltempo, con pioggia continua e abbondante e forte Tramontana Scura: ricordo perfettamente, al ritorno da Recco, sulla Ford Taunus 17 MTS di mio zio quando, attraversando il Ponte Morandi, tra la pioggia e il vento, sembrava veramente di essere su un mare in tempesta.

Febbraio

È meno rigido, nonostante sia piuttosto perturbato, e una nuova intensa bufera di neve attanagli la città per tutto il giorno 16, con nuovi importanti accumuli, e intorno alla fine del mese, dopo un breve anticipo primaverile, un'ondata di gelo siberiano portò nuovo freddo su tutta la città e la costa ligure, prodromi di un serio peggioramento a inizio del mese successivo, che riportò freddo anche intenso e neve su Genova e gran parte d'Italia, tanto che in 24 ore, tra il 27 e il 28 febbraio, dopo un gradevole assaggio primaverile, aria gelida di estrazione polare farà ripiombare le temperature cittadine verso lo 0°C.

Marzo

Il primo mese della primavera meteo-climatica avrà un avvio decisamente gelido e nevoso su gran parte di Italia: il 3 marzo, dopo alcuni giorni molto freddi, a Genova nevicherà moderatamente, e il giorno successivo, dopo alcune schiarite, la temperatura scenderà a –4°C, e poi ancora più giù sino a –6°C il giorno di sabato 6, e mio padre quella mattina mi spiegava il perché delle varie lastre di ghiaccio che si erano formate. Lo stesso giorno nevicherà su tutta Roma e si registrerà la temperatura italiana più bassa da quando sono iniziate le osservazioni meteorologiche: –37°C al Plateau Rosà. Successivamente il mese proseguirà più tranquillo e decisamente meno rigido, con forti piogge nel Ponente Genovese per tre giorni intorno al 19 marzo, che ingrosseranno di molto i torrenti e riporteranno l'incubo della recente alluvione.

Aprile

Abbastanza piovoso come gran parte della primavera di quell'anno, che segnerà temperature nella norma o solo leggermente inferiori, con 8°C-10°C-12°C di minima e 13°C-15°C di massima, con qualche punta di 17°C-19°C nelle poche giornate soleggiate.

Maggio

Proseguirà sulla falsariga del mese precedente, seppur in un contesto meteo-climatico abbastanza gradevole, tipicamente tardo-primaverile, con temperature sempre nella norma, da 15°C-17°C a 21°C-23°C.

Giugno

È temperato, caldo con temperature nella norma meteo-climatica, per valori tra i 15°C-17°C-19°C e i 21°C-23C°, con qualche punta sino a 25°C, e relativamente piovoso.

Luglio

Luglio e gran parte dell'estate del 1971 saranno molto calde, con una prima fase, che terminerà il 15, segnata da una forte ondata di caldo su tutta l'Italia, e punte di 32°C sulla nostra città. Seguirà una fase meno calda e un poco perturbata, per poi tornare un gran caldo il giorno 27, in cui si toccheranno i 35.4°C, con Genova città più calda d'Italia, fatto rarissimo; i giorni seguenti tutta Italia sarà avvolta in una cappa d'afa opprimente, e Genova non farà eccezione, con temperature massime sempre sopra i 30°C e forte umidità.

Agosto

Sino al 20 agosto il caldo proseguirà in città quasi senza sosta, e i Genovesi vivranno uno dei periodi più caldi della storia climatica cittadina, con frequenti punte di 32°C-33°C, e minime molto elevate, che non consentiranno di recuperare le energie perse per il gran caldo diurno. Intorno alla fine di agosto, a partire dal giorno 20, si segnaleranno violenti temporali.

Settembre

Prima parte ricca di temporali e piuttosto gradevole, mentre la parte centrale del mese avvertirà i primi abbassamenti di temperatura, con una minima di 11°C sulla costa e molto meno all'interno. Seguiranno altre piogge e temporali.

Ottobre

Il giorno 13 un violento nubifragio colpirà il Ponente genovese… e il ricordo dell'ancora troppo recente alluvione risveglierà molte paure. Il resto del mese sarà piuttosto piovoso e mite.

Novembre

Sarà un mese con clima piuttosto altalenante, con giornate più fresche seguite a giornate miti e uggiose, con frequenti giorni di pioggia, anche insistente, come il giorno 9, quando ricordo un tardo pomeriggio con pioviggine molto intensa e visibilità molto ridotta. Intorno alla fine del mese, il 19, il passaggio di un minimo barico proprio sopra le nostre teste causerà un'eccezionale tempesta, con mare fino a forza 8-9 in mattinata e una vera e propria furia degli elementi, con mare forza 10, per tutto il primo pomeriggio, con cielo nerissimo e vento fortissimo. Quel giorno io e un mio amico, accompagnati da mia madre (avevamo 10 anni) volevamo andare a Pegli a vedere la mareggiata. Ma appena usciti di casa, vedemmo avanzare un cielo nero come la pece, il vento divenire sempre più forte, e iniziare a grandinare. Mia madre tornò a casa, e io trascorsi il pomeriggio in casa del mio amico a giocare, guardando comunque tanta furia attraverso i vetri delle finestre. Alla sera venne a prendermi mio padre, che mi disse: "Copriamoci perché la temperatura è cambiata!". Fu l'inizio di un'ondata di freddo intenso, che culminerà nel pomeriggio del giorno 24 con una discreta prima nevicata della stagione.

Dicembre

Dopo un inizio moderatamente freddo, il mese si presenterà invece al contrario dell'anno prima, con un periodo natalizio piuttosto mite, o quanto meno con temperature piuttosto gradevoli. Precipitazioni nella norma.

1972

Gennaio

La prima decade è solo relativamente fredda, con temperature in città comprese attorno ai 5°C-7°C e 10°C-13°C, anche se con tempo solo a tratti perturbato, specie il 2 e 3, e con maggiore soleggiamento e condizioni di generale variabilità in seguito, soprattutto dopo il 5; successivamente, sino al 10, tempo più uggioso, ma con temperatura più mite. Nella seconda decade prosecuzione del tempo mite sino al 15, anche se più asciutto, con temperature tra i 7°C-9°C e 11°C-13°C, con locali punte anche di 15°C, specie inizialmente. In seguito arriveranno perturbazioni che nella loro fase finale porteranno nevicate anche sulla città, pur di non grande entità, seguite da repentini rialzi della temperatura. Con la terza decade del mese il clima si farà davvero gelido, con frequenti precipitazioni nevose, anche localmente abbondanti, specie intorno a fine mese, tanto che il 27, tra mezzogiorno e le ore sedici cadranno, in appena quattro ore, 30 cm di neve in città, con accumuli anche più significativi nei quartieri collinari, con clima molto freddo e temperature sotto zero, che riprenderanno a salire un poco dopo la fine della precipitazione. Ricordo che quel giorno, malgrado mia madre me lo sconsigliasse, volli a tutti i costi uscire in mezzo alla bufera di neve: il Viale Canepa di Sestri era meraviglioso. Ricordo che quella sera telefonò il mio maestro delle elementari (ero in quinta) che disse che a Voltri si era verificata una nevicata ancora più abbondante che nelle altre zone di Genova. Successivamente le temperature rimarranno con massime sui 3°C-5°C sulla costa e prossime a 0°C nelle zone collinari, e al mattino sotto zero o di poco al di sopra, associate a gelida tramontana. Seguiranno piogge e mareggiate, e rialzo della temperatura.

Febbraio

I primissimi giorni del mese, specie tra l'1 e il 3, si presenteranno ancora moderatamente freddi, seppur uggiosi, con valori termici che giungeranno al massimo ai 7°C-9°C. Seguirà un sempre più deciso rialzo termico, con temperature fino a 13°C-15°C, associato a frequenti passaggi perturbati e piovosi, almeno per tutta o gran parte della prima decade. La seconda decade inizierà relativamente più fredda e a tratti piovosa, sin quasi verso la fine, con piovaschi e qualche breve rovescio e temperature abbastanza fresche, sui 5°C-7°C al mattino, e con valori diurni tra i 10°C-12°C. La terza decade presenterà un clima abbastanza mite, con tempo piuttosto perturbato, e temperature tra i 9°C e i 12°C.

Marzo

Dall'1 al 7 piuttosto rigido e a tratti instabile, successivamente gradualmente più mite anche se sempre dinamico e piuttosto piovoso. Dopo la prima decade, la temporanea distensione dell'alta pressione azzorriana da O-SO verso E-NE, che formerà un blocco unico con l'Alta Russa, farà gradualmente affluire lungo il margine Sud-orientale aria sempre più fredda di estrazione polare-artico-continentale. In ogni caso, la sua tenuta risulterà abbastanza effimera e solo parziale. In breve, anche in seguito al maggiore soleggiamento, legato all'espansione dell'alta pressione stessa, proprio sul Mediterraneo Centro-Occidentale si avvertirà un apprezzabile rialzo termico, con valori anche molto gradevoli, specie di giorno, sin verso i 15°C-17°C e locali punte di 19°C, portando cosi la primavera in città. Nella terza decade, a seguito di un parziale affondo del Vortice Polare, si avrà una prima fase più fresca e instabile, seguita da condizioni meteo-climatiche più soleggiate, con temperature nuovamente più miti, fino a 19°C-21°C, che concluderanno l'andamento mensile di questo mese.

Aprile

Inizialmente stabile e soleggiato (tranne un poco di pioggia il 3, giorno di Pasquetta, con abbassamento della temperatura fino a 14°C, e vento freddo che mi accompagnerà insieme ai miei genitori nella visita di Sanremo) e piuttosto mite, se non quasi caldo, con valori fino a 21°C-23°C, specie intorno al 5 aprile, ma mediamente compresi tra i 12°C-15°C di minima e i 19°C-21°C di massima. Seguirà una fase più fresca e instabile, specie attorno alla metà del mese, con temperature più basse, tra i 13°C-15°C di giorno e 7°C-9°C al primo mattino, anche se gradualmente più mite, con 15°C-17°C. A fine mese, però, quasi a sorpresa il clima si farà decisamente più freddo, quasi invernale, con la famosa nevicata del 25 aprile a Torino e pioggia battente e freddo per vento di Tramontana Scura, con neve in collina a 250 m e 5°C-7°C in città il giorno dell'Anniversario della Liberazione. Successivamente il clima sarà frizzante e fresco anche di giorno, con temperature comprese attorno ai 9°C-11°C di massima e 5°C-7°C al primo mattino. Il mese sarà comunque segnato da frequenti giornate molto bagnate, con pioggia continua e persistente.

Maggio

Inizialmente più fresco e a tratti anche instabile, specie nei primi cinque giorni, con temperature attorno ai 17°C-19°C. Sarà seguito da giornate gradualmente sempre più stabili e soleggiate, nonché piuttosto gradevoli, e valori compresi attorno ai 19°C-21°C con locali punte di 23°C. Nella seconda decade un ritorno più fresco e instabile porterà giornate piuttosto grige e piovose, con valori mai superiori ai 17°C-19°C e giornate localmente persino più fredde, con valori di 13°C-15°C, sin verso fine periodo, quasi più tipiche di inizio primavera che di maggio inoltrato. La terza decade sarà invece più stabile e soleggiata benché sempre più calda, per temperature diurne comprese tra i 28°C-30°C, specie a fine mese, che preannunceranno l'estate.

Giugno

Inizialmente segnato da giorni instabili, con spiccata variabilità a tratti perturbata con temporali e temperature complessivamente nella norma, per valori massimi compresi attorno ai 23°C-25°C. Questi giorni saranno comunque alternati da piogge molto abbondanti, con tuoni e fulmini, tanto che non riusciremo a effettuare la gita al Monte Gazzo col nostro maestro, come era sua consuetudine coi suoi alunni di quinta. Purtroppo, nella notte tra il 7 e l'8, una tremenda grandinata colpirà molte zone dell'Astigiano, con distruzione quasi totale di molte colture. Ancora più fresca e instabile la seconda decade, con frequenti temporali, soprattutto a metà mese, e temperature persino fredde per il periodo, con massime non superiori ai 17°C-19°C nelle giornate tra il 12 e il 15 giugno, ma parzialmente anche in seguito. Tale periodo sarà seguito da un modesto rialzo termico intorno al 18-20. Soltanto nella terza decade l'estate si affermerà sempre più convintamente con temperature comprese tra i 27°C-29°C mediamente e locali punte di 30°C-32°C di giorno, e attorno ai 23°C-25°C di minima, con una fase molto calda per il periodo. Più gradevole solo verso fine mese, con 27°C-29°C di massima.

Luglio

Mese con un inizio caldo e soleggiato, con una punta veramente notevole domenica 9 e fino al mezzogiorno di lunedì 10. Ricordo che quella domenica, andando coi miei dagli zii a Pegli, sentivo veramente un caldo terribile, ma non riuscii a trovare alcun termometro, e nemmeno l'indomani seppi la temperatura di quel giorno festivo, dato che il Secolo XIX il lunedì non usciva, e sulla sostitutiva Gazzetta del Lunedì non mettevano le temperature (suppongo comunque 34°C-35°C). Ben presto, e già dalla sera del 10, inizierà una fase molto turbolenta e instabile, con rovesci, temporali e mareggiate. In particolare, nella terza decade, il cielo sarà spesso grigio e soffierà forte un fresco vento di mare, che farà accendere il riscaldamento ai genovesi soggiornanti già nelle villeggiature collinari non troppo lontane dalla città.

Agosto

Mese inizialmente caratterizzato da belle e ventose giornate, con massime sui 28°C, tuttavia intervallate da momenti cupi e plumbei, come la mattina del 5. Verso il 10 arriverà un'intensa ondata di caldo africano, che farà schizzare il termometro anche a 34°C. Tuttavia, già dal giorno 16, arriverà dell'aria molto fredda dal Nord Atlantico, che scatenerà furiosi temporali e porterà immediatamente a imbiancare le vette delle Alpi Marittime. Verso il 20 si registreranno sulla costa giornate di pioggia continua con massime sotto i 20°C, e naturalmente molto più basse nell'entroterra. Passeranno alcuni giorni più miti e poi nuovi violenti temporali, tra cui uno terribile nel primo pomeriggio del 28, durante il quale un fulmine procurerà un guasto al televisore di casa mia. Seguiranno giorni più clementi, ma con un forte acquazzone nel tardo pomeriggio del 31.

Settembre

Un settembre tra i più freddi del secolo, di oltre tre gradi sotto media rispetto alla norma, con giornate veramente strane ed eccezionali per il periodo. Venerdì 1 cielo grigio ma temperatura ancora abbastanza calda. Sabato 2 pioggia leggera per tutto il giorno, con abbassamento della temperatura, e domenica 3 un violentissimo temporale nella mattinata, che farà scendere la temperatura di diversi gradi. Verso domenica sera il tempo sembrerà migliorare, ma due giorni dopo ci troveremo in un'atmosfera autunnale di freddo e pioggia. Giornate di questo tipo, sempre più fredde, si susseguiranno, alternate a giornate soleggiate ma sempre fresche. In particolare, nei giorni 12, 13 e 14 una fitta, gelida e continua pioggia attanaglierà la città, con forte vento di Tramontana Scura, e temperature sui 14°C. La notte del 15 si scatenerà una terribile tempesta di vento freddo, con punte sino a 150 km/h, che causeranno gravi danni alla Festa De L'Unità di Villa Rossi a Sestri. Seguiranno alcuni giorni più clementi e poi sempre più freddo e piovoso, con serate ventosissime, che mi colpirono molto, perché mi sembrava di vedere spaccarsi le antenne televisive sui tetti (al tempo non c'era ancora l'antenna centralizzata). La terza decade sarà storica per il freddo e la pioggia, e il giorno 26 a Genova la temperatura scenderà a 9°C, con pioggia e forte vento di Tramontana Scura, mentre sopra gli 800 m si assisterà a una delle più precoci nevicate del secolo. Vedrò in seguito le foto di San Giacomo di Rouburent tutta imbiancata scattate da un mio amico. Fine mese sempre grigia, con qualche schiarita, ma un poco meno fredda.

Ottobre

Mese quasi meno freddo del precedente settembre, e con un numero minore di precipitazioni. Si segnaleranno diverse giornate serene e miti e qualche temporale, ma le temperature saranno solo leggermente sotto media.

Novembre

Inizio mese che pare il settembre saltato, con temperature sino a 23°C. Tuttavia sarà molto piovoso, con numerose giornate perturbate. Venerdì 10, per esempio, dal treno che usciva dalla Galleria di Dinegro e si dirigeva verso Principe, ebbi una fascinosa visione della città avvolta dalla fitta pioggia e dalla scarsa visibilità, per nubi molto basse. Giorni dopo venne lanciato un "allarme uragano", poiché una intensa tempesta aveva interessato l'Europa Settentrionale e Centrale e sembrava dirigersi verso l'Italia. Tale maltempo deviò poi verso la Polonia e ci risparmiò, ma causandovi purtroppo numerosi danni. In ogni caso, proseguirono molte piogge "normali" e, in particolare, si ricorda con ilarità il venerdì 17, quando una profezia di Nostradamus sembrava prevedere un devastante maremoto sulla Liguria, che avrebbe dovuto abbattersi alle ore 17:17, e molti erano andati a rifugiarsi in montagna. In ogni caso, fu una giornata grigia e molto tetra... ma ovviamente niente maremoto...!!! Seguiranno altre intense e prolungate piogge, in particolare per tutto il giorno 30.

Dicembre

Primi quattro giorni piovosi, poi tempo più asciutto e mai eccessivamente freddo, con numerose giornate serene e un poco ventose, ma con massime sempre superiori ai 9°C e minime superiori ai 5°C. Periodo natalizio abbastanza temperato, ma seguito da giorni molto freddi, specie il 28 e il 29. La mattina del 30 una debole nevicata interesserà la città, con pochi centimetri, ma che imbiancheranno uniformemente. Nel pomeriggio si scatenerà una tempesta di Tramontana Scura che porterà le temperature sotto zero, e ricordo in particolare quella gelida serata alla Stazione di Principe sotto un vento polare e osservando i ghiaccioli nelle parti inferiori delle carrozze ferroviarie. Il giorno dopo aumento della temperatura fino a una notte di Capodanno non molto rigida.

1973

Gennaio

L'inizio del 1973 si presenta mite e uggioso, contrariamente a quanto non si fosse concluso il '72. L'inverno sembra essersi preso una pausa. Si avranno solo deboli precipitazioni tra il 2 e 3 gennaio, con temperature leggermente superiori alla norma, che sembreranno aver riportato il normale decorso stagionale indietro di qualche settimana, con temperature minime di 7°C-9°C e massime attorno ai 10°C-15°C. Nella seconda decade si assisterà a un abbassamento della temperatura, che porterà minime piuttosto basse, e giornate piovose con Tramontana Scura tra il 15 e il 18. Seguirà un rialzo termico, ma con tempo umido e sciroccoso, con un forte nubifragio il pomeriggio del 20. Successivamente il tempo si ristabilirà, ma con vento molto forte, specie il giorno 27, mentre il 31 ritornerà la pioggia.

Febbraio

Inizialmente caratterizzato da tempo abbastanza asciutto e a tratti soleggiato, o al più variabile, con temperature decisamente gradevoli, sino a 15°C-17°C il giorno 4. Seguiranno giornate più fresche, ma sempre in un contesto mite, mentre con la seconda decade il tempo comincerà a divenire più fresco e a tratti grigio e piovoso. Il giorno in assoluto più freddo di tutto il mese, se non forse persino dell'inverno, sarà il 15, caratterizzato da temperature comprese tra gli 0°C e i 2°C e 3°C e 5°C e pioggia ghiacciata o nevischio, coll'aggiunta di Tramontana Scura furiosa. Più soleggiata e gradevole la parte successiva del periodo, con minime ancora basse, ma giornate con temperature sino a

13°C-15°C. La terza decade sarà invece caratterizzata da tempo generalmente mite, quasi un anticipo di primavera, tranne una temporanea irruzione fredda settentrionale verso fine mese.

Marzo

Mese piuttosto freddo nelle prime due decadi, con occasioni per giornate piovose dal sapore invernale, intervallate ad altre più miti. Solo con la terza decade si assisterà a un assaggio più deciso della primavera, con massime sino a 19°C.

Aprile

Piogge notevoli si verificheranno tra il 7 e il 10 del mese, con gli altri giorni caratterizzati da variabilità a tratti perturbata, con un cielo a volte nerissimo ma senza alcuna goccia d'acqua. Non pioverà molto nella seconda decade, tranne il giorno di Giovedì Santo, il 19, quando nel tardo pomeriggio si scatenerà un violento temporale con grandine, che produrrà un deciso abbassamento della temperatura e una Pasqua freddina e uggiosa con pioggia per tutto il pomeriggio. Il resto del mese sarà piuttosto instabile, ma con piogge di scarsa entità.

Maggio

Prima decade frequentemente piovosa e uggiosa, anche se alquanto mite (da segnalare la fitta nebbia marittima nel tardo pomeriggio di domenica 6, quando a causa di essa perse la vita il Maggiore Enrico), per temperature comprese tra i 15°C-17°C e i 20°C-23°C di massima. Nella seconda decade il clima si farà più fresco, ma anche abbastanza soleggiato, con solo qualche rovescio temporalesco di tipo tardo-primaverile, specie attorno al 17-20 del mese, con solo una vera giornata di pioggia anche intensa il 19 e temperature nella norma tra i 12°C-15°C e i 19°C-21°C. Più stabile e soleggiata l'ultima decade mensile con clima gradualmente sempre più tardo-primaverile, piuttosto mite, se non a tratti caldo, per temperature comprese tra i 15°C-18°C di minima e i 23°C-25°C di giorno, con locali punte di 27°C-29°C. Il giorno 31 il tempo peggiorerà improvvisamente e si scatenerà un violento temporale.

Giugno

Prima decade decisamente piovosa, a tratti fortemente perturbata, con spiccata instabilità, specie tra il 5 e il 9 del mese, anche se con clima comunque piuttosto mite con temperature tra i 17°C-19°C di minima e i 23°C-25°C di massima, e locali punte di 25°C-27°C nelle giornate più soleggiate o variabili, specie a inizio mese. Nella seconda decade il tempo invece si presenterà più stabile e soleggiato, con clima sempre piuttosto gradevole, mai troppo caldo, per temperature generalmente nella norma o al più solo leggermente al di sopra di essa e comprese tra i 17°C-19°C e 23°C-25°C di massima, con solo qualche punta di 27°C. Verso la fine del mese si avrà un parziale ritorno di condizioni di maggiore variabilità atmosferica, a tratti instabile, specie attorno al 20-23, che riporterà qualche pioggia e tempo più dinamico, a cui seguiranno giornate gradualmente sempre più calde ed estive, con temperature anche di 29°C-31°C attorno al 28-30.

Luglio

L'inizio del mese si presenta piuttosto instabile. Solo successivamente una graduale e più convinta stabilizzazione del tempo riporterà valori termici tipicamente estivi e compresi attorno ai 21°C-23°C di minima e 27°C-29°C di massima, con punte localmente superiori, sin verso i 30°C-32°C, nelle ore più calde del giorno. Tra il 9 e il 15 del mese un'intensa perturbazione con Ondata di Scirocco porterà piogge abbondanti, specie tra il 13 e il 15, con fortissimo vento fino a 100 km/h quest'ultimo giorno, e vari alberi sradicati. Al maltempo sarà associata anche un'intensa mareggiata. Seguiranno giorni variabili, con alternanza di sole e nuvole, e temperature mai eccessive.

Agosto

La prima decade sarà caratterizzata da caldo piuttosto intenso, sino a 30°C-31°C, con qualche rovescio temporalesco e forte umidità, che renderà il clima molto afoso. Nella seconda decade il caldo si mostrerà ancora più intenso, protraendosi sin verso il 23 del mese, associato a temperature sino a 35°C-37°C in città. Si tratterà di una delle più intense ondate di caldo della storia relativamente recente, e a cui seguiranno temporali anche grandinigeni di forte intensità, per il contrasto di masse d'aria molto diverse. Il giorno 13 si avranno locali punte di 39°C e minime notturne elevatissime sino a 28°C, che causeranno molte notti insonni per i Genovesi restati in città. Nella terza decade il gran caldo dei giorni precedenti si mostrerà sempre piuttosto fastidioso, per quanto meno torrido e estremo dei giorni precedenti, ma già verso il 24 forte instabilità atmosferica determinerà piogge anche copiose, con forti temporali, locali grandinate e un drastico calo delle temperature sin verso i 19°C-21°C, con punte di 25°C-27°C nelle giornate più stabili o relativamente tranquille e soleggiate. Questo tipo di tempo si protrarrà fino al 31. Il primo violento temporale grandinigeno si verificherà il 26, seguito da altri. Il 28 nel tardo pomeriggio un forte temporale produrrà uno spettacolo di caduta di fulmini sul mare, che seguirò da Pegli; poi tregua fino alla sera del 30, quando un violento temporale sopraggiungerà da Ovest e io, tornando coi miei da Recco, vedrò i lampi provenire da Ponente sempre più vicini, con una forte pioggia che ci accoglierà a Sestri, e ci costringerà a prendere un taxi, perché tutti senza ombrello. Il seguito sarà una giornata di pioggia autunnale e temperatura sui 19°C, che concluderà il mese.

Settembre

Ancora piogge dall'1 al 3, con temperature fresche. Successivamente ritorna l'estate, a tratti anche molto calda, con punte di 31°C, fino al giorno 15. La sera di domenica 16 si scatenerà un violentissimo temporale da Ponente a Levante, seguito da forti piogge, che nel giorno 18 registreranno accumuli molto abbondanti. Seguiranno altri temporali, specie quello di sabato 22 nel tardo pomeriggio, che colpirà principalmente il Ponente genovese, con grandine. In seguito sempre tempo piuttosto perturbato.

Ottobre

Mese con prima parte piuttosto mite e asciutta, con notizie sul fatto che per tutto l'anno sul Lago del Brugneto è piovuto molto meno che in città, e quindi l'acqua è a rischio razionamento. Il forte temporale della serata del 13 riporta le speranze di fine siccità, e soprattutto le riporteranno le piogge di fine mese, accompagnate da un deciso calo termico.

Novembre

Mese molto strano. Inizia con piogge, e soprattutto il 4 è una giornata plumbea e tetra. Il 5 ritorna a splendere il sole, e per tutto il mese si alterneranno sole o giornate uggiose ma senza una goccia d'acqua, fatto che produrrà il temuto razionamento. Genova affronterà la sua prima crisi idrica dalla costruzione della Diga del Brugneto. Dalla metà del mese, periodicamente, si avranno abbassamenti di temperatura sempre più decisi, intervallati da giornate più miti, per freddi e secchi venti da NE.

Dicembre

Continua la siccità fino al 18 del mese. Spesso il meteo annuncia pioggia, ma la nostra città, e specialmente il Brugneto, vengono saltati, aumentando l'ansia e i disagi provocati dalla crisi idrica. In questo contesto si segnala un'ondata molto intensa di Burian dall'1 al 3, con minime sotto zero e massime appena sopra in tutta la città. Dal giorno 19 il tempo cambierà repentinamente per l'arrivo di forti perturbazioni atlantiche, che porteranno piogge abbondantissime sulla città specie il 19, il 24-25 e il 30, con un Natale tutto particolare: temperatura tra i 13°C e i 16°C, pioggia e temporali continui con fulmini per tutto il giorno, come se fossimo nella tarda estate, violenta sciroccata con mareggiate su tutto il Nord Italia. Queste piogge daranno fine alla "siccità" di questo particolare anno.

1974

Gennaio

L'inverno del 1974 è mite fin dal mese di gennaio, con molte perturbazioni e intensa nebulosità, ma temperature che in centro non scendono mai sotto i 4°C. L'unica giornata fredda si ha il giorno 8, con Tramontana Scura e 4°C, e neve sopra i 400 m.

Febbraio

Inizia in modo molto perturbato e piuttosto fresco, specie il 3 febbraio, quando sul Ponente di Genova e a Torino cadono 300 mm di pioggia che, distribuiti per fortuna in 24 ore, non causano gravi danni. Seguono giornate più asciutte ma sempre in un contesto mite, quasi pre-primaverile, con alcuni giorni con massime di 16°C e minime sui 9°C. A fine mese un impulso più freddo provoca l'ultimo giorno con pioggia e Tramontana Scura, e neve sopra i 300 m.

Marzo

Inizia con giorni piuttosto freddi e una nevicata notturna senza accumulo la notte del 2. Successivamente si ha tempo spesso grigio con diverse precipitazioni, e un calo termico verso fine mese, ma non esagerato, controbilanciato però da una domenica 31 marzo in cui si raggiungeranno 21°C.

Aprile

Fino al 9 si ha un esplosione di primavera con temperature comprese tra i 12°C e i 18°C, con alcuni giorni fino a 20°C, e sole sempre presente. Il 10 un guasto provoca un forte acquazzone nel tardo pomeriggio, premonitore di un'ondata di maltempo nel week end di Pasqua (14 aprile), con molta pioggia specie il 13. Poi il mese diventa molto instabile e turbolento, con abbassamento della temperatura, e improvviso oscuramento del cielo nel tardo pomeriggio del 16 con forte vento vorticoso. Seguono giornate fresche e a volte instabili, fino all'arrivo di un potente guasto il giorno 24. Già dal tardo pomeriggio pioggia battente e fulmini verso Ponente, quando nella serata si scatena un violento temporale con grandinata record a Sestri Ponente, con chicchi grossi come noci e tutte le strade imbiancate di 10 cm di grandine, che provoca molti danni. La mattina del 25 aprile a Sestri sembra sia passato un uragano, con rami spezzati, fiori a terra e una generale devastazione. La temperatura precipita a 5°C e per tutta la settimana seguente non sale sopra i 12°C, con numerose giornate di fitta pioggia con temperatura sui 5°C, sino a fine mese.

Maggio

Mese con pioggia e grigio nel primo giorno, ma che poi migliora, con temperature piuttosto miti. Un'altra forte pioggia si avrà sabato 11 maggio, seguita da giornate tiepide con massime fino a 21°C. Il giorno 24, nel primo pomeriggio, un violento temporale con grandine si scatena sulla città, provocando un abbassamento della temperatura. Gli ultimi giorni trascorrono abbastanza soleggiati, con minime sui 15°C e massime sui 20°C, tranne il 31, in cui pioverà tutto il giorno con circa 18°C.

Giugno

Fino al 12 il tempo è discreto e piuttosto caldo, senza alcuna precipitazione, con punte fino a 25°C. Poi arriva un'intensa ondata di freddo e maltempo che dura fino al 16, in cui la temperatura non sale sopra i 15°C, e la neve eccezionalmente arriva a imbiancare il Passo del Faiallo. Segue un aumento della temperatura, con giorni abbastanza caldi, fino al 23, quando sopraggiunge un'ondata di maltempo, con un violento nubifragio nel pomeriggio. Seguono giorni freschi, ciascuno con almeno qualche ora di pioggia, e caratterizzati da cielo basso e plumbeo, finché il 29 un deciso Anticiclone delle Azzorre fa l'ingresso nelle nostre regioni e dà inizio alla vera estate.

Luglio

Uno dei mesi più belli e stabili degli anni '70, con temperature mai eccessive, e cielo spesso azzurro, tranne una settimana a cavallo del 20 del mese in cui arriva un forte temporale che porta una temporanea diminuzione della temperatura, seguito da giorni con nubi nere e minacciose, ma che non lasciano cadere che poche gocce. Verso la fine del mese il cielo ritorna sereno e riprende questa estate "azzorriana" per antonomasia.

Agosto

Il tempo rimane soleggiato ma il caldo inizia ad aumentare, con un break temporalesco il giorno 8, ma di esigua entità. Segue un'ondata di forte caldo su tutta l'Italia, con 40°C a Firenze a cavallo di Ferragosto e temperature sopra i 35°C in tutta la Pianura Padana, mentre sulla nostra costa non si superano i 30°C, tuttavia con aumento dei tassi di umidità, che condurranno a un periodo dal 17 al 23 caratterizzato da notevole afa. Il 24 arriva il primo temporale, nel pomeriggio, e da quel momento è una serie continua di temporali che rinfrescano l'atmosfera. Uno molto forte si avrà la sera del 26, seguito da giorni variabili, con un intenso peggioramento sabato 31, quando nella notte una grave alluvione si abbatte sul Sassellese, e nel pomeriggio un violentissimo temporale allagherà per un'ora Via Cornigliano, proprio quando io vi transiterò coll'autobus.

Settembre

All'inizio è piuttosto piovoso, con temperature moderate, ma senza fenomeni di grande evidenza. Seguirà un periodo di tipo estivo, con tanto sole e giornate fino a 31°C, che durerà sino al 17, dato che il 18 farà il suo ingresso una prima perturbazione atlantica, con pioggia e temporali. Da quel giorno sarà tutto un continuo di temporali e piogge, con temperatura sempre più bassa. Nell'ultima decade si avrà pure un temporale grandinigeno, e si arriverà al 30 del mese con un tempo già da pieno autunno: minima di 12°C e massima di 18°C.

Ottobre

È l'ottobre più freddo del secolo, con 4 gradi sotto media, piogge non molto abbondanti, ma frequenti e spesso a carattere temporalesco, più grandine. Ricordo certe serate con temperatura sui 9°C-10°C e vento già freddo, e un particolare giorno in cui su tutto il versante ligure-tirrenico, nel pomeriggio, si verificarono temporali continui, nel senso che prima il temporale arrivava dal mare, e poi ritornava dai monti, per varie volte, con grandine e temperatura sui 10°C-11°C. Verso fine mese si hanno già minime sui 5°C, pur con cielo sereno, e nella

Pianura Padana si avranno già gelate piuttosto intense. Naturalmente la televisione e la radio parlano di Era Glaciale Prossima Ventura, e di un imminente inverno rigidissimo.

Novembre

L'inizio è quasi da pieno inverno, sulla falsariga del mese precedente, con una forte pioggia la mattina del 4, e un giorno 5 con pioggia fine e Tramontana Scura, e temperatura tra i 5°C e gli 8°C. Poi "l'annunciato inverno rigidissimo" sembra temporeggiare. Infatti le temperature diventano più miti, per portarsi sulla media del periodo, e dare inizio il giorno 9 a due settimane di continuo maltempo, con una perturbazione dietro l'altra a distanze temporali molto ravvicinate, temperatura sui 12°C-13°C e in momenti sciroccali sino a 16°C, piogge abbondantissime associate pure a notevoli temporali. Verso il 24 il tempo migliora e arrivano giornate serene e ventose... ma la temperatura viaggia tra gli 8°C e i 14°C, continuando a ritardare l'annunciato "inverno rigidissimo".

Dicembre

Mese molto mite e nel complesso soleggiato, con media sui 10°C, e le prime due decadi che sembra non vogliano minimamente parlare d'inverno, con una leggera pioggia e tempo nebbioso da scirocco il giorno 14. Per Natale arriva una debole perturbazione che causa pioviggine per tutto il giorno, cielo plumbeo e temperatura tra gli 8°C e i 10°C, con aumento i giorni successivi, finché il 30 e il 31 una forte tempesta di vento fino a 120 km/h con cielo sereno si abbatte sulla nostra città, mentre nel Sud, specie nel versante adriatico e ionico, si scatena una vera e propria furia degli elementi, e la televisione commenta: "Dov'è finito il mite inverno mediterraneo?".

1975

Gennaio

In grande evidenza sulla stampa e in TV la mancanza di neve sulle Alpi per tutto il mese, (a Torino solo pochi fiocchi di neve e un leggero e provvisorio imbiancamento domenica 19) anche se la notte tra il 18 e il 19 l'Estremo Ponente Ligure è colpito da un'alluvione e Genova da violente piogge (già dal 16 e 17). Dopo il 18 gennaio, le perturbazioni atlantiche interessano il Nord Italia solo con la loro parte meridionale: provocano debolissime piogge in Pianura Padana, ma intensi e improvvisi temporali sulla Liguria, fino al 31 gennaio. La temperatura resta mite per tutto il mese, con giornate che sembrano più marzo che gennaio.

Febbraio

Nel pomeriggio di sabato 1 febbraio una bufera di vento di Tramontana con raffiche a 120 km/h si abbatte su Genova. Il giorno 5 una perturbazione non molto intensa tenta di fare nevicare sulla città, ma la neve si ferma solo oltre i 200 m. Seguono giorni più freddi ma mai eccessivi. I giorni 10, 11 (Carnevale) e 12 del mese arrivano forti piogge in città e neve sulle Alpi, poi si prosegue con clima piuttosto freddo (mai eccessivo -al massimo 2°C di minima) e molto secco, con neve costante sui monti che circondano la città.

Marzo

Marzo è più freddo di gennaio, e piovosissimo; è segnato da una prima parte variabile con improvvisi acquazzoni, ma poi quasi sempre umido e piovoso, con temperature tra i 7°C e gli 11°C, e frequenti episodi di vento freddo di Tramontana Scura. Il giorno 15 in mattinata si scatena un violento temporale, con grandine in Centro. Il giorno di San Giuseppe, tradizionalmente riservato alla Milano-Sanremo, sulla corsa si abbatte un fortissimo vento sino al traguardo, con il mare in tempesta e temperatura non oltre i 9°C in città. Il giorno 23, Domenica delle Palme, tutti i monti sono imbiancati e a Genova piove con 5°C.

Il giorno di Pasqua, 30 marzo, a Genova il termometro segna per tutto il giorno 7°C con pioggia e vento, mentre a Palermo si arriva a 29°C, a Napoli a 26°C e a Roma a 25°C. Ricordo il pomeriggio di Pasqua a tentare di passeggiare in Via XX settembre, coi miei e i miei zii, sotto una pioggia battente e vento gelido, che presto ci farà decidere di tornare a casa.

Aprile

Aprile è piovoso fino al 15, con temperature molto fresche. In particolare, dal 12 al 14 si hanno giornate molto tetre, con pioggia moderata ma continua e persistente, e visibilità molto scarsa. Dopo la primavera compie un balzo in avanti con tempo stabile e temperatura di 28°C il 23 e 24, proseguendo con massime intorno o di poco superiori ai 20°C sino a fine mese.

Maggio

Dopo un primo maggio molto tiepido con un breve acquazzone nel tardo pomeriggio, e un 2 maggio dal sapore quasi estivo, un'irruzione artica riporta maltempo e freddo; a Milano i giorni 4, 5 e 6 cadono complessivamente 220 mm di pioggia, evento molto raro per la città (a Genova solo 100 mm). Verso la metà del mese arriva l'alta pressione e il termometro il 19 del mese arriva a Genova a 32°C. Poi riprendono i temporali, tra i quali uno molto forte la mattina del 24, e temperatura in linea con il periodo.

Giugno

Mese piuttosto piovoso dall'inizio alla fine, e mai caldo, con frequenti rovesci e temporali, ma anche con giornate intere di pioggia. Le temperature arrivano al massimo a 26°C, ma molti giorni, anche sereni, non superano i 21°C. Da segnalare un intenso temporale in città nel tardo pomeriggio del 29 giugno, finito il quale la città rimane per alcuni minuti coperta da una nebbia fittissima, che nel giro di un quarto d'ora si alza.

Luglio

Il brutto tempo con i suoi temporali e le sue piogge si protrae fino al 5 luglio. L'Anticiclone delle Azzorre sopraggiunge improvviso e in città fa relativamente caldo con siccità per tutto il mese, senza nessun'altra precipitazione.

Agosto

Mese caratterizzato da tempo stabile fino al 10, con alcuni giorni molto caldi e afosi, tra cui il giorno 4, in cui si ha una minima di 25°C e una massima di 34°C. L'11 agosto cambia tutto: sulla città si scatenano violenti temporali grandinigeni, d'impressionante violenza per repentinità, vento e scariche elettriche, ma soprattutto per la dimensione dei chicchi di grandine, grossa come uova: sarà la peggiore grandinata verificatasi in città da quando si sono iniziate le osservazioni meteorologiche a tutt'oggi; Il giorno dopo Il Secolo XIX intitola: "Genova sotto il tiro di grandinata record". Molassana, il quartiere più colpito, è sommersa dalla grandine, ma anche in Centro è molto difficile toglierla, e quindi il titolo del numero successivo del quotidiano cittadino sarà: "La grandine se ne va soltanto con le pale". agosto prosegue temporalesco e molto piovoso: forte temporale la notte del 16 e nel tardo pomeriggio del 17, con un'improvvisa ondata di Fohn il 19, che porterà la massima a segnare 35°C. Venerdì 22 sulla città si abbatte un tornado che scarica una quantità di pioggia sui 40 mm; la mattina successiva un tremendo nubifragio ne scarica 60 nel Ponente; il 24 la temperatura per tutto il giorno non sale sopra i 16°C, e la città è sferzata da una pioggia fine e da un freddo vento di Tramontana Scura, con le persone in abbigliamento già autunnale. Nel 1975 la vera estate si ha sul Baltico: Stoccolma registra, verso fine agosto, minime di 26°C e massime di 35°C per parecchi giorni, ma nessuno parla ancora di effetto serra.

Settembre

Settembre è piovoso fino al 15, con un'alluvione la mattina del 6 tra Nervi e Recco e nello Spezzino. I giorni 14, 15 e 16 sono molto piovosi, freschi e temporaleschi, quando improvvisamente il 17 sopraggiunge un'ondata di caldo africano, col termometro che arriva a 31°C, e per due giorni l'Italia sotto una poderosa alta pressione africana, proveniente dall'Egitto-Libia, con geopotenziali mai più raggiunti: 600 dam (che vuol dire che anche a 2000 m sul livello del mare fa caldo e si registra una grande stabilità), e temperatura che in seguito rimane sopra i 25°C di massima sino a fine mese (creando le condizioni per un'annata record di funghi, a oggi non più ripetuta).

Ottobre

Il caldo prosegue fino al 10 ottobre, con punte di 25°C. Poi arrivano temporali, grandine e freddo; il 12 per tutto il giorno a Genova si resta a 8°C con pioggia e forte vento. Il 13 nel tardo pomeriggio sulla città si abbatte un violento temporale con grandine. Il mese prosegue abbastanza mite e non molto piovoso.

Novembre

Il giorno dei Santi è plumbeo sulla città, e dal pomeriggio inizia una forte pioggia, con temporale in serata, e temperatura incollata a 16°C. Analogamente il giorno 2 e, in misura minore, nei giorni successivi. Dal 10 arrivano perturbazioni che gradualmente abbassano la temperature, e si alterneranno giornate di sole con massime di 16°C a giornate piovose e già fredde, con temperature fino a 7°C, e neve sui monti a quote sempre più basse. Il 20 sopraggiunge un'ondata di freddo, e per diversi giorni le minime saranno sui 2°C, finché il giorno 27 un'intensa perturbazione porta tanta pioggia, Tramontana Scura e temperature per tutto il giorno tra i 3°C e i 4°C. Seguono giorni leggermente meno freddi e più soleggiati.

Dicembre

Mese piuttosto freddo nella sua prima parte, con un intervallarsi di giornate ancora abbastanza accettabili e altre fredde e piovose. In particolare, domenica 14 piove e fa freddo per tutto il giorno sulla città e sulla costa, con neve nell'immediato entroterra, e temperatura sui 3°C. Seguono altri giorni freddi e ventosi fino al 22, e successivamente la temperatura si alza, con giornate non molto fredde, come per esempio il Natale (tra i 6°C e gli 11°C), seguito da mattinate fredde ma con pomeriggi piuttosto miti.

1976

Gennaio

Gennaio inizia mite e secco (ma con violente tempeste nel Nord Europa); il 4 a Genova la massima è 18°C, sotto l'effetto del Fohn. Seguono giorni di persistente alta pressione azzorriana, raramente freddi, come l'8, e in genere miti e soleggiati, con minime sui 7°C e massime sui 14°C-15°C. Dal 25 arriva un anticiclone russo e la temperatura s'abbassa notevolmente, con giornate serene ma minime sullo 0°C e massime sui 6°C-7°C sulla costa; il 29, 30 e 31 Genova è sotto continue nevicate, con un accumulo complessivo di 15 cm di neve sabato 31.

Febbraio

Febbraio si mantiene freddo, piovoso e ventoso fino al 17, poi arriva l'Anticiclone delle Azzorre, e il tempo diventa mite e secco, sembrando sino alla fine anticipare la primavera, con massime anche di 16°C.

Marzo

Inizia sulla falsariga della fine di febbraio, ma sabato 6 marzo arriva un'improvvisa quanto intensa ondata di freddo, che riporta le temperature di fine gennaio. Sabato 13 Genova è interessata da una forte nevicata, con accumulo sui 10 cm. marzo prosegue intervallando giornate serene abbastanza temperate, con massime sui 15°C, a improvvisi ritorni dell'inverno, con pioggia e Tramontana Scura.

Aprile

L'inizio del nuovo mese vede un deciso incremento della primavera, con diverse giornate con massime sui 20°C e anche sopra, e una calda Pasqua, giorno 18, con massima di 22°C, seguita da una Pasquetta piovosa e umida, con termometro tra i 13°C e i 16°C. Poi la primavera riprende a mostrare i muscoli, fino al giorno 23, quando arrivano freddo e umido dal Nord Atlantico, causando un 25 aprile molto freddo e piovoso, con temperatura sui 5°C, e un forte temporale nel pomeriggio. Seguono giornate molto fredde per il periodo, con notevoli piogge. Il giorno 30 il termometro oscilla tra gli 8°C e i 12°C, con cielo limpido e forte tramontana.

Maggio

Il mese inizia con una nuova avanzata primaverile, addirittura estiva, dato che il giorno 6 si raggiungono i 29°C, e proprio in concomitanza col Terremoto del Friuli, in quest'ultima regione il tragico avvenimento sarà seguito da un sabato 8 con massime quasi di 35°C a Udine. La notte tra l'8 e il 9 arriva una notevole perturbazione, che riporta le temperature nella norma, ma poi seguono altre giornate già calde per il periodo, con massime di 26°C, e pochissima pioggia per tutto il mese. La siccità diventa ben presto un grosso problema in tutta l'Europa Occidentale, Gran Bretagna in primis.

Giugno

Una delle estati più folli del secolo inizia con un mese dai primi giorni perturbati, con cielo plumbeo che minaccia chissà che, ma che fa cadere solo poche gocce, e temperatura fresca. Ben presto l'estate mostra i muscoli e sembra preannunciare una delle stagioni più calde di sempre, con diversi giorni a 31°C-32°C e afa molto intensa, con qualche giornata d'intervallo in cui si abbatte qualche rovescio sulla città. Molto caldo pure a fine mese per frequente vento di Fohn, a causa dell'alta pressione centrata sulla Francia, e tremenda siccità su tutta l'Europa centro occidentale, con punte di caldo da record.

Luglio

Mese bifronte. Fino al 17 prosegue la caldissima estate, con temperature torride e siccità diffuse in tutta l'Europa occidentale e centrale, con picchi di 38°C e una persistenza che non si ricordava da moltissimo tempo. Nella nostra città caldo ma sempre senza gli eccessi delle zone continentali, ma soprattutto molta afa e molta umidità. Improvvisamente, il giorno 18 arriva una perturbazione atlantica, con pioggia notevole nel tardo pomeriggio, che abbassa la temperatura. I giorni seguenti si verifica un notevole temporale ogni sera, e questo non solo a Genova, ma in molte parti d'Italia. Ciò nonostante, la radio e la televisione affermano che queste piogge saranno solo un palliativo per caldo e siccità. Improvvisamente, la notte del 22 una decina di tornado si abbattono sulla città, per un fenomeno detto "ciclonicità", con pioggia violentissima e intense scariche elettriche, procedendo da Ovest verso Est. In particolare, molti alberi di Piazza Della Vittoria vengono sradicati e rimangono per parecchi giorni alla vista dei cittadini. Gravi danni all'Ospedale Psichiatrico di Quarto, ma in generale in tutta la città. La mattina del 22 è burrascosa e instabile, finché alle 11 un nuovo e ancor più violento nubifragio si abbatte sulla città, con epicentro a Sestri Ponente e conseguente piena del torrente Cantarena. Il giorno dopo rasserena, e gli ultimi giorni del mese saranno caratterizzati da uno splendido cielo azzurro, frizzante tramontana e temperature massime non oltre i 26°C.

Agosto

Uno dei più freddi del secolo scorso. Inizia con giornate serene e temperate, proseguendo il trend di fine luglio, ma la sera del 10 un violento temporale con grandine, vento fino a 100 km/h e tanti fulmini spazzano la città da Ponente a Levante. Inizia un periodo fortemente instabile e pericoloso per gli improvvisi temporali e relativi fulmini, dato che c'è tantissima elettricità nell'aria. Il giorno di Ferragosto un'intensa perturbazione porta l'autunno, con temperature sui 18°C nel pomeriggio, e un'intensa tromba marina si abbatte su Varazze. I giorni seguenti l'elettricità atmosferica, anche pericolosa, aumenta, con altri violentissimi temporali e nubifragi, arrivando fino al giorno 28, quando una perturbazione molto forte e organizzata causa un nubifragio in mattinata e un continuo temporale dalla sera fino alla prima mattina del 30, facendo cadere 150 mm di pioggia e provocando molti allagamenti. Il pomeriggio del 30 altro temporale e altra grandine, e il mese si conclude con temperature tra i 17°C e i 22°C, molta umidità e cielo grigio. Questo mese d'agosto rimarrà storico su tutta l'Italia per l'innumerevole serie di disastri di grandine e di alluvioni e tornado, che costituiranno una vera e propria calamità per tutto il paese e conferiranno a quest'estate il carattere di vera pazzia. Ricordo che a San Giacomo di Rouburent, dove trascorsi tutto il mese, nella nostra compagnia si passava quasi tutto il tempo a giocare a Canasta, perché pioveva quasi sempre, con temperature appena sopra i 10°C.

Settembre

I primi giorni altri temporali e altra pioggia, con intervallo di qualche bella giornata tardo estiva soleggiata. Un'intensa perturbazione interesserà la nostra città i giorni 11, 12 e 13, con nubifragi, violenti temporali e forte mareggiata. Dopo il giorno 14 il tempo si ristabilisce, ma la temperatura scende molto, causando frizzanti mattinate con minime sugli 11°C. Verso il 25 arriva dello Scirocco che aumenta un poco la temperatura e causa giornate grige e pesanti.

Ottobre

I primi giorni sono molto piovosi, specie sabato 2, con un forte temporale nel pomeriggio. Questa fase proseguirà fino al 15, e sarà anche caratterizzata da temperature miti. Poi ci sarà una settimana di alta pressione azzorriana ben strutturata, che porterà giornate quasi tardo estive, cielo sereno e temperature massime anche di 23°C. Dopo arriverà un'intensa perturbazione che in un giorno scaricherà 120 mm nella nostra città, e altri episodi di forte maltempo con allerte del bollettino del mare, praticamente sino a fine mese.

Novembre

Fino al 15 è un continuo susseguirsi di perturbazioni con piogge e temporali molto intensi e temperatura altalenante, pur in un contesto mite tipicamente autunnale. Dall'8 al 14 praticamente ogni giornata si conclude con forte pioggia o temporale. Poi arriva aria dai Balcani, che porta il primo vero abbassamento della temperatura, che oscillerà intorno ai 10°C, fino al giorno 20, che sarà caratterizzato da un'intensa bufera di vento per tutto il giorno, con temperatura tra gli 8°C e i 9°C, seguito da un'improvvisa retrocessione del calendario, che porterà giornate serene e clima molto mite, con massime sino a 16°C. L'ultimo giorno del mese, l'approssimarsi di una perturbazione causerà una serata piovigginosa e con forte vento di mare.

Dicembre

Inizia con una forte perturbazione, portata da un minimo di 970 hPa sulla nostra regione, che sarà una delle pressioni più basse mai registrate da molti anni, apportatrice di una furiosa mareggiata a forza 10. Seguirà un abbassamento della temperatura per venti freddi dai Balcani, che produrrà alcune giornate piuttosto rigide e grige, con temperature tra i 4°C e i 6°C, e altre piogge. Poi un breve intervallo primaverile a partire dal giorno dell'Immacolata, che durerà fino al 12, quando sopraggiungerà altra aria fredda e si avranno altre giornate rigide e grige. Verso il 20 vi sarà un discreto aumento termico, per venti di Fohn, che porterà massime sui 14°C, ma già dal giorno di Natale si farà strada un'intensa ondata di freddo, che toccherà il culmine il giorno 28 e 29 con neve sulla città, ma molto fine e con accumulo scarso. Verso il 31 il tempo si appresterà nuovamente a peggiorare per l'arrivo di forti correnti meridionali cicloniche, associate a un'intensa perturbazione.

1977

Gennaio

L'anno inizia con un Capodanno all'insegna della galaverna fino alle porte della città e tanta pioggia e vento gelido in centro, con temperatura inchiodata a 1°C; il mese prosegue freddo e piovosissimo sulla costa e glaciale nell'entroterra, specie in Alta Val Bormida, dove a Bardineto si raggiungono i –16°C e il tetto della chiesa crolla per il peso della neve. Verso fine mese la temperatura, che nei giorni perturbati è stata sempre inchiodata sui 4°C, subisce un rialzo, e arriva una perturbazione sciroccale con pioviggine molto intensa è visibilità molto scarsa per nubi molto basse, con termometro sui 12°C.

Febbraio

Febbraio è mite. Inizia con giornate grige e piovigginose, con visibilità scarsa, intervallate da splendide giornate già primaverili, come domenica 6, con massima sui 16°C. Verso l'11-12 una forte ondata di maltempo si abbatte sulla Costa Azzurra, risparmiando la Liguria, che vive un periodo piuttosto mite e soleggiato, ma con alcune mattinate ventose e frizzanti. Il 15 arriva una perturbazione più fredda con un temporale pomeridiano, e temperatura sugli 8°C. Il tempo rimane grigio per diversi giorni, e domenica 20, soprattutto in serata, si abbatte su Genova un forte nubifragio con annessa sciroccata, e temperatura sui 12°C. Verso fine mese il tempo diventa più clemente, fresco ma affatto freddo. In ogni caso, in quest'ultimo periodo una primavera precoce investe l'Italia, con 28°C a Palermo e 24°C a Pescara.

Marzo

Marzo è mite e asciutto fino al 15, ma con un piacevole continuo vento marino e atmosfera un poco nebulosa. Il giorno 20 arrivano forti piogge, con un vero nubifragio sulla città nel primo pomeriggio. Poi altre piogge, ma meno intense. La temperatura rimane sempre piuttosto fresca e gradevole, con massime sui 13°C.

Aprile

È uno splendido mese di primavera, sempre fresco e moderatamente ventoso, con cielo in cui vagano nubi perennemente che giocano a nascondino col sole. Si registra una breve ondata di freddo intorno Pasqua (10 aprile), con un Sabato Santo grigio e piovigginoso, con temperatura tra i 5°C e gli 8°C e forte vento. Alcune giornate si registrano pioviggini per tutte le 24 ore, con cielo cupo e 13°C, mentre nel resto d'Italia la primavera resta più decisa.

Maggio

A parte i primi 8 giorni, con tempo mite e fresco sulla falsariga di aprile, ma con perenni nubi marittime che si addensano sui monti prospicenti la costa, per il resto del mese si ha ben poca primavera, con frequenti piogge e temporali, tra cui uno violento la mattina del 16 che spazza la costa da Ventimiglia a La Spezia, apportando danni alle linee elettriche. Solo in due giorni di Fohn, ma con cielo coperto, si assiste a un assaggio di tarda primavera, con massime sui 25°C, poiché per il resto sono frequenti le giornate interamente grige e piovose in cui la temperatura non sale sopra i 17°C.

Giugno

Mese molto instabile e d'altra parte interessante per i fenomeni meteo. La prima decade il cielo è spesso grigio e al massimo la temperatura raggiunge i 23°C, con occasione per sporadiche piogge. Per il resto, si ha un continuo susseguirsi di piogge e temporali, specie uno fortissimo da Ovest a Est nel tardo pomeriggio del 21, che porta l'indomani una minima a 11°C. Seguono altre perturbazioni e numerosi forti temporali.

Luglio

Mese che ha ben poco d'estivo, caratterizzato da continui temporali, intervallati da giornate mai serene, ma con dense nubi da SO che si addensano sui monti, e notevole vento di mare. La massima mensile si raggiunge il 2 con 29°C, ma per la maggior parte delle giornate non si sale sopra i 25°C. Il 21 luglio fortissimi temporali si abbattono sulla costa di Ponente, in particolare ad Arenzano e Varazze, e nella notte successiva arriva pure la grandine. Segue una "tregua armata" e poi sabato 30 un forte nubifragio nel pomeriggio, con una quasi alluvione nel Savonese, e un temporale nella notte tra il 30 e il 31 estremamente violento.

Agosto

Il terzo mese estivo conclude una stagione praticamente saltata. Fino all'8 tempo discreto ma molto fresco per il periodo, con continui passaggi nuvolosi. La sera del 9 violento temporale, che dà inizio a una serie incredibile di giornate segnate sempre da una precipitazione, in particolare il giorno 13, quando sulla costa tra Albenga e Finale si abbatte un violentissimo nubifragio che causa una grave alluvione. Il 21-22 arriva un forte peggioramento, con molti allagamenti in città, e soprattutto una quattro giorni da tragenda il 27-28-29 e 30, quando un maltempo di tipo autunnale si accanisce sulla nostra regione, con continui nubifragi, tuoni e fulmini, e un totale di oltre 150 mm di pioggia.

Settembre

Fino al 10 si ha un'improvviso assaggio dell'estate saltata, con giornate di sole e temperature fino a 29°. Segue una fase sempre serena, ma più fresca, con temperature massime sui 25°C, finché il giorno 17 una forte irruzione artica segna la fine dell'estate (saltata). Nel primo pomeriggio inizia a piovere con forte Tramontana Scura, e la temperatura scende di molti gradi. Seguono giornate anche soleggiate, ma molto fredde per il periodo, con temperature comprese tra i 13°C e i 17°C, e forte vento da NE. Nella terza decade prosegue il freddo, con un addolcimento verso la fine, con qualche temporale e temperature che risalgono fino a 21°C.

Ottobre

Inizia con giorni grigi e con qualche pioggia, ma dal 5 si ha un guasto più deciso. Alla sera inizia a diluviare e la mattina del 6 continua con un fortissimo temporale auto-rigenerante, che provoca un'alluvione sulla città, specie a Cornigliano, sommerso da un metro d'acqua, e nel centro storico, dove purtroppo si registra una vittima, Amelia Oneto. Verso le 11 la pioggia cessa e il cielo rimane grigio e plumbeo, con fortissimo vento da SO. Alla sera, sotto un vento furioso, si vede un continuo lampeggiare verso Nord: questa volta è la Valle Stura e il basso Piemonte a essere colpiti pesantemente, con una grave alluvione a Campo Ligure e Rossiglione e una generale devastazione nell'Ovadese. La sera del 7 riprende a piovere violentemente su Genova, con fulmini e vento violentissimo, che persisteranno sino alla tarda mattinata di sabato 8, con gravi allagamenti. In tre giorni sono caduti quasi 500 mm di pioggia. I giorni seguenti si registra un parziale ristabilimento, fino a raggiungere giornate tranquille e serene con temperatura mite a metà mese. Verso il 20 il tempo peggiora nuovamente e ogni giorno si registra una precipitazione, a volte anche intensa. La temperatura rimane leggermente superiore alla media.

Novembre

Inizio mese abbastanza piovoso ma con temperatura molto mite, che prosegue fino a domenica 13, quando alla sera sopraggiunge un violento temporale con molta grandine, biglietto da visita di aria artica che porta improvvisamente l'inverno. Seguono giornate abbastanza serene ma con vento gelido, e temperature tra i 3°C e i 10°C, finché il 21 arriva una giornata di pioggia intensa e tanto freddo, con Tramontana Scura scatenata, temperatura in città incollata sui 3°C e neve sopra i 200 m. Segue variabilità, ma il 28 arriva un'altra giornata piovosa e molto fredda, seguita da clima variabilmente freddo sino a fine mese.

Dicembre

Inizio non troppo freddo, ma il giorno 6 un'intensa perturbazione seguita da aria artica fa precipitare la temperatura dai 9°C del mattino agli 0°C del primo pomeriggio, con tanta pioggia che poi si trasforma in neve, con accumuli di qualche centimetro. Segue una giornata di scirocco che fa risalire la temperatura a 12°C, per poi arrivare una violenta tempesta per tutto il giorno dell'Immacolata, con pioggia molto intensa, forte Tramontana Scura fino a oltre 100 km/h, e temperatura incollata sui 4°C. Cadranno circa 180 mm di pioggia, e questo forte maltempo provocherà gravi allagamenti all'Ospedale di San Martino. Seguono giorni altalenanti tra freddo e temperatura mite, con varie perturbazioni, finché il giorno di Natale – dopo una veloce perturbazione che porta nella Vigilia pioggia e scirocco, e 13°C di massima – un'ondata di Fohn porta un'insolita primavera in tutto il Nord Ovest, e a Genova si ha una massima di 16°C, con cielo limpidissimo. In seguito ritornano perturbazioni con pioggia e piuttosto freddo, anche se non eccessivo, fino a un San Silvestro piuttosto fresco, ma non freddo, e caratterizzato da cielo sereno.

1978

Gennaio

L'anno inizia con giornate fresche, ma fredde solo al mattino, che si protraggono per tutta la prima decade. A metà mese giunge un'intensa perturbazione atlantica, con giornate molto piovose, temporalesche e fredde, sui 5°C, ma con momenti di improvviso aumento della temperatura sino a 9°C, quando lo Scirocco riesce a bucare il cuscino freddo della Tramontana Scura. A fine mese arriva una vera e propria tempesta, con mare molto grosso, pioggia intensa e scirocco sulla città, con temperatura sui 10°C-12°C, ma con una potentissima tormenta di neve nell'entroterra, specie in Val Bormida, con accumuli di 1 m, che paralizza il transito nell'Autostrada A6.

Febbraio

Inizia con giornate fredde e serene, ma soprattutto al mattino, con minime di circa 2°C, poiché alle 11 cessa il vento e consente alla temperatura di salire sino a 10°C. Il 9 si fa strada un intenso peggioramento: la temperatura è sui 3°C, e a tratti nevica senza accumulo durante il giorno. Alla sera il vento s'intensifica e il termometro si stabilisce sui 2°C, con nevischio sottile. Dalla notte del 10 fino alle 6 dell'11 su Genova si abbatte una fortissima tempesta di neve, con visibilità ridottissima e accumuli sui 35 cm in riva al mare, fino a 1 m sul Righi. In particolare, l'intensità della nevicata sarà fortissima tra le 17 e le 18 di venerdì 10, con visibilità praticamente nulla e temperatura scesa in città sino a –4.8°C. L'indomani è una strage di rami caduti per il peso della neve. Particolarmente colpita la zona di Albaro. L'indomani tregua al mattino, mentre nel pomeriggio si scatena una tempesta di Mistral che provoca un'intensa mareggiata, con le onde che s'infrangono sulle spiagge cariche di neve. Alla sera inizia a piovere molto intensamente, con 5°C, e la neve comincia a sciogliersi. Seguono giorni piuttosto freddi e un ritorno di precipitazione nevosa il 16, con un tempo completamente pazzo al mattino, mentre nel pomeriggio si stabilisce grigio e piovigginoso, con umidità alla saturazione e temperatura sui

2°C, con una forte sensazione di freddo. Segue tempo moderatamente freddo e grigio sino al 27, e un aumento più deciso gli ultimi giorni del mese. Questo inverno passerà alla storia per la quantità di neve caduta nell'entroterra, con le montagne estremamente cariche. Si ripeterà nel 1986, ma in maniera leggermente più attenuata.

Marzo

Mese piuttosto asciutto, con numerose belle giornate, e un'impennata della temperatura il giorno 9, con 19°C, sotto l'effetto del Fohn. Soltanto il giorno 16, data del Rapimento Moro, si ha un clima burrascoso con pioggia, vento di mare molto forte e mareggiata. Il resto del mese sembra già primaverile, benché le temperature massime non salgano oltre i 16°C.

Aprile

La primavera diventa assai turbolenta e fredda. Dopo i primi giorni abbastanza discreti, con massime non oltre i 15°C, il 14, nella tarda mattinata, arriva da Nord un temporale con grandine, che è l'antipasto di un'intensa ondata di freddo che colpisce tutta l'Europa, e la Gran Bretagna in particolare, sommersa dalla neve. I giorni seguenti pioggia, vento e freddo con temperature tra i 5°C e gli 8°C imperversano sulla città. Seguono continue piogge, intervallate da giornate molto ventose, in cui la temperatura non sale sopra i 12°C. La terza decade è un continuo susseguirsi di temporali e forti piogge, con temperature basse per il periodo.

Maggio

Salta completamente la primavera, poiché il mese è un continuo susseguirsi di piogge, venti freddi e cielo quasi sempre grigio, nonché forti temporali. Nelle prime due decadi il termometro non sale sopra i 16°C. Nell'ultima decade si registra un leggero aumento della temperatura, ma dal 26 una forte linea d'instabilità che si posiziona sull'Appennino causa tutti i primi pomeriggi un violento temporale, dopo mattinate serene. In particolare, il temporale del 31 si accanisce sul centro con molta grandine, e poi procede verso Ponente, con solo pioggia.

Giugno

Mese freddo in cui di estate non si vede nemmeno l'ombra, con i primi due giorni ancora con temporali pomeridiani, sulla falsariga della fine di maggio, seguiti da tre giorni in cui sembra arrivata l'estate, con cielo sereno e massime di 23, subito interrotti da una serie continua di piogge, temporali, cielo grigio e vento freddo, e temperature che in molti giorni non saliranno sopra i 18°C.

Luglio

L'estate inesistente peggiora sempre più. Il primo luglio, dopo una mattinata nuvolosa e ventosa, nel pomeriggio inizia a piovere intensamente, e tale pioggia rovinerà la gita al mare a Celle con la mia compagnia, dato che ci costringerà a rimanere nello scompartimento del treno, che aveva come capolinea Celle e poi tornava indietro dopo due ore. Passammo quel tempo a ridere sull'estate inesistente, con uno che affermò: "Prima o poi dovrà arrivare una storica 1024…!", e un altro che diceva: "Ma guardate questo paesaggio così solare, così mediterraneo... un meriggiare pallido e assorto...!". Verso sera si assiste a un imponente abbassamento della temperatura sino a 17°C, con vento molto forte. Segue un giorno di tregua armata e, successivamente, il giorno 3 arriva un'intensa perturbazione con tanta pioggia e mareggiata, e temperatura sui 18°C. Segue un altro giorno di tregua e poi il giorno 5 si scatena intorno a mezzogiorno un violento temporale con grandine. La temperatura che viene registrata alle 14 è di 15°C. Alla sera un altro violento temporale con tromba d'aria si abbatte sulla città. L'indomani esce un curioso articolo su "Il Secolo XIX", in cui s'ipotizza un nonno che racconta ai nipotini cosa fosse l'estate, stagione che non c'è più, e i nipotini si guardano meravigliati. L'articolo conclude che, in ogni caso, essi stanno ben poco a sentire il nonno, sognando già la seconda metà di agosto, quando la neve… caduta abbondante… consentirà loro di sciare dal Righi a Via Balbi.

Il mese prosegue sempre molto instabile e con frequenti piogge e temporali. Solo verso la fine si hanno alcune giornate più calde e soleggiate, con massime di 28°C.

Agosto

Anche questo è un mese ben poco estivo, con una depressione profonda che il giorno 7 s'impadronisce del Nord Italia, causando una tremenda alluvione in Val d'Ossola. La pressione è di 990 hPa, fatto rarissimo per un mese estivo. Seguono giornate fresche, con brevi temporali intervallati a schiarite, ma in complesso nel mese non cade molta pioggia, con gli ultimi giorni piuttosto caldi e secchi, con massime sui 28°C.

Settembre

L'estate mancata nei suoi tipici mesi esplode in settembre, che sarà un mese secco e sereno, con temperature mai troppo alte (al massimo 25°C), ma che salverà molti raccolti da una distruzione sicura. Frequenti venti di Fohn proseguono l'operazione di asciugamento dei terreni inzuppati dalla primavera e dall'estate, e verso gli ultimi giorni del mese si fa strada una notevole perturbazione.

Ottobre

I primi 3 giorni una forte perturbazione proveniente dall'Artico porta l'autunno in città, con pioggia leggera, vento freddo e temperatura subito scesa a 17°C-18°C. Ben più intensa la perturbazione al NE e nel centro Sud, con accumuli storici e importanti per violenti temporali e nubifragi. Il mese prosegue piuttosto fresco ma quasi per nulla piovoso, con numerose belle giornate e temperature leggermente sotto media.

Novembre

Fino al 23 del mese continua questa anomala siccità autunnale, con giornate spesso serene, anche se la temperatura in più occasioni scende fino a 9°C-10°C, con serate di vento freddo. Dopo il 20 si ha un leggero rialzo, che sarà molto forte in diverse zone d'Italia, specie a

Trieste, dove si raggiungeranno i 24°C e vi saranno persone al mare. La televisione dirà che sull'Italia si è formata una specie di cappa. Tutto cambia il 24, quando nel tardo pomeriggio arrivano forti piogge, e per tutto il 25 la temperatura oscilla tra i 5°C e gli 8°C con pioggia e Tramontana Scura, con un temporale grandinigeno alla sera nella zona Est. Il giorno dopo l'inverno si manifesta con molta forza, con cielo variabile ma vento molto freddo e temperatura che oscilla tra i 3°C e i 6°C. Il tempo prosegue freddo e ventoso sino a fine mese.

Dicembre

Nella prima decade prosegue il freddo iniziato a novembre, con minime anche di 0°C e giornate fredde, con massime al più sui 7°C-8°C. Particolarmente gelida sarà la giornata dell'Immacolata, con temperatura costante sullo 0°C, grigio tetro uniforme e vento molto freddo, con ghiaccio nell'immediato entroterra. Segue un tempo più altalenante, dove giornate meno fredde si alternano ad altre freddissime, per perturbazioni che giungono dalla Groenlandia e portano sino a –10°C a Parigi, e da noi pioggia, vento gelido e tempo molto perturbato. Nella terza decade si assiste a un deciso rialzo termico, che produrrà un Natale primaverile con minima di 7°C e massima di 14°C, seguito da giornate sempre più umide e con forti piogge, ma di tipo sciroccale, quindi con temperature miti, sino a 13°C. Nel frattempo, su tutta l'Europa Centro Settentrionale è arrivata una tremenda ondata di gelo, con Mosca che a fine anno tocca i –37°C, e la Scozia dichiarata zona disastrata per ghiaccio, neve e tanto gelo.

1979

Gennaio

Il giorno di Capodanno si verifica una violentissima mareggiata, che devasta le Riviere. Poi il freddo siberiano arriva anche da noi, con le dovute proporzioni, e il 2 a Genova la temperatura è per tutto il giorno tra 0°C e –2°C, con vento fortissimo da Nord Est e cielo limpidissimo: si passa così dai 18°C di Capodanno ai –2,4°C dell'indomani. Il 4 una forte nevicata si abbatte su Genova (15 cm), e la temperatura oscilla tra i –5°C e i –2°C; la neve gela e rimane sulle strade fino al 7, fatto molto raro per la nostra città, con temperature che oscillano tra i –3°C e i 3°C. In Piemonte si hanno una ventina di giorni con minime sotto i –10°C; inoltre, nella seconda decade di gennaio si hanno –17°C a Bologna e altri ragguardevoli valori di grande gelo su tutta la Pianura Padana. Verso il 20 nella nostra città si hanno altre giornate con temperature comprese tra i –2°C e 0°C, con vento molto forte e cielo grigio, e in una di queste l'aeroporto viene chiuso per il ghiaccio. Il 20 la neve ricompare in mattinata sulla nostra città, con accumuli di 5 cm, ma nel pomeriggio si trasforma in pioggia. Un lieve addolcimento della temperatura si ha a fine mese.

Febbraio

Febbraio risulta più mite del mese precedente, ma con diverse occasioni per giornate di pioggia continua e intensa con forte Tramontana Scura, e temperature sui 4°C-5°C, come per esempio domenica 11 febbraio. Durante il mese vi saranno altre giornate simili, ma a parte questi episodi la temperatura è risalita e si ha già qualche giornata con massima sui 14°C e sole. Verso fine mese, sull'Europa si ripropone una situazione simile a quella d'inizio gennaio. Tuttavia l'ondata sarà di spessore molto inferiore, ma riuscirà a far nevicare sulla città per tutto il giorno sia il 28 febbraio che il 1 marzo, con temperatura sui 2°C.

Marzo

Come già preannunciato, il mese inizia con una forte nevicata in mattinata, che depositerà 12 cm di manto bianco, ma già dal pomeriggio sarà più bagnata e in serata si trasformerà in pioggia. Seguono giornate sempre grige, ma meno fredde, con la temperatura che si alzerà sino a 14°C. Il resto del mese trascorre abbastanza anonimo, con qualche pioggia mai troppo intensa e anche diverse belle giornate. Una forte perturbazione, seguita da aria fredda, giunge il 28 marzo, e ricordo un diluvio con tuoni e fulmini nel primo pomeriggio, quando alla Stazione di Sampierdarena mi accingevo a partire per una due giorni coi compagni di scuola, destinazione Piancastagna, nell'Acquese. Procedendo verso Ovada, la pioggia fu sempre più intensa fino al Turchino. Passata la galleria, dall'altro versante vi era cielo grigio ma quasi niente pioggia. Nella tarda serata, però, a Piancastagna iniziò a nevicare, e il giorno dopo ci trovammo sotto un discreto manto bianco. Seguiranno giorni di ristabilimento del tempo, temperatura compresa.

Aprile

Inizio mese piuttosto fresco, con qualche bella giornata, ma anche un giorno di pioggia in cui la massima segnerà solo 6°C. Verso Pasqua, 15 aprile, arriva un tempo molto più primaverile e caldo, con tanto sole, e la festività trascorre con una massima di 22°C, e ancor di più il giorno di Pasquetta. Il martedì improvvisamente arriva un'inversione di correnti, che giungono fredde e instabili da Nord, facendo precipitare la temperatura a 12°C. L'ultima decade sarà segnata da maltempo, con piogge e temporali, tra cui uno fortissimo la sera del 25 aprile.

Maggio

A parte il primo giorno, con molte nubi tetre, pioviggine e temperatura molto fresca, il mese sarà caratterizzato da un'estate precoce, con numerosi giorni già caldi, con massime di 26°C-27°C, e vento di Fohn, intervallato solamente da due domeniche più grige e con qualche pioggia. Soprattutto verso fine mese le temperature schizzeranno fino a 28°C, e il giorno 31 con la mia classe andrò al mare sotto un sole feroce, che mi causerà un'ustione di secondo grado, con febbre fino a 39°C.

Giugno

Il mese prosegue il trend di maggio, con temperature ancora più alte, fino a 32°C, e tantissimo sole. Solo nella seconda decade si assisteranno a giorni molto instabili con discreti temporali e cielo soprattutto molto minaccioso, più vento di burrasca e temperatura piuttosto fresca. In seguito l'estate riprende vigore e si manterrà in gran forma sino a fine mese, pur con temperature massime mitigate dalla brezza marina, e quindi mai superiori a 29°C. Solo l'ultimo giorno del mese arriverà una perturbazione che causerà un forte temporale in serata, che proseguirà nella notte del 1 luglio.

Luglio

Dopo la pioggia e il fresco del primo giorno, si assiste a un nuovo rialzo delle temperature, con un caldo in ogni caso sempre equilibrato, intervallato da qualche temporale notturno, come nella notte del 14. Per il resto del mese clima caldo con qualche breve temporale di break.

Agosto

Dopo tanti anni senza estate ritorna un agosto caldo, tuttavia con un forte temporale il primo giorno, specie sul savonese. Fino al 17 del mese si hanno diversi giorni con temperature elevate, con punte di 34°C, e tanta afa. Dal 18 cambia tutto: arriva una forte perturbazione e in mattinata la città è sferzata da un forte temporale, che causerà una notevole diminuzione della temperatura. Seguiranno giornate meno calde e altalenanti, tra piogge e sole ancora molto estivo, con una particolarità il 30, quando per tutto il giorno sulla città si abbatterà pioggia e vento, e la temperatura non salirà sopra i 21°C.

Settembre

Fin dal primo giorno e per tutte le intere due decadi si avrà un periodo splendido, con cielo quasi sempre sereno e temperatura oscillante tra i 18°C e i 24°C, con punte massime di 26°C. Il giorno 21 si avrà il primo guasto autunnale, con un forte temporale in serata in città, ma con una grave alluvione a Sestri Levante. Seguiranno giorni variabili sino al 24, e poi nuovamente tanto sole, con mattinate più fresche, intorno ai 15°C, e pomeriggi sui 25°C.

Ottobre

Dopo i primi giorni tiepidi e discreti, il giorno 5 si assisterà alla prima vera perturbazione autunnale, con forte pioggia e temporale soprattutto intorno a mezzogiorno, e una tremenda tromba marina che si abbatterà a Pegli nella zona del Varenna, causando gravi danni. Seguirà una tregua e poi un fortissimo peggioramento che caratterizzerà i giorni 12-13-14-15. Il giorno 12 pioggia forte continua, il giorno 13 tempo grigio con improvvisi e lunghi violentissimi rovesci per difendersi dai quali non servirà nemmeno l'ombrello. Il giorno 14 e 15 cielo plumbeo, intenso vento di scirocco e improvvisi rovesci violentissimi, accompagnati da scariche elettriche. Soprattutto colpita sarà la Costa Azzurra, con una specie di onda anomala e 500 mm di pioggia caduti in questi 4 giorni (a Genova ne cadranno 400 circa). Seguirà un tempo variabile, ma sempre mite, con occasioni per sporadiche piogge e anche belle giornate, finché si arriverà a sabato 27 ottobre, con una giornata invernale di pioggia, forte Tramontana Scura e neve sopra i 500 m, col termometro inchiodato a 5°C. I giorni seguenti si alzerà la temperatura, ma sarà sempre un clima piuttosto fresco, in ogni caso consono al periodo.

Novembre

Mese abbastanza anonimo e poco piovoso, con molte giornate discrete e temperature sempre miti, e una fase di moderato maltempo solo intorno a metà mese. Verso il 25 qualche tentativo di avvisaglia d'inverno che finisce nell'arco di una notte.

Dicembre

La prima decade è praticamente primaverile, con un giorno in cui si raggiungono i 20°C, sotto cielo terso e Fohn. Anche la seconda decade non si segnala per grandi emozioni, con temperature sempre poco pre-natalizie. Solo il giorno 21 un'intensa perturbazione porterà una giornata di pioggia continua e Tramontana Scura sulla città, con temperatura tra i 4°C e i 5°C, e molta neve sopra i 500 m. Da quel giorno il clima si farà più freddo, con il 22 sferzato da pioggia e vento, e temperatura sui 7°C, e i giorni successivi con tempo sereno e temperatura tra i 5°C e i 10°C. Altra giornata di maltempo il giorno di Santo Stefano, con pioggia, vento, temperatura sui 4°C e neve nell'immediato entroterra, seguita da giornate serene con temperature oscillanti tra i 5°C e i 10°C.

1980

Gennaio

Inizio sereno e moderatamente freddo, con temperature tra i 5°C e i 10°C. Dal 5 arrivo di aria fredda da Est con giornate caratterizzate da temperature piuttosto basse, comprese tra 0°C e 7°C, e forti venti da NE, finché il giorno 14 arriva la prima perturbazione vera dell'anno, e nella tarda mattinata in tutta Sestri si vedono i candelotti di ghiaccio che pendono dalle auto, con forte Tramontana Scura e fiocchi di neve. I giorni seguenti la nevicata s'intensifica, portando un manto di circa 15 cm, e gli scambi gelati alla Stazione Principe. Dal pomeriggio del 16 si trasforma in pioggia, ma con fortissimo vento di Tramontana Scura. Il resto del mese prosegue più mite, con diverse precipitazioni, ma temperature sopra la media, con una forte pioggia il 31 del mese.

Febbraio

Mese con ben poche emozioni. Trascorre piuttosto mite con saltuarie giornate più rigide, ma senza eccesso, e cielo variabile, ma con diverse giornate serene.

Marzo

Altro mese molto anonimo, con fenomeni non molto frequenti e di scarsa entità, e qualche discreta giornata. Temperature sulla media.

Aprile

Mese molto perturbato, con diverse occasioni per forti piogge, anche improvvise. Temperature piuttosto basse per il periodo.

Maggio

Altro mese più autunnale che primaverile, con temperatura sempre piuttosto bassa e diverse occasioni per forti temporali, come nella tarda mattinata del 22. Il giorno 30 diversi temporali con grandine sulla città, e temperature minime appena superiori ai 10°C. La sera del 30, la mia cena di V Liceo si svolge con temperatura assai fresca, e il nostro lettore d'Inglese ci comunicherà che fa più freddo a Genova che nella sua località dell'Inghilterra.

Giugno

Di estate nemmeno l'ombra. Mese molto perturbato con un forte nubifragio domenica 8, che scarica 108 mm di pioggia nell'arco di un pomeriggio. Seguono giorni cupi e plumbei in cui il nubifragio è sempre in agguato, e qualche giornata serena ma molto fresca intorno al solstizio, subito rimpiazzata da un 23 giugno con un pomeriggio di piogge torrenziali, e una fine mese ancora molto instabile con temporali.

Luglio

Uno dei luglio più freddi del secolo scorso. Cielo sempre grigio, vento marino fresco e tante pioggerelle caratterizzeranno il mese, con molti giorni con temperatura inchiodata sui 20°C. Il telegiornale evidenzierà spesso che "Tutto il caldo che manca in Europa, è negli Stati Uniti". Infatti, dall'altra parte dell'Atlantico, si avrà una stagione veramente torrida. Solo verso fine mese da noi s'intravede uno scampolo di estate.

Agosto

L'unica ondata di caldo di questa tormentata stagione estiva si verifica dall'1 al 7 agosto, in cui Genova raggiunge i 32°C. L'8 una serie di brevi temporali rinfresca l'atmosfera, ma in seguito la temperatura risale fino a raggiungere 30°C il giorno 15. La notte del 16 un violento nubifragio scarica 80 mm di pioggia sulla città, e la temperatura precipiterà a 16°C. Il Secolo XIX scriverà: "Finita in anticipo un'estate cominciata in ritardo". Seguono giornate variabili ma con un buon soleggiamento e temperature miti, e il 30 una nuova forte pioggia.

Settembre

Tutto il caldo che non c'è stato durante l'estate ci sarà in questo mese, molto sereno, secco e siccitoso, con scarsissime piogge, a parte una violentissima grandinata sulla Piana di Albenga la sera del 22. Le temperature raggiungeranno anche i 28°C.

Ottobre

Fino al 12 del mese prosegue l'estate settembrina, con punte di 25°C, cielo sempre sereno e tanto sole. Poi arrivano temporali e grandine, e l'autunno ha inizio. In particolare, una giornata interamente piovosa sarà il 16, durante la visita a Genova della Regina Elisabetta, con nubifragio specialmente nel tardo pomeriggio. Segue un periodo sempre mite ma con piogge e notevole variabilità.

Novembre

I primi 5 giorni sono caratterizzati da una delle più intense ondate di freddo relative al periodo. Il giorno dei Santi la temperatura non sale sopra i 14°C, e il giorno dopo sopra i 9°C. Il giorno 3 la neve arriva quasi alle porte della città, con minima di 1°C e massima di 5°C, e forte Tramontana Scura. Il giorno 4 tanta pioggia con 5°C. È stata un'ondata veramente siberiana, che inizierà a scemare solo il giorno 5. Segue un periodo più mite, con giornate variabili e piogge non eccessive, con una giornata molto mite domenica 23, quando purtroppo il Sud viene devastato dal terremoto. Dopo quel giorno si ha tempo più freddo e numerose perturbazioni, che faranno scendere la temperatura sino a 3°C il giorno di sabato 29, e tanto freddo al Sud nelle zone terremotate.

Dicembre

Inizio molto freddo con una nevicata sulla città il giorno 3, ma con scarsi accumuli, e solo nelle zone più fredde. Il mese prosegue tra intervalli miti e intervalli rigidi, con ben poche precipitazioni, e soprattutto molte giornate di forte vento di Tramontana. La fine dell'anno trascorre con cielo sereno e temperatura non molto rigida.

1981

Gennaio

Mese freddo e molto siccitoso, con un'unica precipitazione, che si verifica il 12, sotto forma di neve in mattinata, con accumulo piuttosto esiguo. Tale evento è preceduto da una notevole ondata di gelo, che il giorno 9 farà scendere il termometro sino a –3°C. Seguiranno giornate a volte molto fredde, ma intervallate a momenti più miti, regolati soprattutto dal pescaggio padano della Tramontana Scura, a volte fredda e a volte fohnizzata. Questo inverno sarà molto rigido al Sud, con numerose tempeste, soprattutto in Calabria, e temperature sino a –15°C, e con fiocchi di neve che interesseranno persino la meridionale Isola di Lampedusa. Tale clima persistentemente gelido aggraverà ancor più i disagi delle popolazioni terremotate di Irpinia e Basilicata.

Febbraio

Mese quasi completamente siccitoso, con pochi fiocchi di nevischio solamente sabato 21, con temperatura sui 3°C. La prima decade registra giornate abbastanza miti e maccajose, mentre dalla seconda in poi il clima si fa più rigido e ventoso, ma sempre con cielo frequentemente sereno.

Marzo

I primi giorni sono ancora freddi e secchi, pur con cielo grigio, e temperature non oltre i 6°C. Dopo il 5 il clima si fa meno rigido, ma solo domenica 15, dopo tanta siccità, nel pomeriggio arriva un forte acquazzone, che darà inizio a un tempo più mite e piovoso, con forti precipitazioni soprattutto negli ultimi giorni del mese, e gravi danni e allagamenti in molte zone dell'Italia Centro Settentrionale, nonché sulla nostra regione. Da segnalare, dopo il 15, due giornate con fitta pioviggine e nebbia per nubi molto basse, con vento debole di Scirocco.

Aprile

Prima decade con un'improvvisa esplosione della primavera, con massime che arriveranno anche a 23°C, cielo sereno e tempo splendido. Meno bello nella seconda decade, ma sempre accettabile, fino al giorno 18, Sabato Santo, in cui arrivano nuvole e vento di mare, e pioggia il giorno di Pasqua, seguita da un improvviso abbassamento della temperatura, che farà trascorrere una Pasquetta in città con temperatura incollata sui 5°C e pioggia, e neve sopra i 500 m. Ricordo il pomeriggio con amici a Crocefieschi in cui ci sorprese una fitta nevicata. Il tempo rimane molto perturbato per tutta la terza decade, con pioggia molto intensa nel pomeriggio di domenica 26, e temperatura fresca, non superiore ai 12°C.

Maggio

Mese molto piovoso e assai fresco, con numerosissime piogge e temporali, e giornate più soleggiate solo intorno al 5, ma con minime sugli 11°C e massime sui 18°C. Una giornata più calda si avrà sabato 23, con una punta di 22°C, ma seguita da tanta pioggia, specie la mattina del 26.

Giugno

Il primo del mese un caldo improvviso quanto inaspettato porta la temperatura a 30°C, e dà inizio a un periodo caldo piuttosto lungo, con alcune giornate anche con massime leggermente sopra i 30°C, e moltissima afa. Solo il 20 arriverà la prima pioggia del mese, seguita da altre, con un temporale e nubifragio domenica 28 giugno, a cui seguiranno giornate serene ma molto fresche per il periodo.

Luglio

Mese nel complesso piuttosto turbolento. L'inizio è discreto, ma con temperature che non salgono oltre i 21°C, seguito da giornate più calde intorno al 10 del mese, con una punta di 31°C con Fohn il giorno 11. Domenica 12, nel primo pomeriggio, si scatena un violento temporale a Est di Pra', con epicentro a Multedo, e purtroppo un fulmine colpisce una petroliera giapponese, uccidendo una persona, e con rischio che potesse saltare in aria il porto Petroli. La zona di Multedo viene chiusa al traffico per molte ore. Ricordo che tale evento si verificò subito dopo che passammo nella zona coll'autobus. Già transitando sulla passeggiata di Pegli vedemmo il fumo della petroliera (stavamo andando al mare a Voltri). Seguiranno giornate serene, ma con un nuovo guasto venerdì 17, caratterizzato da cielo plumbeo e rovesci, e soprattutto sabato 18, con pioggia per tutto il giorno e temperatura incollata a 18°C. Il tempo proseguirà molto instabile, a tratti molto perturbato, con alcune giornate con pioggia continua e nubi basse di tipo tardo autunnale.

Agosto

Fin dai primi giorni il tempo si ristabilisce per l'arrivo dell'unica vera ondata di caldo di quest'estate, che farà trascorrere alcuni giorni di passione ai Genovesi, specie il 4 e 5, con massime di 35°C e minime non sotto i 25°C, col Secolo XIX che descriverà come atroce la notte tra questi due giorni, col termometro a mezzanotte del 4 ancora a 29°C. La sera del 7, un'improvvisa quanto violenta burrasca temporalesca si abbatte su tutta la città, interessandola da Ponente a Levante, scaricando in poco tempo circa 30 mm di pioggia. Segue qualche giorno di tregua, ma con temperatura ormai mite, quando il giorno 11 arriva una violenta perturbazione. Dalle ore 10 del mattino tre temporali e nubifragi consecutivi scaricano circa 70 mm di pioggia a Sestri, e molti di più nella Val Polcevera, con allagamenti di molti negozi. L'indomani splende il sole, ma nel pomeriggio un violento temporale si scatena a Est di Sturla. Segue un'alternanza di giornate serene e di temporali serali, finché il 20 una discreta pioggia cade in mattinata sulla città, mentre a Nord del Turchino splende il sole. Quella sera una pioggia piuttosto forte si abbatterà su tutta Genova. Poi non pioverà più sino a fine mese, con l'ultima decade caratterizzata da giornate serene e molto gradevoli, con temperature comprese tra i 18°C e i 25°C.

Settembre

Il giorno 2, dopo più di 10 giornate senza precipitazioni, in mattinata un forte temporale si scatena su Genova, con grandine. Seguono giorni variabili e a tratti instabili, con qualche pioggia, finché nel tardo pomeriggio del 10 un violentissimo temporale proveniente da NO scarica moltissima pioggia sulla città. Il mese è nel complesso fresco e piovoso, con peggioramenti intensi nella terza decade, specie nella notte di domenica 27, in cui sulla nostra città si avrà un forte nubifragio, mentre una grave alluvione si abbatterà su Imperia.

Ottobre

I primi 4 giorni sono caratterizzati da fortissimo maltempo. Nella notte tra l'1 e il 2 cadranno oltre 200 mm di pioggia, e altra ne cadrà sabato 3. In particolare, in quel tardo pomeriggio cielo cupo e fortissimo vento da SO interesserà la città, mentre alla sera si scatenerà un violentissimo e lungo nubifragio, con pioggia talmente forte che ridurrà la visibilità a 10 m. L'indomani ritornerà il sole, con temperatura fresca e perfettamente in media col periodo. Seguirà un tempo più variabile alternato a piogge anche abbondanti, ma non come a inizio mese, quando il 26 ottobre sopraggiungerà un'ondata di freddo, con una giornata già invernale, con tanta pioggia e Tramontana Scura, e termometro sui 5°C, e molta neve sopra i 400 m. La fine del mese sarà fresca e instabile.

Novembre

Mese nel complesso non molto piovoso, con molte giornate soleggiate, ma caratterizzate già da un'aria molto frizzante, come domenica 8, in cui non si salirà sopra i 10°C, con forte vento. La seconda metà del mese sarà caratterizzata da temperature spesso miti, ma con improvvise giornate di pioggia e Tramontana Scura, che faranno scendere la temperatura sino a 5°C.

Dicembre

Mese che fino al 18 prosegue l'andamento consolidatosi nella seconda metà del mese precedente, con molte giornate miti, con temperature massime anche sui 16°C, ma intervallate a giornate piovose e fredde, finché venerdì 18 arriva una giornata piovosa particolarmente plumbea, con forte Tramontana Scura e temperatura sui 4°C. Il sabato seguente sarà caratterizzato da una violentissima bufera di vento, fino a 120 km/h, specie alla sera, e temperature tra 8°C e 9°C. Domenica 20 sarà un giorno di tregua, con temperatura che salirà fino a 11°C e discreto sole. Dalla prima mattina del 21 inizia a piovere, e subito si trasforma in neve, con temperatura in picchiata e Tramontana Scura sempre più forte, che darà il via alla più importante tempesta di neve della storia recente della città, dato che in riva al mare e nei quartieri meno freddi si accumuleranno 50 cm di neve, frutto di una tormenta che cesserà solo alle 8 del 22, con temperatura media di –1°C nei quartieri meno freddi, e –4°C in quelli più esposti. Solo Pegli sarà parzialmente risparmiata, con pioggia e neve solo la sera del 21, per un totale di 15 cm. Accumuli di oltre un metro sulla collina del Righi. Nel pomeriggio del 22, in una città ancora molto innevata, si scateneranno le orde di acquirenti verso gli articoli natalizi, che non baderanno a lasciare l'auto a casa, creando sulla Sopraelevata uno dei più spaventosi ingorghi del traffico della nostra città. Segue un 23 freddo ma sereno, e il 24 una nuova perturbazione porterà solo pioggia e neve sopra i 400 m, contribuendo allo scioglimento della neve caduta precedentemente. Natale e Santo Stefano saranno sereni e normalmente freddi, con minime di 2°C e massime di 9°C, mentre il 27 ritornerà tanto grigio e temperatura incollata sui 2°C, e il giorno dopo, nel pomeriggio riproverà a nevicare, ma sarà solo una precipitazione coreografica e senza accumulo. Il giorno seguente lo Scirocco avrà la meglio, e fine anno trascorrerà piovosa e quasi nebbiosa per nubi molto basse, ma con una temperatura serale di 12°C.

1982

Gennaio

I primi 6 giorni sono miti e grigi, con tempo sciroccoso e temperatura tra i 10°C e i 13°C. Seguono perturbazioni che portano più freddo, specie al mattino, con minime sino a 1°C. Molta pioggia con forte Tramontana Scura cadrà il giorno 11. Il mese prosegue altalenante, tra ondate di freddo brevi e mai eccessive, accompagnate da cielo grigio e pioggia, intervallate a tempo grigio e più mite, con qualche bella giornata.

Febbraio

I primi venti giorni del mese sono piuttosto miti, con qualche pioggia mai eccessiva, e temperature che molto raramente scendono sotto i 5°C, ma con cielo spesso grigio. Il 21 arriva un'ondata di freddo dai Balcani, e fino al 27 il termometro oscillerà tra 0°C e 6°C, con belle e ventose giornate, tranne martedì 23, giorno di Carnevale, in cui il cielo sarà grigio e nel pomeriggio nevicherà senza accumulo, con una temperatura fissa sui 2°C.

Marzo

Mese molto anonimo, con diverse giornate piovigginose e un poco nebbiose, caratterizzate da temperature miti, e qualche giornata di sole, con temperature che non andranno mai sopra i 18°C e sotto i 5°C.

Aprile

Mese primaverile nella norma, con la giusta razione di pioggia, distribuita in circa 12 giorni, e i primi tepori, ma mai eccessivi e in ogni caso sempre sotto i 20°C. Da segnalare un fortissimo temporale con forti raffiche di vento la mattina del 30.

Maggio

Fino al giorno 9 è un continuo susseguirsi di giornate molto fresche e piovose, con discreti accumuli. Dal giorno 10 il tempo soleggiato inizia un lungo cammino verso una delle estati più lunghe che si ricordino nella nostra città. Dapprima le temperature raggiungeranno i 20°C, per poi aumentare sempre più e raggiungere anche i 28°C gli ultimi giorni del mese. Un break temporalesco, ma di moderata intensità, si registrerà durante la notte di lunedì 24.

Giugno

Mese molto caldo e siccitoso, con una breve pioggia solo nella mattinata di sabato 12 e un temporale abbastanza forte nel pomeriggio della seguente domenica, ma solo a Est di Vesima, con già Arenzano all'asciutto. Non mancano tuttavia giornate grige di maccaja, con nubi che s'addensano sui monti vicini alla costa e che sembrano promettere chissà quali precipitazioni, mentre non succederà nulla. Durante il mese si registreranno molte giornate afose con minime sopra i 20°C e massime quasi sui 30°C. Il mese sarà caldissimo su tutto il Bacino del Mediterraneo, con punte di 45°C a Catania il giorno 23, sotto una forte ondata di torrido Scirocco Africano, e i Mondiali di Spagna che si giocheranno sempre con temperature bollenti.

Luglio

Anche questo sarà un mese molto caldo, con una prima decade caratterizzata da qualche sporadica pioggia e cielo spesso nuvoloso o coperto, con le solite nubi scure che s'addensano sui versanti marittimi. Nella seconda decade si assisterà a un notevole aumento della temperatura, già elevata nei primi 10 giorni, con 4 giorni di seguito in cui si raggiungeranno i 32°C, con minime anch'esse piuttosto alte. IL 23 del mese inizierà un lungo break dell'estate, che durerà circa 20 giorni. Quel venerdì un violento temporale si abbatte sul Savonese, e la temperatura scende di diversi gradi. Sabato 24 due forti temporali con cielo nerissimo interessano la nostra città, uno nel tardo pomeriggio e uno in serata. Seguono giornate con frequenti piogge e clima piuttosto fresco sino a fine mese.

Agosto

Fino al 10 il tempo prosegue col break all'estate iniziato a fine luglio, con diverse giornate caratterizzate da piogge abbondanti e continui temporali, sotto un cielo da tragenda. Dal giorno 11 riprende l'estate, sempre piuttosto calda, con massime di 29°C, mentre nella terza decade si assiste a qualche sporadico temporale, forte nella notte di sabato 28, con rovesci temporaleschi che proseguiranno per tutta la giornata, e tempo in miglioramento l'indomani, che resisterà sino a fine mese. In ogni caso, l'estate prosegue torrida al Sud, e in una giornata di inizio agosto si diffonde la notizia che a Cosenza siano stati raggiunti 48°C. Questo però non è mai stato appurato in modo oggettivo – questa estate è stata comunque una delle peggiori per il Sud in fatto di afa, con un'ondata di Scirocco anche ai primi di settembre, che porterà 39°C a Palermo, in coincidenza con l'omicidio Dalla Chiesa.

Settembre

A inizio mese si hanno diversi giorni con precipitazioni, al dire il vero non molto abbondanti, ma intervallati dalla torrida giornata di sabato 4 settembre, quando un'improvvisa quanto poco duratura rimonta dell'alta pressione subtropicale porta il termometro sino a 33°C in città in riva al mare. Poi arriva qualche debole pioggia intorno il giorno 8, ma in realtà l'alta pressione sahariana non ha affatto voglia di lasciare il nostro Paese, prolungando l'estate fino al giorno 22 (per l'occasione, Caroselli dirà che ancora una volta è dimostrato come settembre assomiglia di più all'agosto che l'ha preceduto, che al mese di ottobre, che è ancora lontano...), con temperature ancora molto alte, a volte anche sui 30°C, rendendo storica la lunghezza di questa grande estate. Il 22 un violento temporale auto-rigenerante si abbatte per molte ore in Valle Scrivia, con gravi danni, e la sera del 23 un violento nubifragio su Genova pone definitivamente fine a un'estate interminabile. Seguono giorni caratterizzati da continui temporali e nubifragi, in particolare nella notte e nella mattinata di domenica 26. Dopo questi fenomeni, la temperatura è prettamente in media per il periodo.

Ottobre

L'autunno ha ormai ingranato la marcia e prosegue con una prima decade del mese caratterizzata da giornate nuvolose e spesso piovose, più qualche temporale, ma senza eccesso. Verso il 10 del mese il meteo annuncia l'arrivo di una forte perturbazione, ma evidenzierà come "essa colpirà maggiormente la Riviera di Levante che quella di Ponente, riparata com'è dalle Alpi Marittime...". Questo è sempre stato vero, ma risulterà strano che solo questa volta venga evidenziato… e poi tante altre volte era stata colpita pesantemente anche quella di Ponente, che ci sia qualcosa che non quadra più? Più avanti una specie di risposta per il lettore. Tale annunciata perturbazione sarà molto particolare, perché intorno a metà mese ci sveglieremo due volte sotto un violento nubifragio, che in ogni caso alle 11 smetterà per lasciare il posto a una splendida giornata di sole, anche se fredda e ventosa, con temperature tra i 13°C e i 15°C. Passano alcuni giorni di tregua e verso il 20 del mese arrivano tre giorni di piogge fitte e continue, con temperatura sui 12°C. Per fine mese si avrà tempo abbastanza mite, con temperature sui 16°C, sempre con qualche pioggia.

Novembre

L'inizio prosegue col trend di fine ottobre, ma verso il 9 arriva un'intensa perturbazione che il 10 e l'11 porterà moltissima pioggia sulla città, forte Tramontana Scura e temperatura incollata sui 5°C, con molta neve sopra i 500 m. Seguiranno giornate piuttosto insulse e miti, con temperature che arriveranno anche a 20°C, con occasioni per piogge deboli, finché la sera del 26 un violento nubifragio si scatenerà su tutta la città, ma in particolare sul Voltrese – in ogni caso con temperatura sui 16°C, perché fino a quel momento, e vedremo anche oltre, d'inverno non si parlerà proprio.

Il mese conclude con tanti giorni nuvolosi e temperatura mite.

Dicembre

Mese in cui l'inverno sembra in sciopero. Non regalerà alcuna emozione, se non tanto vento tra il 30 del mese precedente e il giorno 1, ma con temperatura sui 13°C, e una serie infinita di grige giornate insulse con temperatura molto mite per il periodo, tranne nei giorni 21 e 22, in cui farà più freddo, con temperatura tra i 5°C e gli 8°C.. ma sarà un fuoco di paglia, poiché il 23 subito la temperatura riprenderà ad aumentare e raggiungere una massima di 13°C, con molto sole, e tale trend proseguirà sino alla fine dell'anno.

1983

Gennaio

Mese molto mite con tempo in genere secco e sereno, intervallato da giornate di maccaja. Il 16 gennaio a Genova si toccheranno i 20°C. Verso il 20 gennaio arriva sulla città una bufera di vento da Nord, che raggiunge l'apice in serata, causando un pauroso incendio sulle alture vicino al Porto Petroli, e uno stato d'allarme ancora più grave di quello dell'81 per il fulmine sulla petroliera; seguono giornate sempre miti, sulla falsariga di quelle d'inizio mese.

Febbraio

Fino a sabato 5 il tempo è piuttosto mite. Da domenica 6 l'Anticiclone Russo Siberiano si fa sempre più strada portando il vero inverno, con molte giornate serene e ventose, e temperature tra 0°C e 5°C. Domenica 13 una perturbazione porta la neve in città, che s'intensificherà nel pomeriggio, fino a raggiungere i 10 cm, con una temperatura di 1°C. Il forte freddo persiste sino a fine mese.

Marzo

Mese piuttosto freddo e molto piovoso, con temperature inferiori alla norma e cielo spesso grigio, con due forti perturbazioni lunedì 7 e lunedì 21, che porteranno moltissima pioggia e forte Tramontana Scura, con una temperatura non oltre i 6°C. Gli ultimi giorni del mese sono molto freddi e piovosi, con una nevicata abbondante nei quartieri dell'Alta Val Polcevera, e pioggia e freddo in città.

Aprile

Mese molto piovoso e quasi sempre grigio, con una prima ondata di freddo nel periodo di Pasqua (3 aprile), e soprattutto nella notte di Pasquetta, quando tutte le montagne della nostra regione si copriranno di molta neve fino a quote piuttosto basse, persino nella mite Riviera dei Fiori. Seguirà un tempo più mite ma sempre con temperature sotto media, con continue piogge e temporali, e rare giornate di sole.

Maggio

La prima decade è quasi sempre molto grigia, per nubi veloci portate dalle correnti umide da SO, che spesso scaricano violenti rovesci, e temperatura tra 14°C e 16°C. Dall'inizio della seconda decade sino al 25 tempo molto perturbato per frequenti fronti atlantici, che porteranno molta pioggia e temperature ancora più basse che nella prima decade. I giorni migliori saranno quelli instabili, con qualche raggio di sole intervallato a forti temporali. Particolarmente piovosi saranno i giorni dal 20 al 25, che funesteranno anche la tratta del Giro d'Italia sulla nostra città (con arrivo a Savona). Quasi tutte le domeniche del mese (eccetto l'ultima) saranno molto propizie esclusivamente per recarsi al cinema. Solo dal 26 arriva un'ondata di caldo per l'arrivo di un anticiclone subtropicale, che porterà improvvisamente belle giornate da mare e temperature fino a 27°C.

Giugno

I primi 20 giorni sono caratterizzati dal prosieguo dell'ondata di caldo iniziata a fine maggio. Tuttavia le temperature non saranno mai davvero eccessive, al massimo 28°C. Verso il 20 il tempo inizia a guastarsi, con l'arrivo di temporali, e particolarmente consistente sarà il peggioramento che ci interesserà il 27 e 28 giugno, con tanta pioggia fino alla tarda mattinata del 28. Il cielo rimarrà poi grigio, e la sera di quel giorno, verso le 20, da NE arriverà uno dei peggiori temporali e nubifragi che hanno segnato la storia della nostra città, con pioggia torrenziale per un'ora e mezza, molti fulmini e forte vento. Subiranno particolari danni i quartieri di Pra' e Voltri. Il 29 sarà invece un giorno splendido e mite, e così pure il successivo.

Luglio

Uno dei mesi più caldi della storia meteo recente. Solo sino al 5 si hanno passaggi nuvolosi e qualche pioggia. Dopo il tempo si ristabilirà decisamente, per l'arrivo deciso e duraturo dell'Anticiclone delle Azzorre. Ma improvvisamente, domenica 10 un potente apporto subtropicale all'anticiclone causerà una giornata caldissima, con punte di 34°C in alcuni quartieri della città, e afa veramente forte. Seguiranno tanto sole e temperature sempre sui 29°C-30°C, mentre dal 24 arriverà una delle più intense ondate di caldo della storia della nostra città, con temperature massime spesso sui 35°C e qualcosa di più in alcune zone, minime spesso sopra i 23°C, umidità elevatissima, e quindi afa alle stelle. Dopo tanti anni di latitanza, è infatti arrivato un anticiclone sub tropicale-africano, con geopotenziali molto alti, cioè con aria calda a tutte le quote, che porterà Cortina D'Ampezzo e Courmayour a segnare 33°C, e un ricordo indelebile sarà dato dal mio arrivo al campeggio di Bersezio (Valle Stura di Demonte-Cuneo) in cui, a differenza degli anni precedenti, sembrerà di essere "nel deserto", con caldo torrido sopra i 30°C, scarse riserve d'acqua, tende bollenti come mai lo erano state precedentemente, e serate ancora calde, benché il campeggio si trovasse a circa 1700 metri di quota. L'ultimo giorno del mese, a Genova, con minima di 28°C e massima di 33°C, più umidità alle stelle, sarà un vero supplizio per i cittadini che non sono partiti per le vacanze.

Agosto

Il primo del mese cambia tutto, poiché giunge dell'aria artica da Nord che porta un deciso abbassamento della temperatura e fenomeni violenti, non tanto per le precipitazioni, che non saranno affatto abbondanti, quanto per il forte vento. Le temperature si assesteranno così tra 18°C e 25°C, e per tutto il mese saliranno al massimo sino a 27°C. Una pioggia abbastanza intensa si avrà la sera dell'11. Qualche temporale a fine mese, ma ben poca cosa per alleviare la siccità che inizia a farsi sentire.

Settembre

Mese piuttosto fresco e prettamente tardo estivo, che spesso sembra promettere pioggia e temporali, come domenica 11, ma che in realtà causa solo mareggiate e vento forte. Un poco di pioggia si avrà venerdì 16 e qualche temporale di scarsa entità a fine mese, con un abbassamento della temperatura, ma la siccità prosegue.

Ottobre

Mese che inizia con qualche temporale ma con poca pioggia, e che va avanti per tutto il mese con giornate fresche, con tempo che spesso minaccia chissà quali temporali, come domenica 16, ma che in realtà porta ben poca pioggia, tranne domenica 30, in cui pioverà intensamente su tutta la costa. Le temperature si abbasseranno gradualmente, fino a portarsi su una media di 13°C a fine mese.

Novembre

Mese nel complesso molto freddo, con i primi giorni abbastanza sereni ma molto ventosi, e temperature spesso non oltre i 12°C di massima. Segue un periodo più mite, ma non di molto, con giornate grige alternate a sole, quando il giorno 15 sopraggiunge un'intensa ondata di freddo, che durerà sino a fine mese, e causerà molte giornate già rigide, con temperature tra i 2°C e i 5°C, e soprattutto molto ventose. Non pioverà praticamente per tutto il mese, facendo prendere al Comune il provvedimento per il razionamento idrico in molte zone della città.

Dicembre

I primi 14 giorni sono caratterizzati da giornate spesso ancora più rigide di quelle già molto fredde di novembre, ma intervallate ad altre in cui il Fohn porta la temperatura anche a 13°C. In ogni caso, il clima rimane molto secco, persistendo una delle più gravi siccità che abbia colpito la nostra città nella storia recente. Improvvisamente, il 15 avanza una possente depressione atlantica da Ovest, e dal pomeriggio inizia a piovere sempre più intensamente, finché durante la notte la pioggia si trasforma in neve, che caratterizzerà tutto il giorno 16, fino al pomeriggio, con cumulate di circa 12 cm, e vento gelido di Tramontana Scura, che porterà le temperature sino a –1°C, specie nelle ore centrali della giornata, con strade pericolose per il ghiaccio unito al fortissimo vento, che obbligherà a tenersi sempre. In serata arrivano lampi e tuoni, ma solo pioggia gelata in centro e nelle zone vicino al mare, mentre Bolzaneto, Pontedecimo e San Quirico vengono sommersi da altri 30 cm di neve. Il Polcevera gela, fenomeno inconsueto. Seguono giornate meno fredde, ma arriva anche moltissima pioggia, e durante i passaggi delle perturbazioni le temperature si abbassano sino a 3°C. Questi continui passaggi perturbati dureranno sino a fine anno. Tuttavia già dai giorni immediatamente prima di Natale le temperature si faranno più miti, per l'avvento dello scirocco, fino a toccare punte di 13°C.

1984

Gennaio

Mese molto mutevole e dominato dall'Atlantico, con una prima fase, fino al 18, piuttosto mite e con cielo frequentemente sereno, e diverse giornate di vento forte, anche di Fohn, che, come il giorno 18, porterà la temperatura massima sino a 18°C. Improvvisamente, il 19 arriva una perturbazione dal Nord Atlantico, e per tutto il giorno piove, diminuendo costantemente la temperatura, sino a raggiungere 1°C alle ore 17 e a nevicare fino alla sera, con Tramontana Scura e scarso accumulo. Durante questo mese si assisterà a un altro giorno, il 27, con pioggia che poi si trasformerà in neve sino in città, ma stavolta seguita da un deciso abbassamento della temperatura, con giornate molto fredde specie martedì 31, con vento gelido e termometro sui 5°C.

Febbraio

Mese molto freddo e dominato costantemente dall'Anticiclone Russo Siberiano, con una pioggia leggera solo il 2 e poi sempre tempo secco senza alcuna precipitazione, anche se con giornate spesso grige.

La prima decade è fredda ma senza eccessi, con temperature tra i 2°C e gli 8°C, mentre nella seconda si assiste a giornate gelide con termometro spesso tra 0°C e 2°C e tanto vento glaciale. Questo freddo proseguirà sino a fine mese.

Marzo

Mese molto freddo e secco fino al 16, con molte giornate assai fredde e temperature sempre sotto media, tranne qualche intermezzo più mite, con temperature che arriveranno a 13°C. La prima pioggia si ha sabato 17 marzo, accompagnata da freddo e Tramontana Scura, che funesterà la Milano-Sanremo. Seguiranno altre giornate secche e fredde, come il 21, un inizio di primavera con temperatura incollata a 7°C e tanto vento. Tra l'altro ritornerà l'incubo siccità e razionamento, che era stato parzialmente risolto con le piogge di fine dicembre, ma per fortuna domenica 25 dalla notte arrivano le vere piogge, accompagnate da temperature più consone al periodo, che proseguiranno sino a fine mese, allontanando definitivamente l'incubo razionamento.

Aprile

Mese fresco e piovoso sino al giorno 13, quando un violento temporale interesserà la città. Pioggia per tutto il giorno domenica 1 e quasi tutti i giorni nel periodo successivo. Dal 14 si assisterà a una rimonta dell'alta pressione subtropicale, che porterà un deciso avanzamento della primavera, con giornate splendide e temperature sino a 23°C, come il Sabato Santo, 21 aprile. Caldo anche il 25, con temperatura che arriverà a 24°C, e tanto sole, ma con un deciso guasto a fine mese, per l'arrivo di pioggia e soprattutto tanto freddo fuori stagione, tanto che domenica 29 aprile trascorrerà con cielo grigio e una temperatura tra i 5°C e i 7°C gradi, che ricordo molto bene perché nel pomeriggio presi molto freddo andando con amici ad Arenzano a giocare a minigolf.

Maggio

Uno dei mesi più terribili della storia meteo recente per il maltempo pressoché costante su tutto il Nord Ovest, caratterizzato da una profonda depressione quasi stazionaria tra la Corsica e le Baleari, che richiamerà continue correnti umide e perturbate tra SO e SE, con inseriti flussi di aria artica. A Genova si totalizzeranno 24 giorni con precipitazioni, che saranno distribuite dall'inizio alla fine, con una pausa domenica 6. Gravissimi danni in Piemonte per l'agricoltura, con le colture che rischiano di marcire per la troppa acqua e umidità, nonché temperature molto basse per il periodo. Una giornata top in questo contesto è domenica 20 maggio, in cui un vento freddo spazzerà la città, con mareggiata, cielo plumbeo e temperatura incollata a 12°C, e io, recandomi nel pomeriggio a Gavi Ligure, sotto una pioviggine gelida con 8°C e nebbia fitta, ed entrando in farmacia per comprare una medicina, sentii esclamare dal farmacista: "Tra poco nevica…!!!!". Quella sera su Genova si abbatterà un violento nubifragio. In particolare, un giorno verso fine mese la temperatura non salirà sopra 11°C, sempre con pioggia forte e cielo plumbeo. Sarà il maggio più freddo e piovoso del secolo.

Giugno

Fino al 7 si prosegue con l'andamento di maggio, con tanta pioggia e una giornata in cui il termometro non sale oltre i 14°C. Dal giorno 8 comincia a farsi strada l'Anticiclone delle Azzorre, che si consoliderà notevolmente e porterà un lungo periodo di siccità assoluta, fino al 6 agosto. Non farà mai troppo caldo, ma vi saranno moltissime splendide giornate, con temperature massime in media sui 25°C-26°C.

Luglio

Mese in cui non cadrà mai una goccia d'acqua sulla città, caratterizzato da tempo quasi sempre bello, con poche giornate veramente calde (al massimo 31°C), in cui le periodiche rinfrescate porteranno solo giornate di sole in cui la temperatura non supererà i 24°C, e tutti i temporali confinati al centro Sud. Qualche giorno coperto sembrerà minacciare la pioggia, ma non cadrà nulla.

Agosto

Il trend di luglio prosegue solo fino al 6, perché la notte del 7 arriva il primo temporale, che apre la strada a perturbazioni dal Nord Atlantico che porteranno un tempo molto instabile e frequenti occasioni per temporali e piogge molto abbondanti, come nei giorni 9, 10 e 11, con fenomeni anche molto violenti. Poi seguirà una specie di tregua, nel senso che il tempo sarà abbastanza soleggiato, ma con acquazzoni e brevi temporali ogni primo pomeriggio, finché la sera del 16 un violento temporale attraverserà tutta la costa da Ovest a Est. Seguiranno giorni calmi e soleggiati, con temperature sempre non oltre i 25°C (come del resto in tutto il mese), finché il 23 e il 24 una specie di uragano si abbatterà su tutta la nostra regione. Nel tardo pomeriggio di giovedì 23 Albenga e Alassio saranno gli epicentri di violentissimi nubifragi, ma tali fenomeni violenti interesseranno ogni angolo della nostra regione. Quella sera io mi recai in casa di un amico a Rivarolo, e pioggia ancora moderata, ma con tuoni e fulmini sempre più vicini avanzava da Ovest. Verso mezzanotte decisi che era l'ora di ritornare a casa, salii in macchina e percorsi la strada di Borzoli. Appena salito nell'auto, il temporale iniziò a intensificarsi paurosamente, con pioggia alluvionale e fulmini che in continuazione picchiavano sulla mia auto (ma si sa, per fortuna è isolata). Io ebbi il terrore di essere travolto dalla piena del torrente che passa presso Fegino, o che la violenza estrema dell'acqua mi danneggiasse qualche gomma, da non essere più isolato contro i fulmini. La visibilità era ridotta a zero. Ciò nonostante, proseguii pregando qualsiasi santo, e arrivai a casa che la tempesta iniziò a scemare, posteggiando la macchina in mezzo alla strada. Una mia vicina disse ai miei: "Quel ragazzo deve essersi visto qualcosa di terribile...". Non passavano auto, e quindi la mia non intralciò il traffico. Finito il temporale, andai a sistemare meglio la macchina. L'indomani, venerdì 24 agosto, al mattino il cielo era grigio, ma nulla lasciava presagire a cosa si sarebbe scatenato intorno alle 11. Verso le 10:30 il cielo iniziò a diventare nero e assai cattivo, con tuoni e lampi sempre più forti, e alle 11 si scatenò l'ira degli elementi come mai più ho avuto il caso di osservare. Con una pioggia di una violenza mai più vista, fulmini in continuazione, tuoni assordanti, visibilità zero, caddero in due ore circa 250 mm di pioggia sulla nostra città, provocando l'alluvione a Pra' e Voltri, e un numero infinito di gravi danni dappertutto. I miei, che erano usciti, si rifugiarono alla Standa di Sestri, ma a un certo punto furono tutti fatti evacuare perché la violenza della pioggia rischiava di far saltare tutto, facendo loro fare la fine del topo. Quindi dovettero tornare a casa sotto il diluvio, ma arrivarono per fortuna sani e salvi. L'indomani Il Secolo XIX intitolò così: "LIGURIA SOTTO L'URAGANO – Alassio, Albenga, Genova e Deiva Marina epicentri di furiosi temporali.". Proprio in quest'ultima località si ebbe anche una vittima, travolto dal torrente nel campeggio.

Seguirono giorni più quieti, con una pioggia la sera del 25, ma niente di eccezionale, perché il tempo sino a fine mese fu bello, con temperature fresche (non oltre i 24°C) e tanto sole.

Settembre

Inizia con due splendide giornate, anche abbastanza calde, con massima il 2 di 27°C. Seguono giornate grige e piuttosto cupe, ma con pochissima pioggia, e temperatura fresca, specie domenica 9. Sabato 15 una perturbazione porta un nuovo nubifragio sulla città, questa volta maggiormente nella zona Levante, e la domenica seguente, recandomi con amici a Recco in macchina, verremo sorpresi da un violentissimo temporale, con pauroso spettacolo di fulmini che si abbatteranno sui ripidi monti sopra l'Autogrill di Bogliasco. In seguito si avrà una continua alternanza di belle giornate con altre piovose, ma senza eccesso. Ricordo in particolare la giornata di domenica 30, ad Acquabianca di Urbe, con nebbia e pioviggine tutto il giorno, che battezzammo "da mastino dei Baskerville".

Ottobre

Mese molto piovoso, specie nella prima decade, con diverse occasioni per nubifragi, specie la sera di giovedì 4, quando nel pomeriggio era stato annunciato l'arrivo di un "tornado", con forti venti e tanta pioggia. Successe proprio così, anche se il vento al massimo arrivò a 100 km/h e l'intensità della precipitazione fu quella di un normale nubifragio. Il resto del mese prosegue piuttosto uggioso, con temperature altalenanti, ma sempre in un contesto mite.

Novembre

Mese nel complesso con temperature miti e diverse occasioni per abbondanti piogge, specie il giorno 23, quando nel pomeriggio cadde tantissima acqua sulla città. Non si segnalano ondate di freddo.

Dicembre

Fino al giorno 21 è un mese mite, caratterizzato dalla persistenza dell'alta pressione delle Azzorre, che porta giornate con minime abbastanza basse (4°C-5°C), ma con massime anche sui 15°C. Sembra che l'inverno latiti. Improvvisamente, il giorno 22 si assiste a un primo lieve abbassamento della temperatura, che si accentuerà nei giorni successivi, con temperature il 23 comprese tra i 3°C e gli 8°C, finché la Vigilia di Natale si avrà una giornata grigia e piovigginosa con termometro per tutto il giorno sui 4°C, tranne un abbassamento fino a 1°C in serata. Natale trascorre sereno e freddo, e la sera di Santo Stefano arriva altra pioggia, ma questa volta abbondante, con temperatura che inizia ad abbassarsi per la Tramontana Scura, finché nella notte del 27 scende sino a –1°C, e la città si sveglia imbiancata da 5 cm di neve. Seguono giorni freddi e ventosi sino a fine anno, con temperature tra gli 1°C e gli 8°C.

1985

Gennaio

È un mese storico per neve e gelo. Una delle più intense ondate di gelo del secolo scorso si abbatterà sul nostro paese e su gran parte dell'Europa.

Il giorno di Capodanno è freddo al mattino, con minima di 1°C, ma durante il giorno si fa più mite, sino a raggiungere gli 11°C.

I giorni seguenti la temperatura diminuisce, e si hanno giornate serene e molto ventose, con temperature tra 0°C e 4°C, ma col Monte Fasce sempre costantemente innevato. La notte del 5 arriva dell'aria gelida di provenienza artica, che colpisce soprattutto il versante occidentale del nostro paese, e la città si sveglia con –4°C, salendo durante il giorno la temperatura solo a –2°C. Il giorno seguente la minima è –5°C e la massima sempre –2°C, con cielo sereno e vento gelido, mentre Roma è sotto una bufera di neve. Il giorno 7 la minima precipita a –7°C, e la massima non sale sopra i –3°C, con un improvvisa breve nevicata in serata. Il giorno 8, con una temperatura per tutta la mattinata costante di –7°C, nevica con cristalli sottili e polverosi, che fanno fatica a depositarsi al suolo per via del forte vento, e alla fine si avranno solo 3 cm di neve ghiacciata. Solo nel pomeriggio la temperatura inizia a risalire, fino ad arrivare ai –2°C della mezzanotte. Il giorno 9 è sereno ma meno freddo, con temperatura tra i –3°C e i –1°C, e analogamente il giorno 10. Il giorno 11 in mattinata si parte con cielo grigio e 0°C, e inizia a nevicare in modo consistente sulla città, salvo trasformarsi in pioggia nella zona del centro, con temperatura che sale a 5°C, mentre a Ovest di Sampierdarena la temperatura rimane a 0°C, e verso le 14, procedendo dall'Università di Matematica verso casa, faccio fatica ad arrivare con l'auto a Sestri, sommersa da 20 cm di neve. La nevicata sarà abbondante in tutta la costa di Ponente sino a Savona, con la mite Varazze a 0°C e sommersa da 15 cm di neve. Tuttavia la Liguria, in questa giornata, sarà una delle regioni più calde d'Italia, perché altrove sarà la giornata più fredda del secolo, con minima di –23°C a Firenze per effetto albedo (suolo innevato ghiacciato che di notte si raffredda più rapidamente), –11°C a Roma e tanti record abbattuti. Nel Nord Italia si arriverà a –27°C a Finale Emilia, e la gelida Sassello (provincia di Savona) raggiungerà i –30°C.

Segue sabato 12 di tregua armata, con temperatura tra i –2°C e –1°C, e desta curiosità il forte innevamento ghiacciato di Sestri rispetto al centro, dove il venerdì 11 la pioggia aveva sciolto la neve, per intromissioni sciroccali. Ma il grosso dell'inverno sulla nostra città deve ancora venire. Domenica 13 il cielo è coperto e uniformemente grigio, e si parte con –2°C. Alle 10:30 inizia a nevicare e ben presto si trasforma in una violenta bufera, con temperatura che scende a –6°C, e un accumulo a fine evento di 20 cm (tardo pomeriggio). L'indomani splende il sole, tutto è innevato, ma la temperatura viaggia da –3°C a 3°C, sciogliendo un poco di neve durante il giorno. In serata riprende un'intensa bufera di neve, che dura sino alle 7 del mattino, e temperatura che precipita a –4°C, e altri 20 cm si depositano sulla città. Ma dopo quel martedì 15 la temperatura inizia lentamente ad alzarsi, e l'ondata di gelo volge al termine. Il giorno 20 ne saremo completamente fuori. Ora l'inverno proseguirà in modo non molto freddo, con giornate piovose e normale Tramontana Scura, come sabato 26, in cui nevicherà un poco a Voltri e a Pontedecimo, e giornate anche miti con lo Scirocco e la Maccaja. In ogni caso, solo un giorno la temperatura raggiungerà i 15°C.

Febbraio

Mese con la prima decade piuttosto mite e umida, frequentemente anche piovosa, specie sabato 9 e domenica 10, in cui una pioggia battente cade per tutto il giorno, ma con temperatura sui 10°C-12°C per venti di Scirocco. L'indomani rasserena, ma già dal mattino si avverte una sensibile diminuzione della temperatura, che dà inizio a un'ondata di freddo, ma questa volta nella norma, con minime sino a 1°C e massime sui 6°C, che dura sino a fine mese.

Marzo

Mese piuttosto freddo, soprattutto i primi due giorni, caratterizzati da pioggia molto abbondante e temperatura sui 5°C. Domenica 3 il tempo migliora considerevolmente, con una giornata limpidissima e Fohn, che fa alzare la temperatura sino a 18°C. Seguono giornate altalenanti tra sole e qualche pioggia, con temperature di poco inferiori alla media, finché il giorno 21 si assiste a un improvviso ritorno dell'inverno con pioggia e temperatura sui 5°C, e vento molto freddo in serata, seppure con un miglioramento. Il tempo rimane comunque instabile e fresco sino alla fine del mese.

Aprile

Mese molto mite, con un inizio caratterizzato da discrete giornate e qualche pioggia, ma con una giornata grigia e tetra, con nebbia e fitta pioviggine proprio il giorno di Pasquetta, segnatamente sulla parte costiera della nostra regione. Un cartello al casello di Ovada avvertirà con questa scritta: "Attenti! In Liguria è notte anche se giorno!...". Seguono giornate variabili, con un deciso incremento della temperatura nell'ultima decade, con sole sempre presente e giornate piuttosto calde, con punte anche di 23°C. Tale trend prosegue sino a fine mese.

Maggio

I primi giorni sono un prosieguo del trend consolidatosi a fine aprile, ma già dal 4 arrivano molte nubi e tanta pioggia, con una giornata, il 6, in cui il termometro non sale sopra i 10°C. Seguono giorni con molte precipitazioni, anche abbondanti, sino al giorno 25, quando l'Anticiclone delle Azzorre porta un anticipo d'estate, che dura sino a fine mese, con massime che toccano anche i 26°C e minime che non scendono sotto i 18°C.

Giugno

Prima parte del mese piuttosto calda e soleggiata, ma senza eccesso, con temperature al massimo sui 27°C. Verso il 20 arrivano più nuvole e qualche debole pioggia, tranne il giorno di sabato 22, in cui pioverà energicamente per tutto il giorno, con un abbassamento della temperatura. Seguono giorni piuttosto freschi, ma con temperatura in aumento a fine mese.

Luglio

Se si esclude una breve grandinata la sera del 15, per tutto il mese il tempo è bello e caldo, con l'Anticiclone delle Azzorre in pole position, con un'ultima decade che registra stabilità ancora maggiore e temperature alte un poco a tutte le quote, quindi anche in montagna. Al massimo la temperatura raggiungerà i 30°C.

Agosto

Mese molto caldo e soleggiato, con un break il giorno 8 per un violento temporale e una giornata abbastanza perturbata. Dal 13 al 17 si ha un deciso aumento delle temperature, che raggiungeranno anche i 32°C, e questo per diversi giorni, con minime sui 22°C-23°C. A fine mese si hanno brevi temporali, ma uno fortissimo a Firenze domenica 25, in cui in poco tempo cadranno 95 mm di pioggia. Gli ultimi giorni del mese, pur soleggiati, registrano un abbassamento delle temperature, specie minime, sui 16°C-17°C, con massime sui 25°C-26°C.

Settembre

A parte qualche giornata grigia il giorno 4 e qualche pioggia il giorno 16, il mese non è altro che una continuazione dell'estate, specie nell'ultima decade, in cui la visita di Papa Wojtyla, i giorni 21 e 22, si svolge con temperature di 25°C-26°C, e soprattutto il giorno 27, in cui la temperatura raggiunge i 29°C, dimostrando che l'estate non se ne vuole proprio andare.

Ottobre

L'inizio del mese è ancora molto estivo, anche se le temperature minime iniziano ovviamente ad abbassarsi. Una sera Caroselli, commentando la situazione meteo, dirà: "Quale stagione? estate non è, perché le temperature notturne sono… sono quelle che sono… autunno nemmeno, perché l'autunno porta la pioggia… potremmo dire di giorno estate e di notte autunno". A metà mese, pur ancora senza piogge, iniziano i primi abbassamenti della temperatura, anche decisi, con valori che oscilleranno tra 14°C e 16°C, e forte vento da NE. Solo da domenica 20 si ha qualche pioggia, che in ogni caso abbasserà ancora di più la temperatura, facendoci assaporare il vero autunno, e soprattutto il giorno di sabato 26, quando una pioggia costante e debole per tutto il giorno, con Tramontana Scura e temperatura sugli 8°C, ci farà capire che l'inverno non è molto lontano. Il giorno di domenica 27 sarà freddo e ventoso, benché soleggiato, con massime che non supereranno i 12°C. Fine mese sarà un prosieguo di queste caratteristiche.

Novembre

Fino al 7 il tempo è abbastanza fresco, ma non freddo, con qualche pioggia e alcune giornate soleggiate. Venerdì 8 novembre, nel tardo pomeriggio un improvviso temporale segna di fatto il biglietto da visita di un intenso afflusso d'aria siberiana. La temperatura si abbassa di molto e, poiché l'aria artica interagisce con una depressione da Ovest, si ha pioggia e tempo molto freddo per molti giorni. In particolare, domenica 17 è una giornata gelida, con temperatura per tutto il giorno sui 3°C e forte vento da NE, benché il tempo sia abbastanza soleggiato. La sera di martedì 19 fiocchi di neve cadono sulla città, con una temperatura sui 2°C. Il freddo prosegue sino al 28, quando il giorno successivo sopraggiunge un potente anticiclone con radici sub tropicali, portando due giorni di maccaja e un deciso addolcimento della temperatura, sino a 13°C.

Dicembre

Fin quasi a Natale il tempo è mite e insipido, a causa dell'alta pressione subtropicale, che porta un alternanza di giornate soleggiate e tempo grigio per nubi basse e compatte, ma con temperature sempre molto miti, con punte anche di 15°C nei giorni di sole. Il primo cambiamento di ha il giorno di Natale, in cui il cielo è grigio e nel pomeriggio cade una fitta pioviggine, con temperatura di 9°C. Seguono altre giornate miti e soleggiate, ma il giorno 30 arriva il vero freddo da Est, con pioggia e temperatura sui 5°C, e analogamente il giorno di San Silvestro.

1986

Gennaio

I primi giorni prosegue il freddo di fine dicembre. Domenica 5 il termometro sale sino a 11°C, ma è solo un afflusso d'aria calda che precede una perturbazione proveniente dal Nord Atlantico. Inizia a piovere in serata e la temperatura si abbassa progressivamente, per l'attivarsi della Tramontana Scura. Nella notte del 6 la pioggia si trasforma in neve, e la minima del giorno sarà di –2°C. La neve cessa nella tarda mattinata, dopo che sono stati raggiunti 6 cm, e nel pomeriggio si ha un innalzamento della temperatura. Il mese prosegue con tempo abbastanza mite, qualche pioggia seguita da forti venti, ma non freddo, finché sabato 26 sopraggiunge deciso un afflusso di aria da Est, molto fredda, che abbasserà di molto la temperatura. Il 28, sotto un cielo plumbeo, inizia a piovere fin dal mattino, con neve che cade (senza accumulo) solo da Piazza Massena a Piazza Montano, e ovviamente a Pra' e Voltri. In serata inizia a nevicare anche nel resto della città, e il mattino successivo la città si sveglia con 6 cm di neve e una temperatura di –2°C. Nella tarda mattinata inizia una violenta tempesta di neve, che porterà circa 30 cm a livello del mare e molto di più nelle zone d'altura, paralizzando la città, con una temperatura fissa sui –1°C. I giorni successivi sono grigi ma senza precipitazioni, anche se nell'interno continua a nevicare inesorabilmente, e questo sarà solo l'anticamera di un febbraio micidiale.

Febbraio

I primi 7 giorni sono freddi e abbastanza sereni, ma in modo normale, con minime sui 2°C e massime sui 7°C-8°C. Tuttavia, queste temperature si registrano solo rigorosamente sul litorale, perché sulle colline immediatamente sovrastanti la costa la neve persiste e non si scioglie. Da sabato 8 arriva un forte afflusso di aria artica, che farà si che la giornata di domenica 9 sia gelida e ventosissima, con temperature tra –3°C e 0°C, e –5°C in serata. Il lunedì seguente la mattinata è gelida, con molto vento e temperatura di –4°C. Verso sera la temperatura aumenta un poco. I giorni seguenti il termometro risale relativamente, ma frequenti saranno le perturbazioni che porteranno neve in città, anche se spesso senza accumulo, e temperature che scenderanno a 0°C per poi risalire dopo la perturbazione. Le nevicate si concentreranno nei giorni 14, 17 e 21. Sabato 22 e domenica 23 vi sarà una tregua, ma nei giorni seguenti la temperatura riprenderà a scendere, con una serata del 28 gelida e molto ventosa, con cielo grigio e temperatura sullo 0°C. In ogni caso, questo mese nella nostra regione passerà alla storia per le eccezionali nevicate nell'entroterra, che provocheranno un manto nevoso in media di oltre 2 m, fino a 4 m al Passo del Faiallo, interessato per buona parte del mese da terribili tormente, e creeranno gravissimi disagi, perché molti paesi verranno sepolti da 3 m di neve e saranno per molti giorni raggiungibili solo con gli elicotteri, con temperature fortemente sotto lo zero. Questo evento verrà battezzato "alluvione bianca".

Marzo

La ventosissima e gelida serata del 28 febbraio prosegue con una notte di gelicidio, provocando una mattinata di sabato 1 con tutta la città avvolta da uno strato di ghiaccio, temperatura sui –1°C e innumerevoli incidenti per fratture. Dopo le 14 inizia una tempesta di neve molto copiosa, in cui il termometro scende a –3°C, che accumulerà 15 cm di neve in riva al mare e nelle zone più calde della città. Durante la notte gradualmente il vento, che prima era stato di tipo siberiano, si comprime riscaldandosi sempre più, assumendo caratteristiche di Fohn, che produrrà una domenica 2 marzo ben diversa dal giorno precedente, con tanto sole e massima di 15°C. Il Secolo XIX parlerà di questa pazzia tipicamente marzolina, e mostrerà le immagini di Piazza Verdi nel giorno 1, tutta innevata, e nel giorno 2, piena di passanti che si godono il sole primaverile. Questo fatto meteo decreterà praticamente la fine dell'inverno 85-86, poiché dopo la primavera si manifesterà in tutte le sue caratteristiche, con sole, piogge e variabilità, ma con tempo mite.

Aprile

Molto piovoso per tutto il mese, ma specialmente nella terza decade, non tanto per piogge torrenziali, quanto per continue pioviggini o piogge moderate di lunga durata, e temperature fresche in linea col periodo.

Maggio

Dopo i primi giorni variabili passati col terrore per Cernobyl, e una pioggia il 4, definita da "fall out", il tempo prende una piega decisamente estiva, con sole e caldo, temperature superiori alla norma e spiagge affollate. In particolare, domenica 18 maggio sarà una giornata caldissima, col termometro che raggiungerà i 33°C, e treni e spiagge prese d'assalto come a Ferragosto. Improvvisamente, la mattina di mercoledì 28 una forte grandinata si abbatte su Sestri e Pegli, risparmiando le altre zone, ma associata a un generale abbassamento della temperatura, che proseguirà sino al 31.

Giugno

Mese mite e piuttosto instabile, con temperature sotto media e diversi temporali, tra cui uno violento nel tardo pomeriggio di domenica 15. Seguono altre piogge e anche giornate grige con continua pioviggine, con un ristabilimento verso fine mese.

Luglio

Mese piuttosto perturbato e fresco. Dopo i primi 5 giorni piuttosto caldi e soleggiati, ma senza eccesso, domenica 6 forti rovesci si abbattono sulla città, accompagnati da forte vento di mare, con una grandinata nel Ponente in serata. Segue un tempo sempre fresco e variabile, pur con belle giornate, ma intervallate spesso da acquazzoni e temporali, come la sera di domenica 13. Solo verso fine mese l'aumento della temperatura produce qualche giornata dal sapore più estivo.

Agosto

I primi sette giorni sono molto caldi, con punte di 32°C in riva al mare domenica 3, e di 35°C nei quartieri più lontani dal mare. Venerdì 8 arriva un forte temporale proveniente da Nord, che interesserà Genova nel primo mattino. Seguono giornate variabili e tutto sommato decenti, con una discreta presenza del sole, ma alternati a qualche temporale. Dopo il 23 si assiste a un maggiore incremento dell'instabilità, con forti temporali e giornate di pioggia, che segnerà la fine di questa debole estate.

Settembre

I primi giorni sono splendidi e miti, con temperature che non supereranno mai i 26°C. Domenica 7 arrivano le prime nuvole, con qualche pioggia, e per buona parte del mese sono frequenti le giornate grige con intenso vento di mare, con due giornate molto piovose. A fine mese il tempo si ristabilisce e si registra anche un aumento della temperatura.

Ottobre

L'inizio registra un rafforzamento anomalo dell'anticiclone iniziato a fine settembre, che porta tempo praticamente estivo, con punte anche di 26°C. Domenica 5 sembra estate e, andando con amici sulla spiaggia di Varigotti, faremo l'ultimo bagno della stagione. Il tempo prosegue con ben poche piogge e tante belle giornate, anche se nella seconda decade le temperature sono più contenute, e sabato 25 una perturbazione raffredda notevolmente l'atmosfera, portando una domenica 26 serena ma con forte vento, e temperatura massima di 12°C. Seguono giornate con temperature solo leggermente più elevate, ma generalmente con cielo grigio.

Novembre

Il giorno dei Santi è coperto con temperatura di 16°C, mentre il giorno seguente, andando in molti a Dercogna (Val Bisagno) in casa di una mia amica, assistiamo nel pomeriggio a continue grandinate, e la temperatura è molto fresca. Tornando a casa, faccio appena in tempo a entrare che un violento temporale con grandine si scatena su Sestri. Tuttavia, il mese non registra grandi precipitazioni, segnalandosi per i pochissimi giorni con qualche pioggia, tempo frequentemente secco, moltissime giornate miti – anche verso il 20 – con temperature massime sui 18°C, e qualche giornata più fresca e ventosa, anche se la temperatura non scenderà praticamente mai sotto i 10°C.

Dicembre

Mese molto secco e siccitoso, caratterizzato da temperatura piuttosto mite sino al 20, con rare giornate più fredde, e in ogni caso ben lontane da essere eccessive. Il 21 arriva la prima ondata di gelo invernale, con tempo secchissimo, e la temperatura che scende a –2°C la mattina di Natale, con una massima di 6°C, ma alzandosi il giorno di Santo Stefano. Gli ultimi giorni dell'anno sono sempre asciutti e non molto freddi, con alcuni giorni di grigia maccaja, e temperature sui 12°C-13°C.

1987

Gennaio

Il giorno di Capodanno e grigio è maccajoso, ma con temperatura molto mite, fino a 15°C. Purtroppo l'autunno con poche piogge ha prodotto molta secchezza nel terreno, e così da Recco assisto a un tremendo rogo sul Monte di Portofino. Il giorno 9 il tempo inizia a cambiare, con un sensibile raffreddamento, e sabato 10 nevicherà per tutto il giorno, con un accumulo di 3 cm. Domenica 11 è una giornata grigia e ventosa, con temperatura fredda al mattino, ma che si alza nel pomeriggio, sino a raggiungere gli 8°C. Il 12 e il 13 il termometro scende fino a –4°C, con cielo sereno, mentre il giorno 14 una violenta tempesta di neve si abbatte sulla città, con temperatura che nei momenti di maggiore intensità scende a –5°C. Tra la tarda mattinata e il tardo pomeriggio cadranno circa 20 cm di neve. I giorni seguenti la temperatura si alza un poco, e il tempo prosegue con giornate grige e qualche pioggia, che si alternano ad altre più miti e soleggiate. Verso il 30 comincia a farsi strada un'altra ondata di freddo intenso.

Febbraio

Il primo giorno l'ondata di freddo tocca il suo culmine, con una minima di –1°C e una massima di 4°C. In seguito il tempo si stabilizza verso un normale inverno genovese, con le sue giornate grige, tanto vento, ma anche belle giornate più miti. In ogni caso, il termometro non andrà mai sotto i 2°C.

Marzo

Domenica 1 sembra arrivata una precoce primavera, con tanto sole e massima sui 17°C. Il tempo prosegue in modo simile sino al giorno di Carnevale, 3 marzo, e in quest'ultimo, sotto un sole sfavillante, la temperatura raggiunge i 18°C. Il giorno dopo arriva deciso e improvviso un potente Anticiclone Russo, con un nocciolo freddo di –10°C a 850 hPa che si stabilisce sulla Puglia, provocando nel Sud una delle peggiori ondate di gelo della storia meteo recente. Da noi la minima sarà 0°C e la massima 6°C. Tutta l'Italia subirà questa enorme diminuzione della temperatura, inizio di 10 giorni molto freddi, con temperature tra 0°C e 7°C. In particolare, sabato 7 il cielo rimane coperto per tutto il giorno, e la temperatura oscilla tra 2°C e 3°C, con nevischio al mattino. Domenica 8 è la fotocopia del sabato, ma con freddo ancora più intenso per il forte vento. Sabato 14 altra mattinata con forte vento e fiocchi di neve, con temperatura sui 3°C. Domenica 15, recandomi a Portovenere, sarò tutto il giorno accompagnato da vento gelido. Dopo il 15 il grande freddo inizia ad attenuarsi, ma solo dopo il 20 se ne uscirà, e l'ultima decade sarà più propriamente marzolina, con qualche giornata di fitta pioviggine alternata a sole, e temperature che raggiungeranno anche i 16°C.

Aprile

Mese nel complesso mite e non eccessivamente piovoso. Da segnalare una triste e grigia Pasquetta (20 aprile) con tanta pioggia fine e nubi molto basse da causare una nebbia abbastanza fitta, che mi accompagnerà nella gita alle Cinque Terre.

Maggio

Mese molto mite e con temperature assai gradevoli, con diverse precipitazioni ma mai molto intense.

Giugno

Mese piuttosto piovoso, con rare giornate veramente calde (al massimo 27°C), e piogge anche abbondanti dal 17 al 23, per via di un'instabilità sull'Appennino che causerà tanti rovesci e temporali pomeridiani, in un contesto grigio. L'estate '87 sembra proprio partire col piede sbagliato.

Luglio

Mese nel complesso molto instabile e piovoso, pur con qualche giornata calda e soleggiata, con temperature fino a 29°C. Da segnalare un importante nubifragio nel tardo pomeriggio del giorno 8, che scaricherà 45 mm di pioggia, e poi una continua instabilità, con occasione di brevi rovesci e temporali. Un caso a parte è dato dal violentissimo temporale e nubifragio che si scatenerà nel primo pomeriggio del 30. Dalle 14 alle 17 su tutta la città e parte della Riviera di Levante fino al Monte di Portofino si scatenerà una tempesta di eccezionale violenza, colpendo maggiormente le zone a Est di Cornigliano. Se infatti a Sestri si misureranno 60 mm di pioggia a fine evento, all'Istituto Idrografico della Marina (in centro città) se ne misureranno 188, e oltre 300 verranno misurati a Sampierdarena, che sarà colpita da una tragica alluvione, dato che un uomo affogherà nel caveau di una banca di Piazza Montano. I giorni seguenti a Sampierdarena si venderanno libri e articoli alluvionati. Durante il mese tempo pessimo anche nel resto del Nord. Il 19 luglio una tragica alluvione con numerose vittime si abbatterà sulla Valtellina, complice anche lo scioglimento di alcune parti di ghiacciai della zona, dovuto a un flusso molto caldo, assai perturbato e umidissimo a tutte le quote su entrambi i versanti delle Alpi. L'estate sarà invece bollente al Sud, con Reggio Calabria che raggiungerà i 46°C, e innumerevoli decessi tra gli anziani dell'Istituto Ricoveri Riuniti. In questa tragica estate il Sud sarà più volte investito dallo Scirocco Africano, che porterà ovunque temperature folli (per esempio, 45°C a Lecce), e gravi disagi alle popolazioni.

Agosto

Questo mese è un poco più clemente del precedente, con una prima parte abbastanza soleggiata e caratterizzata da temperature mai eccessive (27°C -28°C), con qualche temporale. Dal 15 il termometro si alzerà un poco, e soprattutto l'umidità aumenterà in modo considerevole, con vere giornate di passione per i Genovesi, caratterizzate da minime sui 23°C-24°C e massime sui 29°C-30°C, ma con tassi di umidità fino al 90%. Tale incubo terminerà solo il 23 agosto, con l'arrivo di una forte perturbazione, che porterà molta pioggia su tutta la Liguria e un'alluvione nell'entroterra savonese e nel basso cuneese. Il 27 agosto un'altra violenta perturbazione porterà un forte temporale che attraverserà tutta la costa da Ponente a Levante, e io e alcuni amici non potremo raggiungere Lerin (isola di fronte a Cannes) per un terribile temporale con numerosissimi fulmini che ci accoglierà da Ventimiglia in poi, facendoci ripiegare per una sosta forzata a Montecarlo, ben al riparo sotto alcuni portici. I giorni seguenti saranno freschi e ancora un poco instabili, con temperature tra i 18°C e i 25°C.

Settembre

Da inizio mese la temperatura riprende ad aumentare, per una nuova avanzata dell'Anticiclone Subtropicale, che produrrà un settembre per buona parte caldissimo e soleggiato, con punte di 29°C-30°C alcuni giorni, e in generale giornate calde di tipo estivo, con molta foschia. Questa situazione inizierà a mutare il 21, con le prime piogge, ma soprattutto il 23, in concomitanza con l'inizio dell'autunno, quando nella notte un'intensa perturbazione produrrà una potente diminuzione della temperatura, che si assesterà con valori sotto media compresi tra 13°C e 17°C, forte vento e tempo spesso perturbato sino a fine mese.

Ottobre

Mese molto piovoso e fresco, con continui passaggi perturbati e tanta pioggia, con nubifragi e temporali, per tutto il mese.

Novembre

I primi giorni segnalano ancora qualche pioggia. In seguito riprende l'alta pressione delle Azzorre, che porta tempo fresco ma non freddo, e diverse belle giornate. Un cambiamento si vedrà sabato 21, quando un afflusso di aria fredda e molto secca da Nord produrrà una giornata estremamente tersa come non si era mai vista, con una limpidezza che consentirà di osservare la Corsica, l'Isola d'Elba e altro semplicemente dalla costa, un cielo meraviglioso e tanto vento da

Nord, fresco ma non freddo, dato che la temperatura si manterrà sui 12°C-13°C. Il giorno seguente è meno limpido, e compaiono le prime nubi organizzate da Ovest. Il lunedì seguente arriva l'inverno, con una giornata intera di pioggia, Tramontana Scura e temperatura tra i 4°C e i 6°C. Sarà l'inizio di un periodo perturbato e abbastanza freddo, che ci accompagnerà sino al 10 dicembre circa.

Dicembre

I primi giorni sono piovosi e piuttosto freddi, prosieguo di fine novembre. Poi si assiste a un aumento della temperatura e all'arrivo di un'anticiclone di tipo sub tropicale, che persisterà quasi sino a fine mese, e produrrà tante giornate miti e grige, con pochissimo vento e temperature comprese tra i 9°C e i 14°C, quindi ben poco natalizie. Un primo cambiamento si avrà proprio l'ultimo giorno dell'anno, con pioggia in serata e arrivo della Tramontana Scura, che porterà la temperatura sino a 7°C-8°C, e quindi ancora a valori poco rigidi, benché più freschi.

1988

Gennaio

Si manifesta subito un inverno molto diverso dai precedenti, ovvero molto mite, benché piovoso, ma spesso con precipitazioni accompagnate dallo Scirocco, e una temperatura media sui 9°C, quindi mitissima. Solo il giorno 20 una perturbazione maggiormente di tipo invernale causerà pioggia intensa e forte Tramontana Scura per tutto il giorno, con temperature che si stabiliranno sui 4°C. Seguirà però nuovo tempo mite e, in particolare, gli ultimi giorni del mese saranno caratterizzati da piogge, rovesci e temporali e temperatura mite, sui 12°C-13°C, con un'intensa mareggiata proprio il 31.

Febbraio

Mese anch'esso molto mite, eccetto qualche giornata di pioggia i primi 8 giorni, durante le quali la temperatura si abbassa fino a 7°C, accompagnata da intense mareggiate. In seguito, l'affermarsi di una forte alta pressione delle Azzorre porta una primavera anticipata, con massime anche di 16°C, e una precoce fioritura in tutta la Riviera.

Marzo

Mese anch'esso mite e abbastanza primaverile, pur con diverse piogge, specie alla fine, quando un afflusso d'aria più fresca porta una burrasca temporalesca nel pomeriggio di domenica 28, seguita da qualche pioggia e temperature che, scendendo, si porteranno sui 9°C.

Aprile

Mese con numerose precipitazioni, ma mai di durata eccessiva, e comunque in contesto termico mite, che produrranno un verde meraviglioso su tutti i nostri monti – complice anche il passato mite inverno, accompagnato da temperature piacevolissime, al massimo sui 17°C-18°C.

Maggio

Dopo i primi tre giorni freschi e molto piacevoli, il giorno 5 arriva un'improvvisa ondata di caldo, che porta il termometro anche a 27°C, con serate molto calde, sui 25°C. Questo dura per alcuni giorni, arrivando in seguito un poco di pioggia e temperatura che si stabilizza sui miti valori tipici del mese. I giorni restanti proseguono sempre in un contesto variabile e con diverse piogge e temporali, specie a metà mese, ma con un incremento del bel tempo a fine mese.

Giugno

Fino al 20 il tempo è molto mite e variabilmente instabile, con diverse piogge e temporali che rendono estremamente verdi le colline vicine alla città, con vegetazione ricchissima. Un guasto più serio si avrà i giorni 21 e specialmente il 22, con temporali e forti piogge per tutto il giorno. Il 23 si ha un rapido rasserenamento, e sino a fine mese il tempo resta bello e per nulla afoso, con massime sempre sui 24°C.

Luglio

I primi giorni, a parte qualche pioggerella di breve durata, sono belli e stabili, con temperature ottime, con minime sui 18°C e massime sui 24°C-25°C. Dal giorno 8 inizia un incremento della temperatura, che porterà un caldo abbastanza fastidioso, sempre in crescendo, con qualche giorno con massime sopra i 30°C nell'ultima decade.

Agosto

A parte un temporale abbastanza forte nella notte tra il 5 e il 6, il mese trascorre quasi interamente sereno, con forte caldo e tanta siccità, che colpirà tutto il nostro paese, e temperature che diverse volte a Genova supereranno i 30°C. Il giorno di Ferragosto, recandomi con amici al Passo del Biscia (sopra Chiavari), costituirà una parentesi triste vederlo tutto inaridito come un deserto, quando appena un mese e mezzo prima tutta la Liguria era un trionfo di verde smeraldo. Solo a fine mese si avrà qualche cambiamento, ma sarà dato soprattutto da tante nuvole nere e vento fortissimo, con ovvio abbassamento della temperatura, ma ben poca pioggia. Ricordo anche che, recandomi in vacanza a Etroubles, in Valle d'Aosta, l'albergatore mi disse che da decenni non vedevano un secco così.

Settembre

Dopo la rinfrescata di fine agosto, il mese inizia con un nubifragio nella mattinata del 2, che colpirà soprattutto i quartieri di Ponente. Seguiranno altre belle giornate, ma con temperature moderate, e poche piogge. Soltanto a fine mese si avranno alcune precipitazioni di maggior rilievo.

Ottobre

Inizio fresco e segnato da qualche pioggia. Dalla sera di domenica 9 un flusso molto umido da Sud porta la prima forte pioggia, e sino al 14 si avranno giorni sempre coperti con forti rovesci accompagnati da scariche elettriche, e temperatura sempre più mite, sino a 18°C il giorno 14. Sabato 15, improvvisamente, scoppia una strana estate, con una minima di 20°C e una massima di 25°C, che non sarà affatto gradita. Il caldo continua anche la domenica seguente, per poi scemare nei giorni successivi, portando un sabato 22 con temperatura fissa sui 16°C. Seguiranno giornate piuttosto anonime, spesso grige, con un'improvvisa pioggia che ci accoglierà tra Sori e Brignole sul treno a ritorno da Recco, ma con tutto asciutto già a Principe. L'ultimo giorno del mese sarà piuttosto grigio e fresco.

Novembre

Un novembre molto strano, perché non cadrà quasi una goccia d'acqua. In compenso sarà un mese freddo, con frequenti afflussi di aria dai Balcani e giornate già rigide (per esempio, domenica 6 si avranno temperature tra 5°C e 8°C, con vento freddo ma sole splendente), con temperature che verso fine mese raggiungeranno anche lo 0°C. Purtroppo la siccità continua e la natura ne risente grandemente.

Dicembre

A parte la potente depressione atlantica che c'interesserà i primi giorni, portando pioggia battente e freddo, con temperature tra i 3°C e i 6°C, la maggior parte del mese sarà caratterizzata da frequenti incursioni fredde e secche, che porteranno la temperatura a 0°C, alternate a giornate più miti. Queste ultime prenderanno il sopravvento dopo il 20, portando un Natale primaverile, e una fine dell'anno grigia e maccajosa, con valori termici sui 12°C-13°C.

1989

Gennaio

Fin dall'inizio del mese si consolida una gigantesca alta pressione azzorriana, con valori anomali e molto alti, che porta tempo siccitosissimo su tutto il paese, e temperature molto miti, tra i 7°C di minima e i

15°C di massima. A causa della pressione molto alta, si abbasserà in modo visibile il livello del mare, fenomeno che sarà molto documentato dalla televisione, e si cominceranno a fare previsioni di Effetto Serra e surriscaldamento sempre più forte, nonché... "sicura desertificazione di molte aree del nostro paese...". Soltanto domenica 22 vi sarà un breve passaggio perturbato, che scaricherà 30 mm e causerà l'unica giornata invernale del mese, con temperatura sui 5°C per quasi tutto il giorno, ma già in aumento dalla sera a causa della nuova e ancora più potente rimonta anticiclonica.

Febbraio

Fino a lunedì 20 prosegue il trend siccitoso, con le stesse caratteristiche del mese precedente, ma con qualche nuvola in più verso fine periodo. Dal 21 la pressione inizia a cedere inesorabilmente, per l'avanzare di una potentissima depressione atlantica, ma di tipo più autunnale che invernale. Inizieranno dapprima pioviggini e poi piogge sempre più intense (lasciando però all'asciutto la costa a Ovest di Cogoleto). Solo il giorno 24 su tutta la regione si abbatterà la perturbazione in tutta la sua forza, con tanta pioggia anche sulla serata finale del Festival di Sanremo (il più folle della storia....!!!!), e soprattutto con un'enorme diminuzione della pressione, che scenderà sotto i 970 hPa in Valle d'Aosta (da noi 972), causando una delle peggiori mareggiate della storia del meteo ligure. Domenica 26 la tempesta toccherà il culmine allagando in modo particolare la passeggiata a mare di Camogli, che subirà enormi danni, benché nel pomeriggio si fosse verificato un rasserenamento. I due giorni successivi saranno tranquilli, ma ormai la tremenda alta pressione è stata debellata.

Marzo

Fino al 15 il tempo è abbastanza perturbato. Sono ritornate le piogge, ma non eccessive, e vi è lo spazio per diverse giornate di sole. Dopo il 15 rimonta un'alta pressione di tipo africano, centrata proprio sul nostro paese, che porta un'improvviso avanzamento della primavera, con tempo splendido e temperature sui 25°C in molte zone interne, e sui 20°C nella nostra città. Come tutte le alte pressioni primaverili, che sovrastano un mare freddo, causano molto presto una giornata di "caligo", la fitta nebbia marina che a volte si forma sulle nostre coste. Questo succederà la mattina di lunedì 27 marzo, il giorno di Pasquetta, e io, recandomi a Lucca in treno con amici, avrò occasione di osservare la fitta nebbia su tutta la costa ligure e versiliese, scendendo in una Viareggio sotto una scarsissima visibilità.

Aprile

I primi 3 giorni sono ancora caldi e molto soleggiati, ma ben presto arriva una depressione che stazionerà a lungo sulla nostra regione, portando praticamente un mese di pioggia, specie il giorno 20, quando nella tarda mattinata un violentissimo nubifragio si abbatterà sulla città, colpendo in particolare i quartieri a Est di Pra' e fino al centro, allagando il sottopasso di Multedo. Gli ultimi due giorni, sempre freschi come del resto tutto il mese, saranno un poco più stabili.

Maggio

Mese molto mite con alcuni giorni già abbastanza caldi, e non molte precipitazioni, per lo più sotto forma di forti acquazzoni tardo pomeridiani. Temperature che varieranno dai 14°C ai 24°C.

Giugno

A inizio mese, precisamente il 2, un'intensa perturbazione interesserà tutta l'Italia, portando grandi quantitativi di pioggia su tutto il versante tirrenico a Est di Sestri Levante, e solo brevi piogge da noi. Seguirà un lungo periodo caratterizzato da tempo variabile, mai molto caldo, e da un certo numero di temporali. Le temperature arriveranno al massimo a 27°C-28°C.

Luglio

Mese piuttosto piovoso, pur senza mai raggiungere grandi quantitativi di pioggia. Piogge piuttosto intense nella notte tra i primi due giorni, e poi varie pioggerelle alternate a belle giornate mai troppo calde. Ricordo perfettamente il 12, giorno della mia laurea, in cui piovve tutto il giorno, ma non con forte intensità. Il resto del mese non cambia, con rare punte più calde, ma al massimo di 29°C.

Agosto

Mese estremamente piovoso, che segnerà il record annuale di precipitazioni. Violenti nubifragi si verificano già il 5 e il 6, che mi raggiungeranno il secondo giorno in Umbria ad Assisi, dove soggiornavo con amici, e dove dai titoli di un quotidiano locale venni a conoscenza di una grave alluvione a Colle Val D'Elsa. Seguono giorni belli e soleggiati, con temperature sempre sotto i 28°C, e un altro violentissimo nubifragio nella notte dell'8, che scaricherà 80 mm di pioggia sulla città, ma non interesserà minimamente l'Oltregiogo. Farà seguito un periodo abbastanza stabile, pur con qualche pioggia anche abbondante, fino al violentissimo nubifragio che colpirà tutta Genova la mattinata di domenica 27, dove in alcuni punti cadranno circa 200 mm di pioggia, e io avrò occasione di osservarlo dal Santuario della Vittoria, vicino al Passo Dei Giovi, che non verrà minimamente interessato, come tutto l'Oltregiogo, e di osservare i grossi danni ritornando in città verso le 13. Tra l'altro, in serata su Genova si abbatterà una violenta tromba d'aria con annesso nubifragio, che avrà per epicentro la Festa Nazionale Dell'Unità, alla foce, e arrecherà non pochi danni. I giorni seguenti saranno abbastanza tranquilli.

Settembre

Mese piuttosto piovoso e fresco, in cui le precipitazioni si manifestano in tutte le forme, tranne ovviamente la neve. Temporali, acquazzoni, grandine e nubifragi, ma in ogni caso separati da belle giornate. In particolare, nel pomeriggio di domenica 3 settembre, recandomi a Rapallo in treno con amici, fummo sorpresi da un terribile temporale e nubifragio da Brignole, che ci accompagnerà fino a destinazione, segnando forzatamente la meta della giornata: un bar di Rapallo. Altro violento temporale si scatenerà la sera di sabato 23 settembre, e purtroppo un fulmine ucciderà tre campeggiatori rifugiatisi a Forte Diamante. Da segnalare una fine mese molto fresca con altre piogge, che farà pensare a un vicino autunno molto piovoso.

Ottobre

Mese che inverte la tendenza di settembre, e registra poca pioggia e tante belle giornate, con temperature sempre gradevoli, tranne la piovosa domenica 29 ottobre, dove nel pomeriggio ci rinchiudemmo nel Bowling di Ovada.

Novembre

Mese non molto piovoso, con una prima parte piuttosto mite e soleggiata, tranne una perturbazione nei giorni 4-5 e 6, che porterà discreti quantitativi di pioggia nelle ore notturne, ma, anche per il suo scarso effetto sul territorio nazionale, porterà a dire a Caroselli che sembrerebbe che nemmeno in novembre la Depressione d'Islanda riesca a vincere l'Anticiclone, perché finora è troppo forte. In ogni caso, si avrà un venerdì 17 in cui una linea d'instabilità porterà una tremenda alluvione tra Nervi e Sori, con moltissimi fulmini e cielo nerissimo che io osserverò da Ponente, trovandomi quella mattinata nella zona di Dinegro. In ogni caso seguirà un abbassamento della temperatura. L'indomani, sabato 18, al mattino un forte nubifragio si abbatte in tutta la zona Est della città, accompagnato da forti raffiche di vento, con epicentro a Nervi, che viene allagata. Dopo una tregua, dal tardo pomeriggio una pioggia battente e una gelida Tramontana Scura, con temperatura sui 5°C, s'impadroniscono della città, insistendo per tutta la notte. Poi il tempo migliora, ma le temperature rimangono basse, con serate molto fredde, fino a 2°C. In particolare, la sera di sabato 25 sarà gelida, con circa 2°C, e io e altri miei amici soffriremo molto freddo, pure essendoci recati nella mite Bogliasco. I giorni seguenti il freddo si farà ancora più deciso, e una sera la temperatura toccherà lo 0°C.

Dicembre

Mese abbastanza strano, se non folle. Inizia proseguendo il trend piuttosto rigido consolidatosi a fine novembre, con assenza quasi totale di precipitazioni e temperature tra lo 0°C e i 7°C, con qualche mite giornata in cui si arriva fino a 13°C, come il giorno 9. Si segnala in seguito un periodo molto rigido, con cielo sempre coperto, gelida Tramontana Scura e insistente pioviggine, con temperature tra i 3°C e i 4°C. Ma la sera di giovedì 14 il vento gira a Scirocco, la temperatura sale fino a 13°C e la pioggia aumenta, fino a cessare nella notte. L'indomani la città si sveglia in una soleggiata giornata di primavera, con temperatura che arriva a 16°C. È l'inizio di alcuni giorni di ben più folle follia nel resto del Paese, soprattutto nella giornata di domenica 17, quando Bologna raggiunge 18°C e Pescara 28°C, con la televisione che trasmette immagini di gente sulla spiaggia della città abruzzese o seduti ai relativi tavolini di un bar prendendo il gelato. È arrivato uno dei più potenti Anticicloni Africani che ci abbiano mai interessato… ma nessuno avrebbe mai pensato che giungesse in pieno dicembre. In ogni caso, il tempo rimane mite, con massime nella nostra città tra 14°C e 16°C fino al giorno di Natale. Santo Stefano riporta la normalità per l'arrivo del normale Anticiclone Russo, e quel giorno, in visita al Presepe di Arquata, prendemmo già nebbia e freddo, e Genova ci accolse al ritorno con un vento gelido. I giorni seguenti il freddo si stabilizza con temperature tra i 3°C e gli 8°C, portando una notte di Capodanno fredda, secca e ventosa.

1990

Gennaio

L'inizio è sempre affidato all'Anticiclone Russo, con siccità, freddo e cielo sempre sereno, con temperature tra i 2°C e gli 8°C, ma con qualche massima più alta, fino a 11°C, nei momenti in cui cessa il vento, come il giorno 2. Verso il 10 Caroselli annuncia che l'Anticiclone Russo sarà sostituito da quello delle Azzorre, e quindi non pioverà per diversi giorni, ma invita a non parlare di siccità, perché spiega che gennaio al Nord è un mese tradizionalmente secco. Purtroppo, questo anticiclone si stabilirà su tutta l'Italia. Il giorno 11 inaspettatamente piove, fa freddo e tira una forte Tramontana Scura, e i meteorologi spiegano che questo è dovuto a un'improvvisa e temporanea avanzata verso Nord dell'Anticiclone delle Azzorre, che ha permesso una discesa di aria fredda e umida, che ha causato brevi nevicate sull'Emilia. Ma dal giorno seguente rispunta il sole e la temperatura arriva a 14°C, segno inequivocabile dell'arrivo dell'alta azzorriana. Questa persisterà per tutto il mese, con giornate molto miti, anche con massime sui 16°C, tempo secco e sempre maggiore siccità. Gli ultimi giorni del mese riesce a passare qualche nube che porta alcune deboli pioggerelle.

Febbraio

Mese completamente pazzo e inquietante. L'inizio prosegue con l'Anticiclone delle Azzorre, che porta domenica 4 una temperatura di 17°C. Solo la notte tra sabato 10 e domenica 11 si assiste a una notevole pioggia, anche se l'indomani è una tipica giornata di primavera, con una massima di 18°C, e io con amici a prendere il sole sugli scogli di Bogliasco. In seguito continua imperterrito il dominio dell'Anticiclone, ora Subtropicale, con giornate sempre serene, massime sui 16°C, ma alcuni giorni sui 18°C, e sempre più siccità, finché dal 19 in poi si arriva alla pura follia. Un anticiclone africano occidentalizzato, con geopotenziali da luglio (cioè aria calda a tutte le quote), porta giornate da giugno, specie tra il 21 e il 23, con massime di 24°C (25°C a Milano il 23), e inquietanti temperature di 22°C alle 8 di sera. L'aria è molto secca, come quella del Sahara… solo che siamo in febbraio… Verso fine mese le temperature si attenuano un poco, ma restano comunque con massime sempre sopra i 20°C, ovvero da pieno mese di maggio.

Marzo

Anche questo mese si manifesta assai siccitoso e molto più caldo del normale, con una domenica 4 che, con una massima di 23°C, ci permette di recarci sulla spiaggia di Celle affollatissima e divertirci a giocare a pallavolo. Seguono il totale azzurro e massime sempre sopra i 20°C, interrotto da una pioggia nella seconda decade, che dura solo due ore, ma viene subito evidenziata da Caroselli che dice: "È piovuto! Un po' su tutto il paese! Moderatamente! Ma la pioggia è stata accolta con sollievo da tutti!". Poi riprende la siccità più feroce che mai, con immagini della Sardegna veramente impressionanti. Si arriva verso il 25 sempre con giornate molto calde, anche con massime di 23°C, finché dal 26 la temperatura scende di pochissimo sotto i 20°C e cade qualche leggerissima pioggia, con cielo spesso grigio, che comunque a volte non riesce nemmeno a bagnare sotto le auto.

Aprile

Il primo giorno sembra che l'estate sia sempre più vicina: la luce, il cielo, il sole già forte e la massima di 23°C sembrano farcelo capire. Con temperature leggermente più basse, il bel tempo dura fino al 4. Improvvisamente, il 5 cambia tutto: arriva una giornata di pioggia intensa, forte Tramontana Scura, temperatura precipitata a 6°C, che vi rimane per tutto il giorno, e neve sopra i 500 m. È l'inizio di un mese di pioggia e di freddo, con la neve che ritorna abbondante sopra gli 800 m, e con le piste da sci che... "iniziano la loro attività... invernale...". Si segnala in particolare un violento nubifragio la vigilia di Pasqua, 14 aprile, con pioggia forte per tutto il giorno e molti allagamenti. Pasqua è grigia e fredda, con temperatura che non sale sopra i 12°C, Pasquetta un po' meglio, con un bel pomeriggio soleggiato e temperatura sui 16°C. In seguito sulla nostra regione si abbattono altri nubifragi e molte grandinate, che portano qualche mattinata a segnare 5°C. Tutto questo dura fino a sabato 28. Domenica 29 sembra esplodere la vera primavera, con sole, caldo e massima sui 22°C, e analogamente il giorno 30.

Maggio

La siccità, che con aprile sembrava avere subito un'inversione di tendenza, si manifesta nuovamente e in modo sempre più drammatico. In tutto il mese, su Genova cadono 4 mm di pioggia, frutto di un temporalino notturno verso fine mese. Il giorno 1 sembra già estate, con temperatura di 23°C, e spiagge già affollate. Per tutto il mese prosegue il bel tempo con temperature massime tra i 18°C e i 25°C, ma senza eccessi, rarissime giornate grige e temporalini assai isolati solo sulle cime dei monti (più sensibili a questi fenomeni). Solo domenica 27, procedendo in macchina con amici verso Nervi, a Est di Quarto si abbatte un violento temporale con grandine. Ma poi, decidendo di andare verso l'interno, scopriremo che da Sturla in poi, e pure nell'entroterra, non è caduta la minima goccia d'acqua.

Giugno

Mese con i primi 20 giorni caratterizzati da qualche nuvola e qualche piovasco, che in ogni caso non riesce a bagnare la parte sottostante delle auto posteggiate, alternate a molte giornate di sole e piuttosto calde, ma senza eccesso. Verso il 20 sembra imminente l'arrivo di alcune perturbazioni, che potrebbero portare le vere piogge, ma una sera Caroselli smentirà affermando che sta per arrivare un potente anticiclone subtropicale, e pronuncerà la seguente frase: "È inutile che si aspettino adesso le piogge! D'estate non può piovere! Ci saranno temporali sulle Alpi, perché d'estate piove sulle Alpi, ma non altrove!". Sinceramente, non ho mai capito il perché di questa affermazione che fece in quei giorni ormai lontani, anche perché certe estati successive smentiranno clamorosamente la sua asserzione, così come l'avevano smentita molte estati precedenti. In ogni caso, il giorno 21 il caldo aumenta e raggiunge punte notevoli, e fino al 25 si ha una serie di giornate con temperature che raggiungono i 32°C, e col terreno che diventa sempre più secco. Precipitazioni, sotto forma di locali temporali, si avranno solo in alcune zone montuose o al massimo collinose, e lontane dal mare.

Luglio

Inizio molto caldo sulla falsariga di fine giugno, con temperature che a volte superano anche i 30°C, e gran siccità generalizzata. Domenica 8 luglio, recandomi a Gavi Ligure, constato la tremenda aridità in cui si trova la campagna, e al ritorno, fermandomi un poco al Passo della Castagnola, noto che il terreno è diventato come polvere, e le piante stanno soffrendo molto. Nella seconda decade si ha qualche breve temporale, ma con solo poche gocce, e precipitazioni un po' più cospicue solo in montagna. L'ultima decade è un trionfo di caldo e siccità su tutto il paese, con temperature che in città a volte superano i 30°C, con qualche punta di 32°C. Il giorno 29, partendo per una gita a

Barcellona, sul pullman veniamo sorpresi da un violentissimo nubifragio nella zona di Marsiglia, ma quando alla sera telefono a casa scopro che a Genova non è successo nulla. In ogni caso, il giorno 31 nel pomeriggio finalmente sulla città si abbatte un temporale, che colpisce specialmente il centro e la zona Est, e scarica 14 mm di pioggia, già qualcosa in quei tempi di siccità.

Agosto

Mese che, pur non risolvendo affatto la siccità, comincia a presentare i primi cambiamenti. Il giorno 2, per effetto di un particolare Fohn (che non crea diminuzione dell'umidità atmosferica, perché di lontana provenienza dal Mediterraneo Centrale), scoppia un caldo terribile su tutta la città, con massima di 35°C nelle zone più fresche e in riva al mare, e 38°C nel centro e nella maggior parte dei quartieri. Ricordo di non avere mai più sentito un caldo simile a Genova, nemmeno nella famosa estate 2003 (vedi), e neppure il 7 agosto 2015, quando si raggiunsero i 38.7°C, ma con un normale e secchissimo Fohn. Le massime si mantengono fino a 33°C-34°C anche nei tre giorni successivi, finché arriva il primo guasto importante, con tre giorni in cui si verificano nubifragi e violenti temporali, ma molto localizzati (per esempio, pioverà molto tra Nervi e Recco, ma poco in centro e a Ponente). Di conseguenza, i boschi continuano a bruciare, e tale anno segnerà un record per gli incendi nella nostra regione. Dopo qualche bella giornata, ma meno calda, con temperature al massimo di 27°C, dal 13 al 15 arriva una nuova crisi temporalesca, ma con piogge non abbondanti, benché persistenti e di lunga durata, e continuo brontolio del cielo. Seguono giorni più soleggiati e miti, ma sabato 25 sembra arrivare una notevole perturbazione, che in ogni caso sarà l'ennesima delusione, poiché il giorno seguente, pur con tempo perturbato, cadranno in centro solo 15 mm di pioggia, e ancor meno nel Ponente (circa 8 mm a Sestri), e si avranno 60 mm solo nella zona di Molassana, tanto che quel pomeriggio riuscirò ugualmente ad andare con amici alle Capanne di Marcarolo, constatando purtroppo che in quella zona le piogge precedenti non si sono verificate, e che la terra è sempre più polverosa. La sera del 28, recandomi con amici al Festival del Cinema dei

Parchi di Nervi, saremo sorpresi da un violento temporale, con molte scariche elettriche (e molta personale paura, dato che ci trovavamo all'aperto). Tornando verso il centro, già a Sturla troveremo tutto asciutto.

Settembre

Mese in cui la siccità si aggrava, e il Lago del Brugneto comincia a diventare un'attrazione turistica per l'affiorare delle case di quei piccoli paesi che negli anni '50 erano stati fatti evacuare e sacrificati per creare un invaso per l'acqua alla città di Genova. A fine mese sul lago sono rimasti solo 2,5 milioni di metri cubi d'acqua, contro i normali 12 milioni. Occorrono piogge abbondanti e durature. Il giorno 24 La Gazzetta del lunedì (al tempo di lunedì il Secolo non usciva) intitola così un articolo: "Se non piove è un dramma!". Questa è stata la più grave siccità che abbia colpito Genova e tutto il nostro paese da quando sono iniziate le misurazioni meteo. Piove in modo normale solo a Nord delle Alpi. Purtroppo si verificherà un acquazzone solo nella mattinata di sabato 15 settembre, e il tempo per tutto il mese rimarrà secco e soleggiato, con qualche giornata nuvolosa. Da segnalare qualche serata con forti rovesci in centro, ma nulla a Ovest di Sampierdarena. La prima vera giornata di pioggia si avrà solo domenica 30, in cui la debole precipitazione sarà distribuita in tutta la giornata, con temperatura già più bassa, sui 18°C-20°C.

Ottobre

Fino al 2 non cambia nulla, ma la sera del 3 un forte nubifragio si abbatte su tutta la città, che proseguirà sino alle 17 del giorno 4, con moltissime scariche elettriche, scaricando oltre 200 mm di pioggia a Est di Samperdarena fino al Golfo Paradiso, circa 100 nella zona di Sestri e solo 30 a Voltri. (Sarà però l'ultima pioggia così orientalizzata). Il Bisagno riprenderà a essere fiume, dopo tanto tempo di secca. Seguono due giorni d'intervallo e poi una forte perturbazione il giorno di domenica 7, in cui su tutta la regione cadranno circa 120 mm di pioggia. È l'inizio di un mese di forte maltempo, con frequenti temporali e nubifragi. Purtroppo una sera, durante un violento temporale, una ragazza di Pegli che stava telefonando muore fulminata. A fine mese si conteranno circa 600 mm in Piazza della Vittoria, e su tutta la nostra regione la passata siccità sarà in via di risoluzione. Le temperature iniziano a diminuire considerevolmente, ma in modo altalenante. Il giorno 14, dopo che la giornata precedente una grave alluvione aveva colpito la Val Fontanabuona, sarà una splendida giornata di sole, e la seconda visita di Papa Wojtyla avverrà sotto un tempo estivo, con massima di 25°C. Il giorno seguente sul Secolo uscirà un articolo sull'inquietante aumento della temperatura, con previsioni di Effetto Serra e desertificazioni diffuse, in cui verrà affermato che l'Italia diventerà in breve tempo un paese tropicale: niente neve d'inverno, poca pioggia, e avanzamento del deserto... Ma già dal lunedì la temperatura diminuisce, e arrivano altre piogge e temporali, e la settimana successiva (dopo una domenica 21 fresca e un poco grigia, in cui, recandomi per castagne vicino alla Madonna del Bosco, sopra Uscio, constaterò con piacere la natura rinvigorita dalle piogge e il terreno nuovamente umido) arriverà un martedì 23 con pioggia fine, Tramontana Scura e temperatura sui 7°C-8°C. Verso fine mese si avrà un leggero aumento della temperatura, che si assesterà sui 17°C-18°C, con frequenti rovesci, come domenica 28.

Novembre

Il giorno dei Santi è una giornata primaverile, con la temperatura che arriva a 21°C. Seguirà un nuovo aumento della pressione, che produrrà un periodo di 20 giorni senza piogge, ma con cielo grigio e temperature tra i 15°C e i 18°C, finché, dopo il 18, il tempo subirà una decisa svolta, con l'arrivo di tantissima pioggia su tutto il nostro paese, con una forte acqua alta a Venezia. Nella nostra città si avranno molti nubifragi da giovedì 22 a domenica 25, in cui cesserà di piovere solo nel tardo pomeriggio. Questo forte peggioramento sarà anche accompagnato da un deciso abbassamento della temperatura, con domenica 25 che sarà caratterizzata da una temperatura che scenderà fino a 7°C. Da quel giorno praticamente arriva l'inverno. Seguiranno infatti giornate serene ma già fredde, con temperature che oscilleranno tra i 4°C e gli 8°C. In ogni caso, a fine mese la televisione metterà in evidenza il contrasto tra la passata siccità e l'arrivo di piogge così abbondanti come non succedeva da anni.

Dicembre

Mese costantemente freddo, con molte occasioni per forti precipitazioni. I primi giorni sono tersi e freddi, con temperature tra i 3°C e gli 8°C, e forte vento. Il giorno 7 arriverà una nuova intensa perturbazione, che porterà tanta pioggia in città, con una temperatura tra i 2°C e i 4°C, e tantissima neve nell'immediato entroterra e in Piemonte, dove avrà inizio uno degli inverni più rigidi degli ultimi tempi, con la neve che si scioglierà solo a fine febbraio '91. Seguono giornate costantemente rigide e molto ventose, tra cielo sereno, nuvole e piogge, con temperature tra i 2°C e i 7°C. In particolare, il giorno 24 e il giorno di Natale saranno molto grigi, freddi e ventosi, con temperatura incollata a 5°C, ma solo nelle zone più calde della città. Seguirà un'intensa pioggia dal pomeriggio di Santo Stefano, con Tramontana Scura e temperatura sui 3°C, e poi continue piogge e freddo sino a fine anno, quando solo nella notte di San Silvestro lo Scirocco inizierà a sostituirsi alla Tramontana Scura, sempre con pioggia, ma con temperatura che salirà sino ai 10°C della mezzanotte.

1991

Gennaio

Dopo l'aumento della temperatura della notte di Capodanno, il mese prosegue mite e quasi sempre grigio, con diverse piogge molto moderate ma abbastanza persistenti, e temperature tra i 7°C e i 13°C. Dopo il 15 ritorna un tempo più sereno e più freddo, con temperature medie comprese tra 3°C e 9°C, e serate ventose per fredde correnti da NE. Verso fine mese la temperatura subisce un ulteriore abbassamento, pur con tempo sereno, e temperature che si stabiliscono tra 2°C e 7°C.

Febbraio

Uno dei mesi famosi per il grande freddo. Già nei primi giorni la temperatura si stabilisce tra 0°C e 3°C, con venti gelidi che intensificano la sensazione di freddo. Il giorno 4 sta per arrivare un'intensa ondata di Burian Siberiano. Il giorno dopo, con una temperatura sullo 0°C, il cielo si copre e nel pomeriggio nevica sulla città, con accumulo scarso. Segue un giorno di tregua con temperature molto basse, sotto lo zero, e poi la gelida giornata di giovedì 7 febbraio, quando su tutta la città si abbatte una bufera di neve fine e non troppo intensa, aumentando nel procedere da Ponente a Levante. Le temperature per tutto il giorno viaggiano tra i –2°C e persino i –8°C, anche nei quartieri meno freddi. Il vento è intenso e la città sembra essersi trasferita nel Nord Europa. In quello stesso giorno, si hanno punte di –20°C in molte località della Pianura Padana, con moderata neve. In serata la nevicata s'intensifica ovunque, e tutti i quartieri genovesi vanno sotto i –4°C. La nevicata sarà molto intensa nella solitamente mite Riviera di Levante, con temperature eccezionali di –4°C, vento di Burian e Chiavari sepolta da circa 30 cm di neve. Il giorno dopo la Liguria si sveglia imbiancata ma col sole, e la temperatura risale fino a 5°C di massima. Dal giorno 8 al giorno 15 si avranno temperature eccezionalmente basse persino in città solo moderatamente fredde (ma senza eccesso) come Milano, con valori minimi tra i –13°C e i –14°C. A Genova il tempo rimane normalmente invernale, con temperature tra 3°C e 6°C, ma con qualche punta di 10°C prima del passaggio delle perturbazioni, come la sera di domenica 10. Anche domenica 17 risulterà molto fredda e anche piovosa, con massima di 6°C e tanta Tramontana Scura. Il freddo dura sino al 20, e successivamente la temperatura inizia ad aumentare, raggiungendo valori tra i 7°C e i 14°C.

Marzo

Mese che ha ben poco da raccontare. Temperature sempre piuttosto miti, tra 9°C e 17°C, giornate spesso nuvolose e discrete piogge, specialmente nella notte tra il 26 e il 27, alternate a qualche bella e piacevole giornata tipica d'inizio primavera.

Aprile

Uno dei mesi più folli da quando si sono iniziate a effettuare osservazioni meteorologiche. L'inizio è una splendida giornata di Pasquetta, con tanto sole e temperatura tra i 10°C e i 17°C, seguita da altre giornate miti, con nuvole alternate a sole. Questo tipo di tempo dura fino al giorno 16, interrotto da qualche breve acquazzone. Il 17 arriva aria direttamente dal Polo Nord, e quella mattina, andando a lavorare al Liceo Marconi di Chiavari, compio il tragitto sotto una gelida pioggia e una temperatura tra i 3°C e i 5°C, e neve sopra i 300 m. Praticamente, dall'autogrill di Bogliasco, si vedevano vicinissimi i prati innevati. Per alcune ore nevica intensamente su tutta la Pianura Padana, Milano compresa – ma fin qui... sembrerebbe una normale ondata di freddo tardivo stile 25 aprile 1972, in cui nevicò a Torino. La follia arriva nei giorni successivi. Praticamente fino al 10 maggio, la neve caduta sulle colline del Monferrato non si scioglie, e è uno strano spettacolo osservare una natura già avanti ma molto imbiancata dalla neve, tanta neve, come in pieno inverno. Anche in città col freddo non si scherza: temperature ovviamente non da neve, ma sempre sotto i 10°C, con una pioggia intensa e fredda nel pomeriggio di sabato 20.

L'ultima decade registra mattinate di tipo invernale, ventose e gelide, con temperature sui 3°C, e massime non oltre 14°C nelle belle giornate. Nel Basso Piemonte si hanno sempre minime sottozero e massime fino a 5°C soltanto, che permettono la conservazione della neve.

Maggio

La prima decade è ancora più folle dell'ultima di aprile. Anche sulla Riviera si registrano mattinate gelide, e in una di esse, sempre andando al liceo di Chiavari, ma trovando posteggio lontano, patisco un freddo terribile, pur con cappotto e sciarpa, con vento, fortissima umidità e temperatura di 2°C. A Genova sabato 4 piove per tutto il giorno, e la temperatura si assesta sui 5°C, nevicando ovviamente già al Passo del Turchino. L'indomani, essendo uscito un poco di sole, vado con amici ai piani d'Invrea per rendermi conto dei danni del disastro della Haven (accaduto il 17 aprile), e la temperatura è sui 12°C. Ben presto il cielo diventa nero e inizia a cadere una gelida pioggia, con la temperatura nuovamente a 5°C, e quindi fuggiamo velocemente. Nella seconda decade il termometro si alza un poco, ma rimanendo sempre sotto i 16°C, e con minime a volte basse, e il tempo è caratterizzato da continui rovesci e forti temporali. Dopo il 16 migliora un poco, la temperatura rimane sempre fresca, ma arriva fino a 20°C negli ultimi giorni del mese, con tempo più sereno e temporali più occasionali.

Giugno

Mese molto piovoso, specie nella prima decade, in cui si registrano precipitazioni frequenti, abbondanti e spesso di lunga durata, con temperature tra i 17°C e i 20°C. Le piogge e i temporali non mancano nelle due successive decadi, ma sono intervallate da tre-quattro giorni di tempo buono, con temperature più estive, al massimo sui 23°C-24°C. Solo nell'ultimo giorno del mese si assiste a un deciso incremento della stabilità, con caldo in aumento fino al raggiungimento dei 30°C.

Luglio

Mese caldo e splendido, con diverse puntate di massime sopra i 31°C, cielo quasi sempre sereno e umidità mai troppo elevata. Il tempo si mantiene fortemente stabile per tutto il mese, interrotto solo il 30 e il 31 da un intenso passaggio perturbato, che accumulerà oltre 100 mm di pioggia su tutta la città, con punte di 140 mm in alcuni quartieri.

Agosto

Dopo la forte perturbazione di fine luglio, il tempo riprende con una stabilità ancora più marcata e totale assenza di piogge per tutto il mese, tranne qualche goccia il giorno 23. Si regista qualche punta di 31°C, ma il tempo in generale è caldo sui 28°C-29°C di massima, con accentuazione del disagio solo nella terza decade, a causa di un forte aumento dell'umidità relativa.

Settembre

La prima decade è totalmente estiva, una specie di prosieguo del trend dell'ultima decade di agosto, con punte di 29°C. Improvvisamente, il giorno 11 cambia tutto, per una perturbazione non troppo annunciata, ma che nella tarda mattinata causa un'ora e mezza di violentissimo nubifragio sulla città, a cui segue un altro ancora peggiore dalle 3 alle 5 del pomeriggio. Segue una tregua serale, durante la quale, passando con la macchina sul Ponte Morandi dell'Autostrada sopra Certosa, vedo uno spettacolo di fulminazioni che praticamente mi circonda, e si fa sempre più forte. Arrivo a casa alle 22 che non piove ancora. Dopo un'ora si scatena uno dei peggiori temporali e nubifragi della storia meteo della nostra città, soprattutto per l'intensità dei fulmini e dei tuoni: una vera notte da tragenda! L'indomani altri nubifragi, con gli ultimissimi la mattina del 13. Il risultato è dato da torrenti sull'orlo dell'esondazione, frane diffusissime, strade interrotte un po' ovunque sulla città. La temperatura si assesta sui 21°C-22°C. Segue un periodo piacevolmente caldo e soleggiato, con una pioggia notturna solo lunedì 22, caratterizzato da temperature tra i 18°C e i 25°C. Giovedì 25 arriva una nuova potente perturbazione, con pioggia molto intensa al mattino, e io e un mio amico medico soccorriamo presso Celle un automobilista incidentato causa slittamento per maltempo. Dalla sera il maltempo si intensifica, con nuova abbondante pioggia, che prosegue per tutto il giorno di sabato 27, quando alla sera, andando con un mio amico a vedere "The Doors" in centro, usciamo dal cinema a mezzanotte in uno spettacolo di lampi e tuoni, e qualche rovescio di pioggia. L'indomani sapremo che in quelle ore si stava scatenando una grave alluvione su Nervi, con molti danni nella zona del porticciolo. Segue una tregua, ma dal pomeriggio di domenica 28 un'altra intensa pioggia si abbatte sulla città, e farò molta fatica a guidare in Corso Europa tornando da Recco. Il diluvio prosegue per tutta la notte, fermandosi al mattino, coi torrenti al limite dello straripamento, e riprendendo una pioggia fine nel pomeriggio.

Ottobre

Il giorno 1 è una giornata decente, con temperatura mite, e due miei amici possono sposarsi a Santa Maria di Castello con un tempo clemente. Il rinfresco nel chiostro sarà piacevole anche per la temperatura veramente all'optimum climatico, sui 22°C. L'intervallo è però breve, perché seguirà una lunga serie di giornate piovose, con temporali e nubifragi. Soltanto dopo il 15 il tempo migliorerà un poco, ma non mancheranno annuvolamenti e brevi piogge. Nella terza decade si assiste a un deciso abbassamento della temperatura, con cielo spesso grigio, e temperature tra 10°C e 12°C, fino a una vigilia dei Santi fredda, grigia e ventosa, con temperatura tra 8°C e 10°C.

Novembre

Il giorno dei Santi è molto freddo per il periodo, con temperature tra gli 8°C e i 10°C. Seguono giornate un poco più miti, spesso grige e piovose, con precipitazioni anche abbondanti. Un intenso maltempo c'interesserà nei giorni 13, 14 e 15, con fiumi nuovamente al livello di guardia, e temperatura già bassa, tra i 7°C e i 10°C. Fino a domenica 23 si hanno giornate grige con qualche pioggia e temperature abbastanza basse, al massimo di 12°C. Dopo tale domenica il tempo migliora per l'arrivo inaspettato di un'Alta pressione delle Azzorre, che porta belle giornate e temperature sempre più miti, anche se freddine al mattino.

Dicembre

Nella prima decade arriva un'ondata di freddo piuttosto intensa, ma poco duratura (4 giorni), in cui il termometro scenderà sino a –1°C e certi giorni non salirà sopra i 4°C. Ma ben presto ritorna un potente anticiclone azzorriano con radici subtropicali, che porta 20 giorni di tempo stabile e mite, alternato a giornate di grigia maccaja, con temperature fino a 15°C nei periodi soleggiati, e una temporanea giornata più fredda (sugli 8°C) il giorno 29. Il Natale '91 sarà quindi primaverile, così come tutto il periodo sino a fine anno, ma con nebbie dense e gelate per inversione termica sulle pianure e sulle valli più incassate.

1992

Gennaio

Mese nel complesso molto mite, spesso grigio ma assai poco piovoso, con una breve ondata di freddo tra il 18 e il 24, con una minima di 0°C e una massima di 4°C il 22, e qualche debole fiocco di neve il giorno successivo. Da segnalare tantissima nebbia in Pianura Padana.

Febbraio

Mese che è una specie di fotocopia di gennaio, con una brevissima ondata di freddo nei giorni intorno al 20, con minime fino a 0°C, e un certo incremento della temperatura a fine mese, con gli ultimi due giorni che presentano massime sopra i 18°C e tanto sole già primaverile. Assenza quasi totale di precipitazioni causa alta pressione subtropicale molto invadente e persistente.

Marzo

Prosegue la siccità invernale sino al giorno 25, con giornate spesso piene di foschia, al limite della nebbia, e temperature molto miti, con minime sui 10°C e massime sui 15°C -16°C. Dopo il 25 hanno inizio i primi cambiamenti dopo oltre tre mesi di siccità quasi assoluta, con un anticiclone "dei 100 giorni" abbastanza simile a quello di 2 anni prima. Già dal 25-26 le prime piogge si manifestano localmente su alcune zone della Liguria e del Nord Ovest, e venerdì 27 la prima pioggia, seppur moderata, rompe su Genova l'egemonia anticiclonica. Domenica 29, recandomi nei pressi dei Laghi di Fiorino, constato che è rimasta veramente poca acqua. Per fortuna, martedì 31 arriva la prima vera perturbazione, con un'intera giornata di pioggia, che dà sollievo alla natura proprio nel periodo del suo risveglio.

Aprile

Mese piuttosto fresco e molto piovoso. Fin dal primo giorno le perturbazioni atlantiche hanno ormai via libera per entrare sul Mediterraneo, e portano molti giorni di pioggia e temporali. In particolare il giorno di Giovedì Santo, 16 aprile, piove per tutto il giorno e la temperatura oscilla tra i 7°C e i 14°C. Dopo una Pasqua e Pasquetta soleggiate, si hanno altre piogge, seguite da schiarite e tre giorni con precipitazioni a fine mese, con temperature tra i 12°C e i 17°C.

Maggio

Dopo i primi due giorni miti e soleggiati e una breve precipitazione nella notte del 3, dal pomeriggio di questa domenica il termometro si alza fino a 24°C. Segue un'intensa ondata di caldo praticamente estivo, accompagnato da giornate serene, con qualche temporale saltuario, per lo più di calore, e temperature che raggiungono i 28°C e, soprattutto, i 30.5°C il giorno 15, quando in serata s'inaugura il Ducale, restaurato per le Colombiane, con una temperatura di 30°C alle 22, e un'afa soffocante. In seguito il caldo diminuisce un poco, ma sempre con qualche punta di 27°C -28°C, e le prime piogge vere, che rinfrescano un poco l'atmosfera portando una bellissima e mite domenica 24 maggio, con temperatura massima sui 21°C. Seguono altre piogge e un altro abbassamento della temperatura, con una nuova bella e mite domenica il giorno 31.

Giugno

Mese molto perturbato, con continue piogge e temporali, e temperature fresche. Una prima fase di frequentissime precipitazioni si ha fino al giorno 13, con i prati del Monte Fasce che sono di un verde che più verde non si può...., poi una breve tregua e una nuova giornata molto perturbata domenica 21, con fortissime piogge per tutto il giorno in tutta la Riviera di Ponente. La mattina del 24, verso le 11, arriva dal mare un violentissimo temporale e nubifragio che scarica oltre 60 mm di pioggia, rimanendo in seguito il tempo variabile con improvvise nuvole e pioggerelle. Gli ultimi giorni del mese sono caratterizzati da continui temporali, specie serali, con notevoli scariche elettriche, e temperatura che si assesta sui 18°C -20°C.

Luglio

Fino al giorno 11 è uno dei più freschi e piovosi di sempre, con giornate sempre grige, piogge di tipo quasi invernale, e temperature che oscillano tra i 17°C e i 19°C. Sabato 11, dopo l'ennesima forte pioggia durante la notte e in mattinata, facendo un giro nelle campagne vicine constato che i fiumi sono in piena come se fossimo in ottobre. L'indomani è comunque una splendida giornata, con temperatura ancora molto mite, con massima sui 23°C. Poi s'instaura l'Anticiclone delle Azzorre, portando tempo soleggiato e giorno per giorno sempre più caldo, con un breve acquazzone solo nel pomeriggio di domenica 26, dopo di cui il tempo assume caratteristiche molto estive, con caldo e afa, e temperature fino a 31°C.

Agosto

I primi 9 giorni sono caratterizzati da temperature molto alte, con minime sui 23°C-25°C e massime sui 32°C-34°C, con forte umidità e afa insopportabile, che causerà molti disturbi cardiaci ai soggetti più predisposti. In particolare, domenica 9 è veramente terribile, con una minima di 25°C-26°C e una massima di 33°C-34°C. Per fortuna, un breve temporale nella notte successiva pone fine a questo incubo, e dopo il passaggio perturbato il tempo è nuovamente soleggiato, ma con temperature tra i 20°C-21°C di minima e i 28°C di massima. Il giorno di Ferragosto arrivano le prime nuvole, e nella notte successiva si scatena un violento temporale sulla città. Seguono giornate più soleggiate, con un nuovo incremento della temperatura, ma sempre nei limiti della normalità, e tantissimo caldo in Pianura Padana e in Europa Centrale (con Vienna a 37°C), e un giorno 20 caratterizzato dal ritorno da una breve vacanza a Grindelwald (Svizzera) sotto un sole spietato, accorgendomi in una sosta in una torrida Bellinzona che tutto il cioccolato comprato si era completamente sciolto. Sabato 29, verso sera, un nuovo violento temporale si scatena sulla città, con un tornado sulla Festa dell'Unità della Foce.

Settembre

L'inizio è caratterizzato da giornate piacevolmente calde e soleggiate. La mattina del 10 arriva la prima ondata temporalesca, con pioggia intensa e un violento nubifragio che allaga molti negozi di ceramica ad Albisola. Seguono giornate ancora calde e soleggiate, che durano sino al giorno 21. Il 22 il cielo è coperto, e si nota che è molto scuro a Ponente. Savona viene colpita da una tremenda alluvione, con 350 mm di pioggia che vi si sono scaricati in un pomeriggio. In tarda serata arriva un violento temporale anche su Genova, con una quantità incredibile di fulmini. La televisione dirà che quel giorno sono caduti sulla Liguria 48000 fulmini. Seguono giornate di tregua, con qualche pioggia residua, e una nuova perturbazione è annunciata per domenica 27. Quella mattina mi reco in centro città, il cielo è coperto e un poco plumbeo, ma nulla lascia pensare a quanto sta per accadere. Verso le 11:30 inizia a piovere, con tuoni e lampi sempre più intensi, e in breve tempo la pioggia diventa a carattere torrenziale. Passando davanti alla stazione Principe, noto che piove talmente forte che quasi non si vede. Arrivo a Sestri che diluvia, e continuerà senza sosta per tutto il primo pomeriggio, fino alle 16:30, con continui fulmini e tuoni, ed epicentro nella zona orientale della città. Nonostante tutto, con alcuni amici decidiamo di andare al Bowling di Bolzaneto, e ci dividiamo in due macchine. Arrivo con una mia amica fino a Cornigliano, con pioggia sempre più intensa e acqua che arriva alle portiere, e quindi decidiamo di fare dietro front. Sapremo che anche l'altro equipaggio avrà preso la stessa nostra decisione. Esonderà il Bisagno e lo Sturla, e quest'ultimo purtroppo porterà via una donna con la nipotina. Dopo una breve diminuzione della pioggia (16:30) arrivano nuovi fulmini e cielo nerissimo da Ovest, che paiono le immagini di una tempesta tropicale, e un altro diluvio si abbatte sulla città, questa volta presentando veramente una furia degli elementi. La pioggia proseguirà fino alle 6 del mattino del 28, sempre intensa, ma per fortuna meno torrenziale. A Sestri in tutto cadranno 300 mm, mentre in centro circa 450, e sicuramente sui rilievi della Val Bisagno e della Valle Sturla anche 700 mm. Seguiranno due giorni molto freschi (18°C -22°C), con una nuova forte pioggia la sera del 30.

Ottobre

Continua il periodo piovosissimo. La sera del 2 sono in Piazza Matteotti sotto un diluvio da cui per ripararsi non basta nemmeno l'ombrello, e arrivo alla macchina posteggiata fradicio. Tornando a Sestri, vedo tantissimi fulmini che picchiano sui pendii del Monte Gazzo. Seguono continui diluvi, fiumi al limite dell'esondazione, alluvioni sparse in tutta l'Italia, continua acqua alta a Venezia, e dopo che gli anni precedenti i mass media avevano parlato del rischio desertificazione, una seria nel TG1 verrà pronunciata questa frase fatidica, ma molto più reale: "Alle siccità degli anni '80, gli anni '90 rispondono con lo straripamento dei fiumi...". Domenica 18 ottobre è una splendida giornata d'intervallo, ma con temperatura già molto fresca, e martedì 20 ottobre pioverà tutto il giorno, con temperatura incollata a 5°C, con il Secolo XIX che il giorno seguente evidenzierà "la rapida corsa verso l'inverno". Verso fine ottobre le precipitazioni diminuiscono d'intensità, e trova lo spazio un poco di sole, ma la temperatura rimane sempre piuttosto bassa, intorno ai 10°C.

Novembre

Mese molto meno piovoso e anche più mite, con temperature sempre sopra i 10°C, con punte di 18°C-19°C in qualche giornata più calda. Il cielo è comunque spesso grigio, e l'alta pressione che c'interesserà nei primi 10 giorni porta ben poco sole, con sabato 7 novembre in cui, recandomi a Verezzi, la trovo immersa in una fitta nebbia, come molti altri paesi delle colline immediatamente prospicienti la riviera. Nella seconda decade il tempo peggiora, con una giornata di pioggia continua domenica 15 e temperatura che in serata scende sino a 7°C, con Tramontana Scura. Segue un tempo sempre mite sino a fino mese, con pochissime piogge, limitate a brevi e rari piovaschi.

Dicembre

Nei primi 15 giorni, pur rimanendo la temperatura abbastanza mite (al massimo scende a 7°C), ritornano le piogge, piuttosto abbondanti il 5 e il 7. Nel periodo successivo si assiste a un abbassamento della temperatura, che sarà più deciso a iniziare dalla terza decade, con un

Natale abbastanza freddo, e i giorni successivi sereni, ventosi e freddi, con temperature in genere tra 2°C e 7°C, con una punta sui 10°C solo il 31.

1993

Gennaio

Dal tardo pomeriggio di Capodanno, il freddo si intensifica, con temperature basse tra 0°C e 3°C, con una domenica 3 gelida e un lunedì 4 in cui la temperatura per tutto il giorno segna 1°C, con vento forte e gelido e cielo sereno. Dalla notte del 5 si fa strada l'Anticiclone delle Azzorre, e quindi gradualmente la temperatura aumenta, provocando un tempo molto più mite e spesso grigio, con temperature che ben presto si assestano tra 10°C e 16°C, e quindi ben poco invernali, e con piogge rarissime e solo occasionali e sporadiche. Questa situazione dura sino a fine mese.

Febbraio

La prima decade è un prosieguo di gennaio, ma con tempo spesso più soleggiato, e temperature sempre assai miti, tra 9°C e 16°C, che permettono le prime anticipatissime fioriture. Nella seconda decade il tempo migliora ancor di più, con una domenica 14 soleggiatissima e praticamente primaverile, con massime sui 17°C-18°C, e la televisione che annuncia che gli inverni diventeranno sempre più miti. Solo domenica 21 il tempo inizia a cambiare, per l'arrivo di aria fredda da NE, e si registra il primo lieve abbassamento della temperatura, che prenderà vigore i giorni successivi, con minime anche di 0°C e massime sui 5°C-6°C. Domenica 28 sarà una giornata grigia e caratterizzata da pioviggine, con temperatura sui 5°C e tantissima neve sopra i 500 m.

Marzo

Mese molto strano. I primi 7 giorni sono freddi e piovosi, con temperature sempre sotto gli 8°C e discreti accumuli precipitativi. Domenica 7 spunta il sole, e recandomi sul Monte Beigua constato la grande quantità di neve caduta. Ben presto il tempo cambia e sopraggiunge un'alta pressione subtropicale, che causerà tempo grigio e molto mite sul versante costiero, con temperature tra 14°C e 16°C, e un'improvviso esplodere di un caldo fuori stagione sulla Pianura Padana e nel versante Nord, con temperature massime che domenica 14 si avvicineranno ai 30°C, e fortissimo e precoce scioglimento della neve sulle Alpi. Segue un periodo mite e grigio, e verso fine mese un improvviso ritorno del freddo, con nuova neve sulle Alpi, che permetterà di andare nuovamente a sciare, come farò io con amici domenica 28, trovando moltissima neve fresca e in buono stato a Pratonevoso. I giorni successivi sono discreti, con temperature nella norma climatica, tra 8°C e 14°C-15°C.

Aprile

Fino al 7 il tempo è abbastanza discreto e fresco, con spazio al sole. Verso l'8 arriva il primo guasto, in occasione dei giorni precedenti la Pasqua, con piogge e qualche temporale. Segue un pomeriggio di Pasqua (11 aprile) abbastanza soleggiato, coi primi annuvolamenti in serata, avvisaglia di quanto accadrà nella notte di Pasquetta, caratterizzata da un violento, lungo e intenso temporale grandinigeno, che farà scendere la temperatura a 6°C. In ogni caso, la Pasquetta vedrà abbastanza sole fin dal mattino, ma con qualche nuvola passeggera apportatrice di brevi rovesci. Seguirà un periodo di tempo variabile, perturbato a tratti, ma senza eccesso, arrivando al 23 aprile, quando verrà previsto un intenso peggioramento per il 25, che non andrà in porto per una certa resistenza dell'alta pressione a Est della penisola, e tutto si risolverà con piogge normali. Fine mese sarà abbastanza mite e variabile.

Maggio

Dopo un Primo maggio con un'abbondante precipitazione, ma non del tutto senza sole, segue un periodo piuttosto piovoso, ma senza precipitazioni di grande intensità, che termina il giorno 20 con un forte rovescio verso le 13 e altri giorni di pioggerelle. Segue una fine mese variabile con temperature perfettamente nella norma.

Giugno

Dopo un nubifragio nel tardo pomeriggio del 2 (ma non eccessivo), arrivano dieci giorni di caldo, con la temperatura che un giorno raggiunge anche i 28°C, e minime sui 18°C-20°C. Seguirà una seconda decade più mite, con assenza totale di piogge, e diverse belle giornate. L'inizio della terza decade sarà caratterizzato da nubi e sgocciolii di pioggia fino al 24, e in seguito sole e temperatura in aumento, ma che non raggiungerà mai i 30°C.

Luglio

I primi giorni sono sereni e registrano un aumento della temperatura, che raggiunge l'apice di 33°C domenica 4. Seguono giorni meno caldi e sempre soleggiati, quando dalla notte di sabato 10 arriva una forte perturbazione che porterà molta pioggia e mareggiata per tutto il giorno, e continuazione fino a mezzogiorno della domenica successiva. Seguiranno giorni instabili, con brevi temporali, ma senza piogge degne di nota, con un grigio pomeriggio di lunedì 19. Dopo si avrà tempo piuttosto stabile e piacevolmente caldo, ma con qualche fenomeno domenica 25, quando nel Finalese e nell'Albenganese in serata si abbatterà un violento nubifragio.

Agosto

Prima decade prevalentemente soleggiata e calda, ma senza eccesso. Non manca qualche giornata grigia, come domenica 8, durante la quale un violento nubifragio bis si abbatte nelle stesse zone che ne sono state interessate domenica 25. Dopo il 10 scoppia un gran caldo su tutta l'Europa centrale e meridionale, con temperature che diversi giorni a Genova sfiorano i 32°C, con minime alte. In particolare, partendo per Vienna col pullman il 14 agosto, troverò un gran caldo sulla Pianura Padana, e la capitale austriaca mi accoglierà alle 8 di sera con ancora 30°C. Anche a Genova certe serate il termometro segna ancora 29°C, e l'elevato tasso d'umidità rende il caldo molto afoso. La sera del 19, dal balcone di casa mia, vedo lampi provenienti da NO, che si fanno sempre più vicini, e ben presto si scatena un temporale abbastanza forte, che rompe l'egemonia del periodo più caldo dell'estate '93. I giorni seguenti si scatenano altri temporali – praticamente uno al giorno – finché il giorno 28 una violentissima tromba d'aria si abbatte sulla città, con epicentro nel quartiere di Certosa, dove la violenza del vento riesce addirittura a deformare molte tapparelle investite in pieno. I giorni seguenti altri temporali concludono in modo abbastanza consueto il mese estivo.

Settembre

Il terzo settembre consecutivo piovosissimo – per non dire tragico. I primi giorni sono abbastanza soleggiati, anche se un acquazzone si abbatte sulla città nel pomeriggio di venerdì 3. Il 4 una perturbazione transita principalmente al centro Sud e sulle regioni Adriatiche, e fino al 5 continua il tempo discreto. Il 6 è il giorno d'inizio d'influenza di una potente perturbazione, che interesserà la nostra città fino al 9, portando tanta pioggia e intenso maltempo. Praticamente tutta l'Europa è interessata da questo forte peggioramento, e a causa dei torrenti al limite, a Genova per la prima volta viene pronunciata la parola "Allerta". Il 10 ritorna un tempo più variabile, fino al quasi sole del periodo dal 12 al 15, ma con temperature ben fresche, con minima sui 15°C e massime sui 22°C-23°C. Dal 16 al 22 ritorna un certo caldo tardivo, con bellissime giornate e temperatura che verso la fine del periodo raggiunge i 28°C. Purtroppo il 23, fin dalle 5 del mattino, una tremenda perturbazione, ex uragano tropicale che ha attraversato l'Atlantico indebolendosi e successivamente rinvigorendosi nel nostro golfo, porta una tragica ennesima alluvione sulla città, interessando soprattutto i quartieri di Ponente, con 300 mm in centro, 450 a Sestri, 600 a Pegli, Pra' e Voltri e 800 a San Carlo di Cese, col Varenna in piena che travolge tutto, portando via anche una casa e due pensionati all'interno, e allagando buona parte di Pegli. Analogamente allagate Pra' e Voltri, e Sestri nella zona del Chiaravagna. La pioggia cade violentissima, con pause, dalle 5 alle 15, con cielo nerissimo ed eccezionali scariche elettriche. San Carlo di Cese rimane isolata per molti giorni, poiché la strada per raggiungerla viene quasi totalmente devastata dal torrente impazzito, e nel cielo si vedranno molti elicotteri che porteranno i viveri nella zona più disastrata. Purtroppo si contano 6 morti, tra cui un medico, Achille Dapelo, che muore annegato e che verrà ritrovato su una spiaggia molti giorni dopo. I giorni seguenti si verificano solo brevi rovesci, ma già da lunedì 27 il maltempo riprende con altre perturbazioni che portano nubifragi e temporali, sino a fine mese.

Ottobre

Un mese di pioggia, con alluvioni in molte parti d'Italia e grave dissesto idrogeologico generalizzato. A Genova si contano 20 giorni con pioggia, particolarmente intensa nei giorni 1 e 2, che riporta i torrenti a livelli di guardia. Si segnalano moltissimi violenti temporali e rovesci di fortissima intensità, e temperature già molto fresche, dato che non si superano i 22°C e molti giorni si scende già sotto i 15°C, con il 31 caratterizzato da pioggia e temperatura tra 10°C e 12°C.

Novembre

Fino al 15 si hanno ancora molti giorni piovosi e temperature sempre molto fresche, che al massimo, ma solo in qualche giornata mite, raggiungono i 17°C, con una tromba marina nel Ponente genovese nella tarda mattinata di domenica 7. Dopo il 15 si assiste a un miglioramento del tempo, ma anche a un forte abbassamento della temperatura, con giornate caratterizzate da vento gelido e temperature che già il 19 si stabilizzano sui 4°C. Domenica 21 è una giornata gelida, ventosa e grigia, con temperatura tra 1°C e 3°C, e fiocchetti di neve che cadono sparsi. Segue un tempo caratterizzato da temperature inferiori alla media sino a fine mese.

Dicembre

Il giorno 1, in mattinata, cade neve bagnata sulla città, con temperatura tra 1°C e 6°C, ma già dal 2 la temperatura risale, e con piogge non molto frequenti, e nemmeno molto abbondanti, il mese prosegue molto mite sino alla fine, con temperature medie tra gli 8°C e i 14°C, quindi molto sopra media. Il giorno 31 dal pomeriggio aumenta sempre più il vento da SO, che produce una notte di San Silvestro caratterizzata da una tempesta di pioggia e forti raffiche di Libeccio, visibilità scarsissima e mareggiata, che colpisce soprattutto i quartieri orientali della città e la Riviera di Levante, e che mi colpisce totalmente recandomi in macchina a Recco per una festa con amici. Infatti, sull'autostrada la visibilità era quasi nulla, con raffiche di forte pioggia portata dal fortissimo vento, e temperatura sui 12°C.

1994

Gennaio

Mese mite e molto piovoso, fin dalla notte di Capodanno. Dal giorno 6 una forte perturbazione, figlia di un profondo minimo nel Nord Europa, interessa la nostra città con pioggia forte e continua, vento di scirocco e temperatura tra 10°C e 12°C. L'indomani pioggia ancora più intensa, specie in serata, con temperatura incollata a 12°C e forti raffiche di Scirocco. Tutta l'Europa Occidentale è sotto un'intensa tempesta, e le Alpi sono cariche di neve. I media fanno il paragone col secolo XIX o, più recentemente, con gli anni '60, molto ricchi di neve. Seguono altre piogge, anche se più moderate, alternate a giornate limpide, ventose e fresche, ma mai fredde, con temperature minime sugli 8°C e massime sui 12°C-13°C, che in ogni caso sembrano più rigide per la forte umidità sempre presente, sino a fine mese.

Febbraio

Inizio grigio e piovoso, a tratti molto piovoso, specie sabato 5, con forte pioggia e temporale nel pomeriggio sulla città e fortissimo nubifragio nell'Imperiese. Seguono altre piogge, ma più moderate, fino al 13, quando un avanzamento dell'Anticiclone Russo Siberiano porta una notevole diminuzione della temperatura, che si assesta tra –2°C e 5°C, con una nevicata con scarso accumulo la mattina di martedì 15. Seguono giorni freddissimi e molto ventosi, con una grigia giornata domenica 20, dove da San Salvatore dei Fieschi constato che la neve è veramente a due passi dalla costa, anche nella mite Riviera di Levante. Gli ultimi giorni del mese hanno temperature sugli 8°C-10°C e giornate caratterizzate da deboli e continue piogge, con visibilità scarsa.

Marzo

Dopo un piovoso primo giorno del mese, ma segnato da temperatura più mite, ricompare l'alta pressione subtropicale, con rapido aumento della temperatura e una massima di quasi 22°C il giorno 4, mentre i media annunciano che "si stanno preparando anni molto caldi e con tantissima siccità, che desertificherà l'Italia...(!!!)". Seguono giornate sempre soleggiate e miti, ma con massime sui 18°C, fino all'inizio della seconda decade, che sarà sempre caratterizzata da alta pressione e temperature molto miti, con massime sui 16°C-17°C, ma con tempo quasi nebbioso, con una tremenda cappa di smog che persisterà fino al giorno 16, con giornate "serene" ma in cui da Sestri non si riesce a vedere nemmeno il Gazzo. L'ultima decade porterà sempre tempo mite, con una domenica 20 veramente splendida e primaverile, soprattutto nel Basso Piemonte, quando, partendo da Genova con cielo nuvoloso, a Gavi troveremo una temperatura di 25°C e un'esplosione di fioritura. D'altra parte, tutta la seconda decade nella zona Padana è stata molto calda, con massime sempre sopra i 20°C, e con i media che definiranno "Super primavera" la situazione della Spagna, con massime di quasi 30°C a Saragozza. A Genova il tempo mite degli ultimi giorni è accompagnato in ogni caso da giornate grige con insignificanti pioggerelle.

Aprile

Primi giorni più freschi e un poco instabili, per l'arrivo di una perturbazione da N, che in ogni caso porterà solo tuoni e poche gocce la mattina della Vigilia di Pasqua, sabato 2 aprile. Pasqua trascorre grigia e più fredda, con temperatura tra gli 8°C e i 12°C, mentre la Pasquetta sarà una giornata molto fresca ma eccezionalmente limpida, che mi accompagnerà nella gita Riomaggiore-Portovenere in un'atmosfera cristallina, dove da Campiglia si potrà osservare un panorama limpidissimo fino alla Corsica e all'Isola d'Elba, e anche oltre, con lo spettacolo delle Apuane e dei monti dell'Appennino splendidamente innevati. Seguiranno fino al giorno 24 giornate miti e soleggiate, solo saltuariamente accompagnate da piovaschi insignificanti, perché il vero maltempo arriverà solo il 25 aprile, con pioggia e temporali fino al primo pomeriggio, tempo fresco e gita alle Cinque Terre funestata. I giorni successivi compariranno altre piogge, segno del cambiamento radicale avvenuto il giorno della Liberazione, con temperature miti.

Maggio

Mese molto piovoso e fresco, dove viene recuperata tutta l'acqua che non è caduta nei due mesi precedenti, soprattutto giovedì 12, con pioggia molto forte e nubi basse che renderanno scarsa la visibilità, con forte vento di Scirocco. Non vi saranno particolari calori pre-estivi, poiché nei giorni più caldi, peraltro rari, la temperatura non salirà oltre i 23°C.

Giugno

Mese molto instabile e assai piovoso, con una prima decade abbastanza calda ma segnata da varie piogge di modesta entità, e una potente perturbazione fredda che c'interesserà dal 9 al 14 portando l'autunno in città, con giornate caratterizzate da temperature tra 11°C e 15°C. Seguiranno giorni più caldi, ma sempre piuttosto instabili, che si concluderanno con l'evento di domenica 26, quando dal tardo pomeriggio (in cui io e altri scapperemo in tempo dal Beigua) si scateneranno violentissimi temporali su tutta la Liguria, specie da Savona a Genova, con una serata in cui un tremendo nubifragio si accanirà nel Ponente di Genova, portando una grave alluvione a Voltri, a causa di 400 mm caduti in poche ore serali in tutto il bacino del Leiro e del Cerusa, e un violento nubifragio con forti scariche elettriche per tutta la notte a Ovest di Sampierdarena (all'aeroporto di Sestri si misureranno 101 mm). Dopo quella domenica seguirà ancora instabilità, con un violento temporale a Est di Sampierdarena nel primo pomeriggio del 28, e successivamente l'alta pressione inizierà a interessarci sempre più intensamente.

Luglio

Già dall'inizio del mese l'estate esplode in tutta la sua potenza, con tanto sole e temperature massime che si assestano sui 28°C-29°C; ma molto di più altrove, come in Pianura Padana, dove Alessandria raggiunge i 39°C. A metà mese subentra un poco d'instabilità, ma con ben scarsi risvolti piovosi. Solo il giorno 19 in serata un violento temporale interesserà tutta la città. Dal 20 il caldo riprende molto forte, a causa di un'anticiclone subtropicale, con minime sempre sui 22°C-23°C, e massime che diversi giorni superano i 31°C, raggiungendo anche 33°C, con umidità alle stelle e afa insopportabile, che resiste sino a fine mese.

Agosto

Altro mese molto caldo, con minime anche sui 24°C , ma massime che non raggiungono più i valori di luglio, attestandosi sui 29°C, con umidità alle stelle e afa sempre più opprimente, senza la minima tregua. Il primo vero temporale si ha nel tardo pomeriggio del 24 agosto, con tre ore di pioggia intensa, che abbassa un poco le temperature, anche se il sole riprende in tutta la sua forza, tranne i giorni 29 e 30, con una cappa grigia e opprimente. Il giorno 31 accade qualcosa di veramente eccezionale. La giornata parte grigia, ma da mezzogiorno, gradualmente, il cielo si oscura sempre più, fino a diventare notte. Partendo dal Massiccio Centrale francese, un terribile tornado percorre tutta la costa ligure, e alle 15 giunge nella nostra città, scatenando venti violentissimi, con una raffica a 170 chilometri orari, e una pioggia violentissima che però dura solo un quarto d'ora. Tutto questo è sufficiente a provocare la morte di una persona che si trovava su una gru e la caduta di moltissimi alberi, praticamente in tutta la città, ma specialmente in Piazza Corvetto.

Settembre

Il quarto settembre consecutivo molto piovoso, anche se questa volta è veramente da terrore meteo. Nella mattinata del giorno 1 un violento nubifragio con temporale si scatena sulla città. Il tempo migliora nel pomeriggio e soprattutto il giorno dopo, con una temperatura che non è nemmeno il ricordo dell'afa precedente, con minime sui 18°C e massime sui 25°C. Ma da metà pomeriggio il cielo riprende a rannuvolarsi, e alle 18, sotto un cielo nero come se fosse notte, si scatena un pauroso temporale con grandine. Il giorno dopo si viene a sapere che in Val Fontanabuona si è verificata una grandinata distruttiva, con chicchi sostituiti da blocchi di ghiaccio dal peso di 1 etto e mezzo. Dopo l'evento, la temperatura segnerà 16°C. Seguono giorni più soleggiati, con massime sui 24°C, fino a un nuovo peggioramento il giorno 8, con un violentissimo temporale e nubifragio in mattinata su tutta la città, ma specialmente a Levante. Dopo la forte precipitazione, il cielo resta grigio, ma verso le 17:30 comincia a diventare sempre più buio, fino a una notte completa alle 18, con fulmini terrificanti sul mare e un terribile nubifragio che questa volta colpisce soprattutto i quartieri di Ponente. Seguono giorni caratterizzati da elevata e pericolosa elettricità atmosferica, accompagnata da nubi e temporali più isolati ma molto pericolosi. Il 12, duranti uno di questi fenomeni, un fulmine uccide un cercatore di funghi al Turchino. La mattina del 14 un tornado bis si scatena nuovamente su tutta la costa ligure, con punte di raffiche a 150 km/h, ma con una velocità media del vento di 100 km/h, ancora più elevata del tornado del 31 agosto. Anche in questo caso, pioggia torrenziale che dura solo un quarto d'ora. Dopo questo violento passaggio perturbato, la temperatura precipita a valori da pieno autunno, con temperature tra i 13°C e i 18°C sino al 27 del mese, e con una catena impressionante di violente piogge e temporali. Uno di questi giorni, a Tortona si abbatte una grandinata con "chicchi" grossi come quelli che sono caduti il giorno 2 in Val Fontanabuona. Dopo il 27 la temperatura si alza notevolmente, fino a raggiungere una stabilizzazione sui 19°C -20°C, sempre con piogge e temporali.

Ottobre

I primi quattro giorni si verificano piogge torrenziali, con una temperatura media di 20°C. Successivamente, la mattina di venerdì 7 ottobre si verifica un improvviso forte abbassamento della temperatura, che si assesta sugli 8°C -9°C, accompagnato da pioggia leggera, Tramontana Scura e cielo grigio. Il freddo e il grigio persistono per tre giorni, ma con temperature che gradualmente salgono fino a 11°C, e successivamente arriva un'alta pressione azzorriana che porta una splendida Ottobrata sulla nostra città fino al giorno 20, con temperature tra i 15°C e i 20°C. Dopo arrivano altre giornate di piogge continue e temperatura un poco più bassa, ma non di molto, e questo trend prosegue sino a fine mese.

Novembre

Fin dal giorno dei Santi il tempo peggiora notevolmente, e a iniziare dalla sera della festività inizia a piovere in maniera debole ma continua. Il giorno 4, coincidente coll'arrivo di una forte perturbazione accompagnata da intense correnti sciroccali, verso le 13 inizia a piovere molto forte, fino a scatenarsi un violento temporale e nubifragio, che purtroppo diventa alluvione in molte zone della città, con l'Esaote di Sestri devastata dall'acqua, che rovinerà sofisticati strumenti di Biomedica. Il giorno seguente è la volta dell'Alta Valle del Tanaro, che subisce una tremenda alluvione, con Garessio e Ceva devastate. Gradualmente, coll'avanzare della piena del Tanaro, nella notte del 6 viene inondata Asti, e verso mezzogiorno l'onda di piena arriva ad Alessandria. Anche altri fiumi del Basso Piemonte esondano, causando una generale catastrofe, purtroppo con morti e feriti. Dopo una breve tregua, verso il 9 arriva un'altra perturbazione, che porta un altro violento nubifragio su Genova, e i fiumi nuovamente a livello di guardia. Dal giorno 11 il maltempo lascia la nostra regione e il Nord in genere, e arriva un'alta pressione che porta bel tempo e temperature molto miti sino a fine mese, con una punta di quasi 21°C, e massime spesso sui 18°C. Solo qualche giornata a fine mese è un poco più fredda.

Dicembre

Il mese è mite fino al giorno 17, con diverse piogge specie nella prima decade. Dal 18 al 20 arriva una perturbazione che porta giornate di pioggia e un abbassamento della temperatura, fino a una giornata con valori compresi tra 3°C e 7°C il 20, con molta pioggia. Segue un tempo sempre piuttosto freddo, pur con belle giornate, e minime che raggiungono gli 1°C-2°C, con venti freddi da NE. Il giorno di Natale la temperatura si alza un poco nel pomeriggio, e ancor più il giorno seguente, fino a raggiungere i 13°C. Seguono giornate non molto fredde e spesso grige, sino a un San Silvestro molto mite e praticamente primaverile, con massima sui 18°C.

1995

Gennaio

I primi giorni alternano giornate abbastanza temperate ad altre rigide, con temperature tra i 3°C e i 6°C, generalmente soleggiate. Dal giorno 8 si registra un notevole abbassamento della temperatura, che porterà giornate serene e caratterizzate da forti venti da NE, con alcune di esse in cui anche alle 13 il termometro segnerà meno di 2°C, e notti di poco sotto lo zero. Questo tempo dura sino al 18. Giovedì 19 giunge una perturbazione che porterà pioggia per tutto il giorno e temperatura tra 2°C e 3°C, che calerà in serata, trasformando la precipitazione in neve fin quasi sulla costa, ma non in centro. Seguirà un periodo più mite caratterizzato da altre piogge, fino a una giornata primaverile il 31, con massima di 18°C.

Febbraio

Mese caratterizzato da temperature molto miti, ma da diverse piogge di notevole intensità, come per esempio la mattina di sabato 11, seguita da altre piogge e temporali con grandine nei giorni successivi, in un quadro più autunnale che invernale. Dal 20 il mese prosegue con un alternanza di giornate discrete e altre piogge, ma di modesta entità, e tutto sommato con prevalenza di cielo grigio.

Marzo

Mese quasi sempre mite e poco piovoso, con diverse giornate grige ma con piogge molto moderate, tranne la sera dell'8, quando una forte pioggia unita a Tramontana Scura causa un abbassamento della temperatura sino a 4°C. Da segnalare due giornate ventosissime il 28 e il 29, con punte di 130 km/h, e una media di 100 km/h, con un leggero abbassamento della temperatura, specie nelle minime.

Aprile

Mese mite e con poca pioggia fino al giorno 23, ma segnato da diverse giornate grige con poche gocce, e una Settimana Santa abbastanza mite e con qualche pioggia solo da noi, perché nel centro Sud tornerà l'inverno, con tanta pioggia e temperature assai basse. Pasqua (giorno 16) molto mite con massima oltre i 20°C. Dal giorno 24, in cui piove notevolmente per tutto il giorno, ogni giorno si verificano precipitazioni, con temperatura sempre mite sino a fine mese.

Maggio

Mese molto grigio e piovoso, che recupera le scarse piogge dei mesi precedenti, con una punta oltre i 25°C solo il giorno 1, e poi temperature sempre miti sui 18°C-20°C di massima, con una pioggia molto intensa nel pomeriggio di giovedì 18.

Giugno

Mese mite (solo un 32°C il giorno 27), con temperature al massimo sui 25°C-26°C, ma più frequentemente molto fresche, specie nella seconda decade, segnata da una fortissima instabilità, con improvvisi rovesci e temporali, bellissimi cumuli che si stagliano in un cielo limpido e anche qualche grandinata. Un notevole temporale il pomeriggio del 23, che causerà un limpidissimo 24 giugno, in cui il Golfo dei poeti mi apparirà in tutto il suo splendore.

Luglio

Mese molto caldo e caratterizzato da pochissima pioggia (solo qualche piovasco di pochi mm nella prima decade), e diverse giornate sopra i 31°C, con 2 oltre i 33°C. Afa alle stelle per la fortissima umidità, in particolare il giorno di sabato 22, quando una mia amica si sposerà nel pomeriggio, con un caldo da vero supplizio. Domenica 23, recandomi con altra gente dalle parti di Calizzano, constato che i torrenti sono in forte secca, e che il gran caldo sta provocando grande sofferenza alla vegetazione. In particolare, la sera di sabato 29 è veramente tremenda, senza un alito di vento e col termometro incollato sui 30°C.

Agosto

Molto caldo fino al 7, ma con qualche temporale convettivo che dall'Appennino e dalle Alpi sconfina sulla costa, come nel giorno 1. L'8 arriva una violenta perturbazione che causa una forte pioggia in mattinata e una violentissima tempesta temporalesca con nubifragio nel pomeriggio, dopo la quale il termometro scende a 16°C. Seguono altre piogge e temporali, ma soprattutto una netta diminuzione dell'umidità e della temperatura, che solo il giorno di Ferragosto raggiungerà i 30°C, ma molto godibili a causa dell'aria secca e purificata dalle piogge. In molte zone d'Italia dal 10 si scatena un forte maltempo e l'estate è praticamente finita. I media useranno il termine di "estate mutilata". Dal 18 notevoli abbassamenti di temperatura anche sulla nostra città, con alcune giornate grige, piovose e molto fresche, con ritorno del bel tempo nell'ultima decade, con temperature miti.

Settembre

Quinto e ultimo settembre piovosissimo consecutivo. Fino al 5 si registrano belle e miti giornate soleggiate, con massime sui 25°C-26°C, ma il 6 una perturbazione porta forte maltempo a Genova e su tutta la nostra regione, in particolare nella zona di Andora, che subisce un'alluvione. Seguono giorni ventosi e grigi, e il 9 un'altra forte perturbazione, e analogamente nei giorni seguenti. La sera di sabato 16 si vedono forti lampi a Ponente della città. Infatti un violentissimo nubifragio si scatena nella zona della Stoppani di Cogoleto, con pericolose fuoriuscite. Nella notte piove forte anche su Genova. Segue una bella e soleggiata domenica 17, con rapido guasto il lunedì successivo, quando in serata su Genova si abbattono forti rovesci, proseguendo anche il giorno seguente. La sera del 20 un violentissimo temporale e nubifragio, che scaricherà 50 mm all'aeroporto, ma molti di più a Sestri, con tuoni paurosi, arreca gravi danni all'Ospedale Padre Antero. Seguono giorni sempre un poco perturbati, e una fresca e grigia domenica 24 in cui, andando a festeggiare dei compleanni di amici a Perti, sopra Finale, osservo la terra fradicia. Segue un lunedì 25 completamente pazzo, dove si alternano forti piogge, sole e vento, con temperatura molto fresca, e poi altre piogge nei giorni seguenti, sino a fine mese.

Ottobre

I primi giorni una potente alta pressione, con massimi a Est dell'Italia, porta tempo splendido su tutto il paese, meno che in Liguria, che rimane esposta a umide correnti Sudoccidentali. Piove fin dal giorno uno, ma in particolare, i giorni 3, 4, 5 e 6 si scatenano violentissimi nubifragi e temporali auto rigeneranti su tutta la regione. Per esempio, nel pomeriggio del 4 un terribile nubifragio interessa tutto il Ponente della città, con Pegli particolarmente colpita, mentre il giorno dopo i nubifragi insistono maggiormente nel centro città, e il 6, nel primo pomeriggio, una tremenda alluvione si abbatte su Santa Margherita e Rapallo. Trovandomi per caso domenica 8 a Nozarego, sopra Santa Margherita, constato la grande quantità di ruscelli e corsi d'acqua che la grande pioggia ha generato, ancora con portate molto rilevanti. Dopo anche da noi arriva l'alta pressione, con tempo stabile sino a fine mese, ma mentre la seconda decade è caratterizzata dai primi veri abbassamenti della temperatura, con minime vicine ai 10°C, nell'ultima decade sembra tornare una specie d'estate tardiva, con alcuni giorni splendidi e massime a 25°C.

Novembre

Nella prima decade, a parte i primissimi giorni ancora miti e soleggiati, si assiste all'arrivo di aria molto fredda da Est, con cielo sereno, vento freddo e temperature già basse, con apice dell'ondata domenica 5 quando, transitando in serata da Albenga, vedo che il termometro segna 0°C. Poi la temperatura risale e verso il 9 il tempo si guasta per l'arrivo di un'intensa e complessa perturbazione, che porterà tantissima pioggia incessante per giorni sulla nostra città, specie domenica 12. Dopo il 15 c'è un miglioramento, ma il termometro riprende ad abbassarsi, senza comunque raggiungere i valori della prima decade. Gli ultimi 10 giorni del mese il freddo si fa più intenso, accompagnato da vento forte e temperature basse specie da sabato 25, e un'intensa perturbazione c'interesserà domenica 26, con pioggia tutto il giorno e termometro fisso sui 6°C, e soprattutto il giorno seguente, con pioggia molto abbondante, Tramontana Scura e termometro che scende a 3°C. Seguiranno altri giorni freddi e grigi.

Dicembre

Inizia con un periodo freddo, caratterizzato da qualche pioggia e vento forte da Nord Est. Domenica 10 il termometro risale un poco, fino a raggiungere 12°C nel pomeriggio, ma i giorni seguenti si assiste a un nuovo intenso incremento del freddo, con neve la sera del 15, ma senza accumulo. Tuttavia, nel basso Piemonte cade una notevole quantità di neve, che gelerà e non si scioglierà fino a metà marzo. Seguono giornate rigide, ma un periodo intorno a Natale piuttosto mite, caratterizzato da nubi, qualche pioggia e Scirocco. Poi riprende il freddo, sempre più intenso, con una giornata di sabato 30 veramente terribile, con tanta pioggia e vento gelido di Tramontana Scura che ti sbatte per terra, temperatura che da 3°C passa ai –1°C della notte, trasformando la pioggia in neve ghiacciata, che produce uno strato di 3 cm. La mattina successiva sembra di trovarsi in una tempesta Nordica, con neve cessata nella tarda notte, città imbiancata e Tramontana Scura scatenata. Nel pomeriggio il termometro salirà a 5°C e la neve inizierà a sciogliersi.

1996

Gennaio

Dopo un capodanno piuttosto mite, la temperatura scende nuovamente, in concomitanza con l'arrivo di una perturbazione che porta pioggia e tanto freddo dal 5 al 7, con temperature tra 1°C e 6°C, e cielo sempre plumbeo. Dopo una tregua mite nei giorni 8 e 9, dal 10 al 13 piogge torrenziali si abbattono sulla nostra città, per un totale complessivo di 200 mm, con temperature altalenanti tra 6°C e 12°C, rappresentanti una lotta fra Tramontana Scura e Scirocco. I monti cominciano a fare il primo pieno di questa annata storica per l'abbondanza di neve. Seguono giorni più miti, tra cui una soleggiata domenica 14, con massima di 13°C, e poi una serie di giorni dove un afflusso freddo da N porta tempo sereno ma minime molto basse, fino al di sotto dei –1°C. Domenica 21 è una giornata grigia e rigida, premonitrice di un nuovo forte maltempo, con apice martedì 23, con pioggia per tutto il giorno e temperatura che, partendo da 4°C, arriva a 1°C in una serata veramente da lupi, con pioggia ancora più intensa, fortissime raffiche gelide di Tramontana Scura, e tremenda galaverna distruttiva già a due passi dalla città, che spezzerà persino tronchi d'albero. Ricordo che quella serata mi ero recato a trovare un mio amico all'Ospedale Galliera; dopo la visita, in mezzo a una vera e propria tempesta gelida, mi rifugiai nel bar vicino all'ospedale. "Tempo da lupi, eh?", mi dissero. Il maltempo dura fino al 26, con accumulo complessivo di altri 100 mm. In seguito si avranno giorni variabili ma sempre più freddi, col 31 caratterizzato da una temperatura tra 2°C e 7°C.

Febbraio

I primi due giorni sono grigi, ventosissimi e gelidi, con temperature tra –1°C e 3°C, e continui fiocchi di neve, che in ogni caso non attaccheranno. Seguono giorni sempre freddi, e domenica 4, recandomi a sciare a Santo Stefano D'Aveto, constato l'impressionante quantità di neve caduta. Il mese va poi avanti con molte precipitazioni e tanto freddo, intervallate da uno o due giorni più miti, dove la temperatura massima arriva anche a 13°C, ma ancora a fine mese l'inverno è ben lungi da mollare la presa, e il Basso Piemonte, con l'Ovadese in primis, vive una stagione gelida con ghiaccio durissimo da dicembre a metà marzo.

Marzo

Fino al 16 è molto freddo, con numerose giornate grige e temperature tra 3°C e 8°C, e sempre tanto vento. Dopo comincia ad avanzare timidamente la primavera, con qualche pioggia di scarsa entità e diverse belle giornate in cui finalmente la natura comincia a fiorire.

Aprile

I primi giorni sono miti con qualche occasione di pioggia anche intensa, come nel giorno 1. Verso Pasqua (7 aprile) il tempo migliora, e Pasquetta trascorre con bel tempo. Tuttavia gran parte del mese, e in particolare l'ultima decade, sarà caratterizzata da continue e abbondanti precipitazioni, molto caratteristiche in tempo di Euroflora, con ben pochi intervalli soleggiati o al più solo grigi. La temperatura è piuttosto fresca per tutto il mese, raggiungendo in due giorni molto isolati una punta di 20°C.

Maggio

Mese molto mite, con un solo giorno di caldo precoce nella terza decade, con quasi 27°C, e un periodo piovoso tra l'8 e il 15, caratterizzato da rovesci e qualche temporale. Le temperature oscillano tra 11°C e 18°C nella prima decade e tra 15°C e 21°C nella seconda, mentre nella terza si ha qualche giorno sui 22°C-23°C.

Giugno

I primi due giorni sono caratterizzati da tempo buono e temperatura mite, mentre il 3 una perturbazione porta un poco di pioggia, ma senza eccesso. Dopo si ha una forte ondata di caldo, per l'arrivo di un potente anticiclone subtropicale, e sulla città si soffrirà fino al 13, con punte sui 30°C, mentre in altre regioni si boccheggerà letteralmente, con Trento che raggiungerà i 40°C. Il giorno 14 cambia tutto per l'arrivo in mattinata di un forte temporale, che dà inizio a un periodo molto instabile, a tratti perturbato, con un forte temporale la sera di domenica 16, e poi continui rovesci e temporali sino a fine mese, con tanti fulmini che in molte serate si vedono dal centro verso Ponente, prima dell'arrivo del temporale in città. Da segnalare il giorno 19 un temporale auto rigenerante Sulla Versilia, che porterà una grave alluvione nella zona delle Apuane nei pressi di Seravezza e Stazzema.

Luglio

Mese molto instabile con una grande frequenza di temporali, e temperature piuttosto miti, con una massima isolata di 31°C. In molte regioni alpine si susseguono continue allerte meteo.

Agosto

Mese molto instabile, con temperature in genere miti e ben poco caldo, con un primo rovescio nel primo pomeriggio di sabato 3, e un violento maltempo domenica 11, quando in mattinata la Riviera di Levante è colpita da un violento nubifragio che ingrossa di molto i torrenti. Nel pomeriggio un temporale e nubifragio si scatena su Genova, e poi tanta grandine colpisce la Riviera di Ponente. Il Levante sarà ancora colpito nel pomeriggio, con la stazione di Lavagna isolata per molte ore a causa di un fulmine, e nel tardo pomeriggio, passando col treno da Santa Margherita, io e alcuni amici saremo sorpresi da pioggia torrenziale e tanti fulmini. Nella notte successiva violenta grandinata su Genova, con tuoni e fulmini. Segue una breve tregua e successivamente un altro lungo periodo temporalesco, che si protrae sino a fine mese.

Settembre

Dopo la serie dei settembre piovosissimi, questo è il primo più stabile, anche se nei primi giorni una perturbazione porta un poco di pioggia, cielo grigio e forte abbassamento della temperatura, con alcune giornate in cui non si superano i 18°C. Poi arriva un'alta pressione che porta un tempo splendido sino al 20, e successivamente un periodo piovoso, ma con precipitazioni moderate e spazio al sole. Queste caratteristiche si protraggono sino a fine mese.

Ottobre

I primi due giorni sono perturbati con notevoli piogge, seguiti da un periodo di bel tempo fino al giorno 7. Successivamente, una forte perturbazione porterà tanta pioggia specie il giorno 10, con 110 mm, e altre piogge si verificheranno tra il 13 e il 20, seguiti da tempo bello e stabile, con temperature miti, tra i 12°C e i 20°C, e una punta di 23.5°C il giorno 30.

Novembre

Mese molto mite, ma con 17 giorni con pioggia, anche se mai veramente intensa, con temperature che fino al 22 faranno molta fatica a scendere sotto i 15°C. Dopo arriverà un'ondata di freddo, che porterà anche belle e ventose giornate, col termometro fra 3°C e 10°C.

Dicembre

Mese in cui succede di tutto, dai primi giorni grigi, miti e con qualche pioggia, a un temporaneo abbassamento nei giorni intorno all'Immacolata, con vento freddo e temperatura sui 7°C, a un nuovo aumento della temperatura, che si stabilizza su valori miti sino al 25, pur con qualche pioggia, a un'ondata di freddo siberiano con Burian, che inizia il 26, quando, sotto un cielo serenissimo e limpido, la temperatura scende fino a 1°C, e s'intensifica nei giorni successivi, con medie sui –3°C di minima e 3°C di massima. Il giorno 30 una notevole depressione atlantica porta neve e gelo, con temperatura sui –2°C, e buon accumulo. Dopo una tregua, la neve riprende intensissima dal tardo pomeriggio di San Silvestro, assumendo carattere di tempesta fino alle 2 di Capodanno '97 (con temperatura sino a –3°C), accumulando in totale 35 cm in riva al mare.

1997

Gennaio

Dopo Capodanno la temperatura si addolcisce temporaneamente nello stesso giorno, portandosi a 7°C e consentendo lo scioglimento della neve. Il giorno seguente, un'altra forte perturbazione porta tanta pioggia, specie nel pomeriggio, Tramontana Scura molto forte e temperatura tra 1°C e 2°C. Seguono giorni sempre freddi, ma intervallati da pause, con l'allerta di una nuova ondata siberiana ancora peggiore per il 6, ma che si rivelerà un flop perché le Alpi devieranno le correnti gelide verso Ovest. In ogni caso, il tempo è segnato da altre giornate fredde e ventose fino al 14, ma sempre nella media, con temperature tra 3°C e 7°C, finché il 15 l'arrivo di un'alta pressione subtropicale molto potente distrugge praticamente l'inverno, portando giornate serene alternate a maccaja, e temperature miti, con punte fino a 15°C, e tale trend prosegue sino a fine mese.

Febbraio

Mese totalmente mite e secco, con ben poca pioggia e tempo tra il soleggiato e il maccajoso, con temperature che in qualche giornata raggiungono i 16°C.

Marzo

Il tempo si fa ancora più secco, con precipitazioni sempre molto scarse, e primi grossi incendi boschivi. Il terreno è secco e la temperatura sempre mite, che in qualche rara giornata raggiunge anche i 20°C.

Aprile

Prosegue la siccità, che diventa grave in Piemonte, con temperature sempre miti e pochissime precipitazioni. La vera pioggia arriva solo domenica 20, seguita da un temporaneo quanto fortissimo abbassamento termico lunedì 21, specie sul Levante, che avrò occasione di assaporare totalmente in gita scolastica a Portovenere, con cielo grigio, vento impetuoso e temperatura sui 7°C. In ogni caso, almeno da noi il tempo si sblocca, e compaiono altre piogge nel giorni successivi.

Maggio

La prima decade è caratterizzata da abbondanti precipitazioni, ma solo sulla Liguria, poiché il Piemonte, gravemente colpito dalla siccità, verrà interessato solo marginalmente. Le decadi successive sono meno piovose e segnate dalle prime giornate calde, con punte sui 28°C. In ogni caso le piogge quando si verificano sono piuttosto intense.

Giugno

Il primo del mese, domenica, piove tutto il giorno e la temperatura non supera i 18°C. Seguono giornate quasi sempre instabili, con le piogge che arrivano finalmente in Piemonte, con violenti temporali e grandinate. Pure nella seconda decade si registrano importanti precipitazioni, con un violento temporale il giorno 19 e la mattina di domenica 22, con rasserenamenti nel pomeriggio. Tanta pioggia anche a fine mese, con violenti temporali. Le temperature raggiungono al massimo i 28°C.

Luglio

A parte un forte temporale la sera del 2, il mese prosegue con molte giornate soleggiate e abbastanza calde, alternate a giornate di maccaja, con qualche sporadico piovasco. Le temperature raggiungono a stento i 30°C, mantenendosi miti per tutto il mese.

Agosto

A parte qualche sporadico temporale, nella prima decade aumenta considerevolmente il caldo, con tempo in prevalenza soleggiato, e temperature che il 12 raggiungono i 32°C. Con la sera di Ferragosto giunge la rottura dell'estate, coi primi lampi e un violento temporale nella notte seguente, con un temporale ancora più forte la notte del 17, con pioggia anche in mattinata. Segue un periodo di bel tempo e caldo abbastanza lungo, fino al 26, con temperature che un giorno raggiungono i 31°C. Il 28 del mese, dopo una mattinata grigia e piovosa, nel pomeriggio si scatena una fortissima pioggia, ma senza scariche elettriche, che totalizza 80 mm. Seguono altre piogge nei giorni successivi.

Settembre

Mese molto caldo e ben poco piovoso, con precipitazioni veramente rare, sporadiche e limitate ai giorni 12 e soprattutto 13, e il giorno 28. Nella prima e seconda decade si registrano massime medie di 26°C-27°C, mentre nell'ultima la temperatura si assesta tra i 19°C di minima e i 24°C di massima.

Ottobre

Mese molto strano, che inizia con una prima decade piuttosto calda, specie nei primi giorni, in cui in Pianura Padana si raggiungono i 30°C. Tra il 6 e il 7 su Genova si scatena un violentissimo temporale che porta la città ai limiti dell'alluvione, con pioggia torrenziale per molte ore la sera del 6 e rovesci violenti alternati a pause fino alla mattina dell'8. In compenso si assiste alla prima vera diminuzione della temperatura. Domenica 12 si ha una giornata serena ma caratterizzata da fortissimo vento, e i giorni successivi arrivano altre piogge, con la temperatura che si porta su valori tipici del periodo. Grande pioggia anche dalla notte di lunedì 20 e per altri giorni, fino alla grande diminuzione termica del 28 su tutto il Nord Italia, con Genova che scende a 5°C in serata, con vento gelido, e certe zone del Piemonte che scendono anche a –4°C, toccando record per il mese di ottobre.

Novembre

Dopo i primi giorni tranquilli, in cui risale la temperatura dopo l'ondata fredda di fine ottobre, dal 5 al 12 Genova è sconvolta da una nuova offensiva di piogge torrenziali, che causano gravi e generalizzati allagamenti, e la portano al limite di una grave alluvione. Domenica 9, in mattinata, sotto un diluvio, accingendomi a imboccare la Sopreelevata da Lungomare Canepa, rimango bloccato per un'ora e mezza nella strada di accesso, e mi viene a soccorrere un meccanico di Via

Sampierdarena, che mi ripristina la macchina. Intanto, constato che la strada è completamente allagata da mezzo metro d'acqua. Dal 13 il tempo migliora, con temperature miti fino al 17, quando la temperatura inizia a scendere, e si hanno giorni freddi e ventosi fino al 25, con un rialzo della temperatura e il ritorno delle precipitazioni, ma moderate.

Dicembre

Fino al 14 il tempo è molto clemente per la stagione, con temperature miti, e una punta oltre 18°C il giorno 1. Domenica 14 inizia un notevole abbassamento della temperatura, e una perturbazione porterà neve la mattina del 16 e il giorno seguente, con un accumulo di 5 cm, e temperatura che scende fino a –1°C. Seguono giornate sempre fredde, ma con un rialzo della temperatura, con piogge di moderata entità, come del resto per tutto il mese, tranne il 31, in cui piove per tutto il giorno, e nel pomeriggio la Tramontana Scura abbassa la temperatura fino a 6°C.

1998

Gennaio

Gennaio è mite fino al 20, con piogge intense il giorno di Capodanno, e soprattutto il giorno 14, ma anche tante belle giornate. In seguito arriva l'Anticiclone Russo, annunciato il 20 da un'intensa bufera di vento sulla città, con raffiche fino a 140 km/h, che abbatteranno molte moto; il freddo intenso dura sino a fine mese, e le temperature si mantengono di pochi gradi sopra lo zero.

Febbraio

Fino al giorno 4 è molto freddo e ventoso, con temperature tra 0°C e 4°C. Dopo arriva una primavera anticipata su tutto il Nord Ovest, con una punta di 22.5°C il giorno 17. Seguono tempo sempre mite, con una pioggia considerevole solo il 22 e il 23. Altra impennata del termometro verso fine mese, con un giorno con massima a 20°C.

Marzo

Mese con ben poca pioggia, e ridotto numero di giorni con precipitazioni, con temperature miti senza eccesso (al massimo un 20°C), in genere comprese tra 12°C e 16°C.

Aprile

Mese molto piovoso, con precipitazioni distribuite in tutte le tre decadi. Inizia con giorni di piogge moderate e temperature miti, con un nuovo peggioramento il 10 e 11, un improvviso abbassamento della temperatura il 14 (Pasquetta), in cui nel pomeriggio nevica sopra i 500 m, e poi tanta pioggia dal 15 al 18 (54 mm il 16), una tregua e di nuovo tanta acqua dal 27 al 30 (57 mm il 30). Temperature sempre fresche che generalmente non salgono mai sopra i 17°C (con minime sui 13°C), con una sola impennata di 22°C il giorno 23.

Maggio

Mese con non eccessiva frequenza di precipitazioni – ma quando piove lo fa abbondantemente – specie la mattina del 24 e il giorno 28, quando in mattinata si scatena un violento nubifragio sulla città, accumulando quasi 80 mm. La temperatura registra diversi giorni d'impennate, come un 30°C domenica 10, in cui troverò caldo anche al Passo del Faiallo, e altri giorni con punte di 27°C-28°C.

Giugno

Mese con ben poca pioggia, caratterizzato da temperature in genere miti, che raramente superano i 25°C, tranne i famosi giorni 4, 5 e 6, in cui una particolare situazione di alta pressione a Nord delle Alpi porta tre giornate caldissime sulla nostra città, con minime comprese tra 23°C e 25°C e massime tra 33°C e 34°C – un vero record per il mese di giugno. Solo l'11 e il 12 si ha una discreta precipitazione, e poi niente pioggia sino a fine mese, con alcuni giorni caratterizzati da temperature non eccessive – al massimo 28°C – ma che un'umidità molto elevata rende difficili da sopportare.

Luglio

Mese caratterizzato da generale bel tempo e temperature mai eccessive (al massimo un isolatissimo 30.5°C), con qualche pioggia, specie l'8, quando piove su tutta la regione e nell'Oltregiogo splende il sole, e soprattutto il giorno 14, quando un violentissimo temporale si abbatte soprattutto su Voltri (estendendosi a Ponente sino a Finale) e Fiorino, facendo esondare il Cerusa e causando la rottura di un ponte presso Fabbriche. Il Sud Italia è avvolto da una tremenda ondata di Scirocco Africano: in Sicilia, ad Augusta, una bambina viene lasciata chiusa nella macchina posteggiata al sole, con temperatura esterna sopra i 40°C: purtroppo non ci sarà nulla da fare.

Agosto

Mese caldo ma non eccessivo, con una perturbazione piuttosto forte il giorno 3, preceduta da un'allerta meteo la domenica precedente (2 agosto), seguita da tre giorni di caldo intenso (5, 6 e 7), con massime sui 33°C e un 34°C il giorno 5. Successivamente un'ondata di caldo africano interessa tutta l'Europa occidentale, con 38°C a Parigi (che avrò "l'onore" di provare direttamente…,) e circa 40°C a Lione, ma temperature sui 28°C-29°C a Genova, tuttavia con una forte umidità, che le rende difficili da sopportare. Verso fine mese arrivano dei brevi temporali con un notevole abbassamento della temperatura, e la sera di domenica 30 a Finale potrò già assaporare una notevole frescura.

Settembre

Mese assai piovoso, con temperature miti, e diverse occasioni per passaggi d'importanti perturbazioni, con molta pioggia il 7 e l'8, tra l'11 e il 13, e tra il 24 e il 30 (con 84 mm il 26 e 70 il 30), che provocano molti disastri in tutta la regione, specie la sera del 25, quando un'alluvione si abbatte su Ronco e la Valle Scrivia, dopo un terribile temporale, i cui lampi si vedono chiaramente da Genova.

Ottobre

Altro mese molto piovoso, specie dal 3 al 9, con la particolarità di un annunciato grave pericolo per domenica 4, quando si sarebbero dovuti incontrare una perturbazione a carattere freddo con un uragano tropicale giunto in Europa, che avrebbe potuto rinvigorirsi proprio sul Golfo di Genova. Per fortuna le due perturbazioni non s'incontreranno, ma in ogni caso nei giorni seguenti forti piogge si abbatteranno sulla città. Purtroppo i giorni di venerdì 23 e sabato 24 una grave alluvione colpisce per l'ennesima volta molte zone di Genova, specie il quartiere di Quezzi, con frane pericolose, e nuovamente la Valle Scrivia, dove, tornando da Asti verso le due, e passando col treno per Ronco, constaterò la pericolosa piena dello Scrivia. In ogni caso, le temperature si manterranno sempre piuttosto miti, con una punta di 20°C.

Novembre

Mese pochissimo piovoso, con rari giorni con piogge, e in ogni caso sempre deboli, ma con precoce abbassamento della temperatura dal giorno 10, con culmine domenica 22, con temperature che oscillano tra 1°C e 5°C, e fortissimo e gelido vento, specie in serata, in cui sarà veramente una sofferenza trovarsi al Porto Antico all'aperto, e poco dopo essere scesi dalla macchina ci rifugeremo in un bar. I giorni seguenti prosegue il freddo, pur con temperature leggermente più alte.

Dicembre

Mese leggermente più piovoso rispetto a novembre, ma con precipitazioni al massimo moderate, e abbastanza freddo, ma senza eccesso. San Silvestro sarà caratterizzato da pioggia, vento e temperatura sui 6°C. A metà mese, si registrano giornate veramente gelide su tutto il Piemonte, con Alessandra e Asti coperte di galaverna, e temperature vicine ai –10°C.

1999

Gennaio

Mese in cui cade molta pioggia, pur senza un gran numero di giorni piovosi. A Capodanno piove fino a metà pomeriggio, totalizzando 109 mm, con forte Tramontana Scura e temperature comprese tra 4°C e 7°C. Questa perturbazione, nevosa sopra i 500 m e nell'interno, aumenterà ancor di più il manto nevoso del Basso Piemonte, che sarà persistente da fine novembre a fine febbraio. La temperatura oscilla tra giornate più miti e altre più rigide, con un'intensa ondata di freddo a fine mese, col termometro che scenderà sino a 0°C, e soprattutto coll'Estremo Sud che vedrà tanto gelo e neve, anche nei luoghi più miti.

Febbraio

Primo giorno ancora segnato dall'ondata fredda di fine gennaio, con temperature tra 0°C e 6°C. Mese caratterizzato in genere da precipitazioni quasi assenti, a parte un pomeriggio piovoso e freddo domenica 14. Temperature fresche nella prima decade, tra 6°C e 10°C, mentre si assiste a un'ondata di freddo nella seconda, con medie tra 1°C e 8°C, e temperature più miti nella terza, tra 6°C e 13°C.

Marzo

Mese con temperature che fanno già sentire l'odore di primavera, ma sempre piuttosto contenute, tranne un'isolata impennata di quasi 23°C il giorno 16. Mese anche piovoso, con piogge abbondanti tra il 3 e il 6 e, specialmente, tra il 22 e il 25, che fanno totalizzare al mese più di 200 mm. In ogni caso, sono presenti molte splendide giornate, in genere con temperature tra 10°C e 16°C.

Aprile

Mese mite e con diverse precipitazioni, ma sempre di debole entità, con una giornata molto primaverile a Pasqua (giorno 4) e qualche punta al massimo di 20°C.

Maggio

Mese molto tardo primaverile, se non quasi estivo, con diverse punte oltre i 24°C, e precipitazioni molto limitate, ma distribuite uniformemente su tutte le decadi.

Giugno

Mese già notevolmente caldo, ma con temperature mai sopra i 30°C (massima di 29°C), e diverse precipitazioni, soprattutto tra il 19 e il 22, anche abbondanti e con qualche temporale.

Luglio

Il mese della piena estate '99 è caldo ma senza eccesso, con qualche isolata punta sopra i 30°C (al massimo 32.5°C), e diversi temporali sparsi un poco in tutte le decadi, tra cui un nubifragio sul Ponente genovese nella prima mattina del 12, e altre forti precipitazioni il 28 e il 30.

Agosto

Come il precedente, è un mese caldo ma senza eccesso, con distribuzione delle temperature che sembra la fotocopia di luglio, ma con un violentissimo nubifragio la mattina del 12, che in poche ore scaricherà 85 mm di pioggia, e allagherà molte aree del mercato coperto di Via XX settembre. Le altre precipitazioni saranno solo frutto di temporali molto meno intensi.

Settembre

Mese con temperature molto miti e ancora piuttosto estive (con una punta di circa 31°C il giorno 11), ma con numerose precipitazioni, abbondanti tra il 2 e il 4 e, soprattutto, tra il 15 e il 20, con un diluvio mattutino il 20 che scarica 87 mm, dopo un nubifragio il 15, che aveva accumulato 45 mm. Fine decade ancora con diverse precipitazioni, ma non troppo abbondanti.

Ottobre

Mese molto piovoso, con la prima metà segnata da temperature molto miti, con punte sui 25°C, seppur isolate, e un abbassamento deciso a partire dal 17, coincidente con l'arrivo di forte maltempo fino al 25, con importanti accumuli i giorni 21 (67 mm) e soprattutto 23 (100 mm), con molti fiumi a rischio esondazione e la Valle Scrivia duramente colpita da diversi straripamenti.

Novembre

Nei primi giorni arrivano altre abbondantissime precipitazioni, specie tra il 2 e il 4, che totalizzano oltre 130 mm, e temperature ancora miti fino alla mattina del 6. Quel sabato, dall'ora di mezzogiorno, in occasione di un profondo minimo che transiterà proprio sopra Genova, inizierà a piovere molto forte, ma niente di paragonabile a quanto accadrà nel primo pomeriggio, quando una violenta tempesta con fulmini e pioggia torrenziale, nonché vento fino a 150 km/h, causerà disastri generalizzati su tutta la regione, e un rapido abbassamento della temperatura fino a 7°C. L'indomani, recandomi con amici ai Piani D'Invrea, a parte numerosi improvvisati torrenti che scenderanno dai pendii, assisterò a un tremendo spettacolo di alberi sradicati e innumerevoli rami spezzati. Sarà una delle peggiori tempeste che si siano mai verificate sulla nostra regione. I giorni seguenti inizia a fare un poco più freddo, con molte giornate già tra 8°C e 12°C, e forte vento. Il freddo si accentuerà soprattutto sabato 20 e domenica 21, con temperature per tutto il giorno tra 0°C e 5°C, e prima neve sui monti a quote molto basse. Successivamente la temperatura aumenterà un poco, ma ormai in un range termico tipico del periodo.

Dicembre

Mese in cui gradualmente l'alta pressione delle Azzorre prende possesso del nostro paese, e quindi con temperature non fredde, con diversi giorni piuttosto miti e tanto sole. Una notevole diminuzione della temperatura si avrà solamente i giorni 22 e 23, in cui le temperature si assesteranno su valori tra 1°C e 7°C. Dal giorno di Santo Stefano iniziamo a essere interessati da intense correnti da NO, che non porteranno alcuna nuvola (le tempeste riguarderanno solo l'Europa Settentrionale e Occidentale), ma causeranno un vento violentissimo in molte zone dell'Oltregiogo e del Piemonte, con raffiche piuttosto distruttive nel Monregalese e nel Cuneese, fino a 170 km/h, e una violenta mareggiata su tutto il litorale ligure.

2000

Gennaio

L'anno di inizio millennio presenta un gennaio con temperature che, come media complessiva, sono nella norma, ma con due ondate di freddo piuttosto intenso dall'11 al 14 e dal 25 al 27. Nella prima ondata alcune giornate variano da –1°C a 4°C e nella seconda ondata da –2°C a 3°C. Tutto questo in un contesto molto secco e sereno, con piogge occasionali e deboli, e una giornata grigia veramente invernale solo il giorno 14.

Febbraio

Mese che trascorre molto mite e senza alcuna ondata di freddo, con precipitazioni scarse (a parte 10 mm il giorno 2) e concentrate in pochi giorni, medie di temperature tra i 9°C e i 14°C, con una punta di 18.1°C il giorno 9.

Marzo

Mese caratterizzato da temperature miti, con un lieve abbassamento durante la tempesta di vento del 2, comprese tra i 10°C e i 15°C, mentre, specie nella seconda decade, in Pianura Padana si registrano punte quasi estive di 26°C, come a Torino. Il tempo rimane siccitoso fino al 23, con diversi danni all'agricoltura, con un cambiamento radicale il giorno 24, con una forte pioggia, ma soprattutto la sera di sabato 25, seguita dalla notte di domenica 26, in cui su tutta la città si scatena un violentissimo temporale, che accumula 93 mm all'aeroporto di Sestri, ma diventa grandinigeno in tutta la parte orientale della città, con accumuli ancora maggiori, e chicchi di dimensioni notevoli. È l'inizio di un lungo periodo perturbato, che durerà sino alla fine di aprile. I giorni successivi si registrano sempre precipitazioni, seppur meno intense del giorno 26.

Aprile

Mese molto piovoso dall'inizio alla fine, spesso con lunghe giornate piovose e grige, e tempo in generale molto dinamico, con temperature fresche, a parte il giorno 20, Venerdì Santo, in cui si registra una massima di quasi 24°C. L'ultimo giorno la temperatura si alza, e si registrano 22°C. Piogge importanti soprattutto il 3 e il 4, il 17 (48 mm) e il 24.

Maggio

Mese notevolmente caldo, quasi come fosse giugno, con una media di 19.5°C, e quasi tutti i giorni con massime sopra i 20°C, con molti giorni a 24°C, e una punta oltre i 29°C il giorno 15. Le precipitazioni saranno molto moderate, tutte concentrate principalmente nella prima decade, ma con accumuli al massimo di 10 mm.

Giugno

Altro mese piuttosto caldo, con una media di 23°C, e quindi di due gradi e mezzo sopra la media, con poche piogge, concentrate soprattutto il giorno di domenica 11, ma con altre occasioni per deboli precipitazioni. In ogni caso, la temperatura non raggiungerà mai i 30°C.

Luglio

Mese molto folle, con i primi giorni caldi, con punte di quasi 30°C, un primo temporale piuttosto forte la sera di sabato 8, e un potente afflusso di aria artica tra l'11 e il 14, con giornate assurde in cui, quasi sempre sotto piogge e temporali, la temperatura oscilla tra i 12°C e i 15°C, evento veramente eccezionale. Dopo quel periodo il mese si mantiene molto instabile e con frequenti precipitazioni, specie notturne, e tuttavia con due giorni molto caldi il 29 e il 30, con massime di

32°C. In ogni caso il mese risulta pessimo in tutta Italia, e viene paragonato a un "novembre" col sole alto sull'orizzonte.

Agosto

Mese divisibile in due parti ben distinte, con una prima decade estremamente piovosa, specialmente tra il 3 e il 5, quando la nostra regione, insieme a tutto il Nord, viene flagellata da fortissimi temporali e nubifragi, con importanti accumuli e conseguenti diffusi allagamenti. Dal 10 il termometro inizia ad alzarsi, e gradualmente l'estate riprende coraggio, fino a trionfare per via di un'alta pressione subtropicale che invade tutto il paese, con medie massime sui 26°C-27°C in Liguria, con qualche punta di 30°C, e valori altissimi in molte altre regioni, con 40°C a Roma. Il giorno 31 improvvisamente cambia tutto, dato che arrivano dense nuvole, e nel tardo pomeriggio il cielo diventa letteralmente nero, scatenandosi un violentissimo e furioso temporale con pioggia torrenziale ed eccezionali e continue scariche elettriche, creando numerosi allagamenti, specie nei quartieri di Ponente.

Settembre

Mese piuttosto caldo e quasi estivo, con una media superiore di 1 grado alla norma, tante belle giornate e piogge non molto frequenti e in genere di moderata entità, tranne il 20 e il 30, in cui in quest'ultimo giorno si accumuleranno 43 mm, ma moltissimo nell'estremo Ponente ligure, in cui il Nervia esonderà a Dolceacqua.

Ottobre

Mese molto mite e caratterizzato da importanti precipitazioni, specie nei primi tre giorni e soprattutto nella seconda decade, con forti nubifragi tra il 13 e il 15, e purtroppo una gravissima alluvione nell'Alto Piemonte e in Valle d'Aosta, dove domenica 15 esondano numerosi fiumi. La terza decade è più quieta, sempre con temperature miti, ma con poche piogge.

Novembre

Uno dei mesi più terribili per il maltempo nella nostra regione, coll'Imperiese particolarmente colpito. Inizia con piogge nei primi tre giorni, con 49 mm il giorno 3. Seguono due giorni di tregua, e poi il terribile lunedì 6, in cui una vera e propria tempesta porta pioggia torrenziale per tutto il giorno sulla nostra città (94 mm all'aeroporto), e una tremenda alluvione in tutto il savonese occidentale e imperiese, con mare forza 9-10 che distrugge la spiaggia di Alassio, vento fortissimo da SO che spezza moltissimi rami e sradica alberi. Segue una breve tregua e poi altro tremendo maltempo dal 12 al 18, in cui Genova totalizza quasi 200 mm, e l'Imperiese subisce una seconda grave alluvione. Poi altra tregua e successivamente l'ondata peggiore, quella che c'interesserà tra il 20 e il 25, e in particolare nel giorno 23, quando si scatenerà un vero diluvio sulla nostra città, specie nel pomeriggio, con violente raffiche di vento e forti scariche elettriche, e fiumi a grande livello di pericolosità, da consigliare le autorità a emanare nel tardo pomeriggio un'Allerta 3 (ora non esiste più), ovvero di generale pericolo esondazioni e vivo consiglio di rimanere in casa. Ancora più colpito è nuovamente l'Imperiese, che registra una delle sue peggiori alluvioni, con livelli d'acqua che in certe zone arrivano a 2 metri, e generale pericolosità, tanto che il paese di Ceriana, vicino Sanremo, viene fatto evacuare, e purtroppo si registrano vittime. In ogni caso, per tutto il mese le temperature rimangono miti, a causa dei prevalenti venti da Sud, con punte di 18°C anche nella terza decade.

Dicembre

Per tutta la prima decade si registrano ancora piogge torrenziali, sia a Genova ma soprattutto nell'estremo Ponente, che aggravano enormemente il forte stato di criticità, specie nel paese di Ceriana. In ogni caso, le temperature sono miti in modo abnorme, con valori, specie notturni, anche di 14°C, fatto che in dicembre da tempo non si verificava. La seconda decade, pur presentando una generale diminuzione delle precipitazioni, registra minime più basse, ma ancora massime di 14°C-15°C, e non solo nella mite Riviera, ma anche nel ben più freddo Basso Piemonte. Solo dal giorno 20 inizia ad arrivare il vero inverno, con notevole abbassamento della temperatura, venti freddi, grigio e, soprattutto, una Vigilia di Natale in cui dalla tarda mattinata piove con una temperatura fissa sui 4°C, segno che oltre i 300 metri è neve; nevicherà infatti su tutto l'entroterra e il Basso Piemonte, rendendo molto suggestiva la notte di Natale. Il 25 vi sarà un lieve innalzamento della temperatura nel pomeriggio, e poi altra pioggia e nuovo abbassamento della temperatura il giorno di Santo Stefano, in cui, recandomi con un'amica a Piene Houte, vicino Ventimiglia, constateremo che il terreno è veramente impregnato d'acqua. Seguiranno giorni più soleggiati ma freddi e ventosi, che ci accompagneranno sino alla fine del millennio.

2001

Gennaio

Mese piovosissimo, in cui si conteranno 19 giorni con precipitazioni. Molto piovosa tutta la prima decade, con temperature altalenanti ma nel complesso piuttosto miti, che saliranno prima dell'arrivo delle perturbazioni atlantiche e scenderanno dopo, con valori tra 5°C e 14°C. Verso il 13, pur proseguendo le piogge fino a quel giorno, la temperatura comincia a diminuire per il sopraggiungere dell'Anticiclone Russo, finché il giorno 17 dal pomeriggio si scatenerà su tutta la città una violenta bufera di neve, con temperatura che dagli 8°C del mattino scenderà ai –1°C della sera, con neve molto fitta che accumulerà 15 cm (ricordo il mio terrazzo coperto da circa 20 cm di neve, che mi fece venire in mente la nevicata del 26-12-70 (vedi)). Seguono giorni sempre piovosi ma più miti, come accade quasi sempre dopo una forte nevicata sulla nostra città, con frequente serate di diluvi e temperature fredde, sino a fine mese.

Febbraio

Mese molto meno piovoso di gennaio, con un periodo di piogge moderate dal 4 al 9, e temperature ancora molto fresche in tutta la prima decade. Dal 10 al 24 si avrà un periodo quasi primaverile, con temperature massime spesso sui 16°C, e minime sugli 8°C-9°C, e un giorno in cui la temperatura raggiungerà i 19°C. Domenica 25 cambia tutto improvvisamente; dal mattino, l'aria si fa sempre più fredda, e nel pomeriggio e in serata cadono fiocchi di neve senza accumulo, con una temperatura di 3°C. Quel giorno andai a Castelvecchio di Rocca Barbena, vicino Albenga, e prendemmo fiocchi di neve dall'inizio alla fine. Il giorno 27 la neve arriva molto più consistentemente. Infatti, mentre in centro città si avrà solo nevischio, per uno strano fenomeno, Sestri e specialmente Pegli verranno sommersi dalla neve, (un forte temporale nevoso localizzato) e il casello di quest'ultima località verrà chiuso per alcune ore da mezzogiorno, dato che si sono depositati in poche ore 40 cm di neve. Il giorno seguente la neve cade uniformemente su tutta la città, con temperatura sullo 0°C-1°C, e l'accumulo sarà di 10 cm.

Marzo

Mese caratterizzato da miti temperature, ma da continue precipitazioni dall'inizio alla fine, con alcuni giorni di piogge molto intense che durano per tutte le 24 ore, unite a due giornate di forte vento di Scirocco, il 18 e il 30, in cui supererà anche i 100 km/h.

Aprile

Mese che si manifesta più caldo nella prima decade piuttosto che nella terza, con precipitazioni ancora abbastanza frequenti, ma senza eccesso, e temperature che superano diversi giorni i 21°C nel primo periodo, ma non vanno sopra i 20°C nel secondo e nel terzo, con una Pasquetta (17 aprile) che sarà segnata da un violento temporale con forte vento e grandine in serata.

Maggio

Mese piuttosto piovoso e caratterizzato da temperature miti, con una punta di 27°C il giorno 23. Un periodo piuttosto piovoso, ma senza eccesso, si ha nella prima decade, mentre altre giornate piovose si registrano dal 20 al 25, con 40 mm il 21.

Giugno

Mese caratterizzato da temperature miti, che solo in due giorni raggiungono i 30°C, e da scarse piogge, tranne un violento temporale la sera di domenica 17, quando sul treno, tornando da Alassio, veniamo sorpresi a Voltri da una tempesta di pioggia e vento, con violente scariche elettriche. In ogni caso, il temporale interesserà soprattutto Pra' e Voltri, con gli altri quartieri meno colpiti, soprattutto quelli orientali.

Luglio

Mese piuttosto mite, con caldo mai eccessivo, e solo un 31°C l'ultimo giorno del mese. Sarà ricordato per le piogge della settimana precedente il tragico e nefasto G8, soprattutto per l'intensa pioggia tra la sera del 19 e la notte del 20, prima della tragedia.

Agosto

Qualche isolata debole pioggia nella prima decade, e poi tempo piuttosto soleggiato con caldo non eccessivo fino al 18, dopo di cui si avranno delle giornate difficili da sopportare per le alte temperature notturne e le massime vicino ai 29°C-30°C, soprattutto il giorno 29, con minima di 25.6°C e massima di 29.5°C, e il 94% d'umidità, che farà passare ai genovesi un vero giorno di passione, per fortuna interrotta definitivamente i giorni successivi per l'arrivo di forti piogge e temporali, e temperature in netta diminuzione.

Settembre

Dopo il nubifragio e la tromba marina di sabato 1, specie nei quartieri di Levante, si ha un mese piuttosto fresco, con temperatura sotto media di un grado, e numerose precipitazioni, in alcuni casi forti, e cielo frequentemente grigio.

Ottobre

Mese mite ma non molto piovoso rispetto alla media del mese più bagnato dell'anno, con diversi giorni con precipitazioni, ma solo sabato 22 con una pioggia veramente intensa. Le temperature resteranno miti per tutto il mese.

Novembre

Mese non molto piovoso rispetto alla norma, che si segnala per la fortissima tempesta di vento di sabato 10 e domenica 11, con temperatura tra i 7°C e i 10°C e raffiche continue fino a 150 km/h, sotto un cielo plumbeo, con una breve nevicata a Savona il sabato mattina, che poi gela e rende la circolazione veramente difficile. Autostrade A10 e A12 completamente chiuse per tutto questo week end, che si conclude con un violento temporale nel tardo pomeriggio dell'11, che però pone fine al vento scatenato. Da quel giorno le temperature rimangono piuttosto basse, ma senza eccesso, con una fredda e piovosa domenica 18.

Dicembre

Mese piuttosto freddo, con la famosa bufera di neve su Milano la sera del 13, che dà inizio a un periodo molto freddo su tutto il Nord. Sulla nostra città nevicherà debolmente il 14, e tale precipitazione sarà seguita da giornate piuttosto fredde e un poco ventose sino a fine anno, con punte di forte freddo domenica 16, con minima di 1°C, e la vigilia di Natale, con temperature tra 2°C e 7°C. Dopo la festività si alterneranno giornate più miti a giornate rigide e ventose, ma tutte accomunate da minime basse.

2002

Gennaio

Gennaio è glaciale su vasta parte d'Italia, (abbastanza mite solo in Liguria, al riparo delle correnti da Nord) e siccitosissimo, con punte di –15°C in Pianura Padana; gelano la Laguna Veneta e anche numerosi fiumi; per l'agricoltura è un grave danno. La televisione evidenzia l'aumento vertiginoso dei prezzi della verdura a causa del freddo (in realtà il problema è il cambio con l'Euro..). Verso il 23 il cielo a Genova si copre e il giorno di giovedì 24 arriva una pioggia molto intensa, che accumula quasi 100 mm, con una Tramontana scura molto raffreddante, tanto che, partendo dai 12°C di inizio precipitazione, si arriverà a 1°C, e la pioggia si trasformerà in neve, ma senza accumulo. Seguono altre piogge e, in particolare, una domenica 27 gennaio estremamente plumbea e tetra, segno di altre importanti precipitazioni in arrivo. La temperatura, a parte qualche giorno freddo a inizio mese, si mantiene decisamente mite.

Febbraio

Mese mitissimo ma molto piovoso, con una forte perturbazione il 6, che accumula 60 mm, più Tramontana Scura, che farà passare la temperatura da 12°C a 4°C in serata. Altra importante pioggia si avrà il giorno 15, con 77 mm, e poi il mese proseguirà meno piovoso ma sempre mite.

Marzo

Qualche pioggia di moderata intensità nella prima decade, con cielo grigio e nebbioso, e poi sempre piuttosto mite, con una giornata di Fohn il 22, che porta la massima a 25°C. Ma a parte questo episodio, la temperatura si mantiene molto moderata per tutto il mese, mentre altrove pare ormai consolidata la tradizione dell'estate precoce, specie in Pianura Padana, dove verso fine mese massime di 25°C contrastano con quelle intorno ai 15°C della Liguria.

Aprile

Mese mite, abbastanza fresco nella prima decade, ma piuttosto piovoso, soprattutto dal 7 al 16, periodo che spesso sarà caratterizzato da giornate grige e plumbee in cui pioverà per tutte le 24 ore, con importanti accumuli. Si segnalano due giornate calde il 22 e il 23, con le massime rispettivamente di 24.7°C e oltre i 25°C.

Maggio

Mese molto piovoso e fresco, con un primo peggioramento dal 2 al 6, che accumulerà oltre 100 mm, con 800 mm di pioggia in 24 ore sul Lago Maggiore il giorno 3; sempre lo stesso giorno, a Genova si verifica un violento nubifragio; per il resto del mese è un continuo passaggio di perturbazioni atlantiche, che portano molta pioggia ogni 2-3 giorni, alternate a belle giornate di sole, con temperature gradevoli in aumento dalla prima alla terza decade, ma in genere con massime intorno ai 21°C e mai superiori ai 24°C. Da segnalare la campagna resa verdissima dalle abbondanti precipitazioni.

Giugno

Mese che si può dividere in tre parti distinte. La prima va dall'inizio fino al 12, ed è caratterizzata da tempo quasi sempre perturbato, che porta altre abbondanti precipitazioni, con temperature molto miti e quasi fresche, con l'alluvione nel Biellese (350 mm di pioggia in poche ore). Successivamente, un anticiclone subtropicale s'impossessa del nostro paese, portando un caldo molto afoso, seppure a Genova non si raggiungeranno mai temperature sopra i 30°C. Tuttavia, le minime sono alte e il tasso di umidità molto forte, e quindi questo sarà per i Genovesi un periodo di sofferenza (il 23, minima di 27°C e massima di 30°C, col 90% d'umidità), che sarà bruscamente interrotto la mattina del 30 da un violento temporale, che interesserà soprattutto i quartieri di Levante, ma porterà ovunque una netta diminuzione della temperatura.

Luglio

Mese molto mite, con un isolato giorno in cui la massima arriva a 32.4°C, e precisamente il 28, seguito da alcune giornate più calde del solito, ma caratterizzato da abbondanti precipitazioni, a iniziare dal violento temporale e nubifragio del pomeriggio di sabato 6, con una tromba d'aria che avvisterò dalla soprelevata, che porterà forti quantitativi di pioggia, specie nel Ponente. Altro peggioramento intenso dal 13 al 18, che porterà temporali e moltissima pioggia, e la serata di domenica 14 con forte pioggia, forte vento e temperatura di 18°C, che ci porterà momentaneamente in autunno. Seguono altri temporali sparsi per tutto il mese, ma di moderata intensità.

Agosto

Mese piovosissimo e fresco, caratterizzato da continui violenti temporali e nubifragi, a cominciare da quello molto intenso della mattina dell'1, che porterà 40 mm di pioggia, Seguirà un'altra mattinata di forte maltempo domenica 4, con un violentissimo temporale con grandine nella notte e per tutta la mattinata, e altri temporali violenti che colpiranno tutto il Nord, con un evento particolarmente grave sul Lago di Garda, la cui sponda Sud orientale viene devastata da una storica tempesta di vento e grandine. Altro temporale violentissimo la mattina del 6, che scaricherà su Genova Sestri altri 50 mm, e darà inizio a una lunga serie di giornate molto turbolente, segnate da temporali molto violenti, come quello della notte del 9, e altre importanti precipitazioni, che dureranno fino a una domenica 11 triste, piovosa e con temperatura sui 18°C. Seguiranno giorni di pausa, con temperature sempre miti e quindi gradevolissime, con un temporale il 18. e poi una serie infinita di piogge e temporali dal 24 al 31, alcuni molto forti, specie quello di metà pomeriggio del 30, con grandine. In ogni caso, a fine mese si avranno massime di 28°C e 29°C. Da segnalare a Genova un temporale eccezionale per la violenza dei fulmini la sera del 26.

Settembre

Mese mite, con minime tra i 12°C e i 19°C e massime tra i 21°C e i 26°C, con la graduale normale progressiva diminuzione della temperatura, ma caratterizzato da piogge molto abbondanti, con un primo periodo distribuito su tutta la prima decade, con numerosi temporali, e un altro ancora più intenso dal 19 al 27, che complessivamente accumuleranno oltre 150 mm. Purtroppo sabato 22, nel pomeriggio, si verificherà una dannosa alluvione a Cogoleto. In tutto il mese cadranno su Genova 282 mm di pioggia.

Ottobre

Mese mite e piuttosto piovoso, con temperature perfettamente nella norma, ovvero tra 14°C e 20°C, con un primo periodo perturbato dal 7 all'11, che accumulerà oltre 80 mm, un periodo di piogge più moderate dal 14 al 17, e un violento nubifragio i giorni 21 e 22, che accumulerà circa 100 mm, con un diluvio specialmente nel pomeriggio del 22. In tutto il mese cadranno sulla città 320 mm.

Novembre

Mese mite, con temperature di oltre due gradi superiori alla media, ma estremamente piovoso (22 giorni piovosi), con diverse occasioni per fortissimi e lunghi nubifragi, e torrenti al livello di guardia, in particolare i giorni 15, 21 e 26, quando in quest'ultimo nella notte sulla zona del Bisagno cadono quasi 270 mm di pioggia, e il fiume non esce per un soffio grazie alla provvidenziale cessazione della precipitazione in mattinata. Genova in un sol mese accumulerà oltre 700 mm, e la zona di Urbe arriverà a 950... ma purtroppo questo sarà un record destinato a essere ampiamente battuto nell'autunno 2014 (vedi).

Dicembre

Altro mese molto piovoso (19 giorni), ma che vede l'arrivo di un'ondata di freddo intenso, che c'interesserà dal 9 al 13, con fortissima Tramontana Scura e temperatura tra i 2°C e i 7°C; per il resto temperature abbastanza miti e moltissime ore di pioggia, anche intensa, che farà totalizzare al mese 220 mm. Dicembre completerà un anno record per la pioggia, dato che nel 2002 cadranno su Genova 2382 mm di pioggia. La media centennale è di circa 1367 mm a Sestri. Nel secolo scorso solo il 1977 può competere col 2002, con circa 2100 mm di pioggia, ma per avere un anno simile al 2002 bisogna risalire al 1872, quando su Genova caddero 2700 mm d'acqua. E purtroppo questo record sarà sbriciolato nel terribile 2014 (vedi).

2003

Gennaio

Questo mese si presenta mite nei primi 5 giorni, e poi freddo dal 6 al 18. Il giorno dell'Epifania è molto rigido e caratterizzato da una pioggia piuttosto moderata, ma continua e persistente, con vento gelido e temperatura sui 4°C. Segue un abbassamento della temperatura, con giornate dalle piogge più sporadiche, fino al totale sereno dal 9 in poi, con minime basse fino a 1°C, e massime che variano da 5°C a 10°C, a secondo che il vento forte non lasci alzare la temperatura. Segue un periodo più mite, ma non troppo, dal 19 al 30, caratterizzato da piogge molto deboli, isolate e saltuarie, e temperature attorno agli 8.5°C di media diurna, tranne il giorno 30, in cui in serata un temporale a carattere freddo, interessando la città, fa calare la temperatura a 2°C. Dalla mattinata successiva la temperatura risale fino a 9°C. Il mese totalizza 70 mm di pioggia.

Febbraio

Mese in cui non cade nemmeno una goccia d'acqua, caratterizzato da una prima decade con temperature minime basse e massime abbastanza miti, con forti venti, e da un periodo molto freddo dall'11 al 17, con venti sostenuti da NE e cielo terso. Successivamente si alzano un poco le massime, ma le minime rimangono basse, fino a un giorno 28 quasi primaverile.

Marzo

Mese mite ma assolutamente insipido, in cui non succede nulla, con numerose giornate con cielo grigio da cui cadono al massimo brevi piovaschi che non bagnano nemmeno la parte sottostante le auto, qualche giornata serena con temperatura che fa molta fatica ad arrivare a 20°C (un solo giorno), con un totale di 2 mm di precipitazioni.

Aprile

Mese in genere mite, con un'ondata di freddo relativo i giorni 7 e 8, seguita da alcuni giorni più caldi, in cui si raggiungono i 24.6°C il 17. Le piogge sono discrete, con un periodo perturbato dal 2 al 4, ma con soli 35 mm, e uno più deciso tra il 9 e il 15, in cui cadono circa 60 mm. Altre moderate piogge il 20 e il 27.

Maggio
Un mese piuttosto asciutto, con una media termica da giugno. Il primo segno dell'arrivo di un'estate torrida si ha domenica 4, quando il termometro schizza a 28°C e, in ogni caso, da quel giorno continua con un trend di temperature sempre decisamente alte, con massime fino a 30°C, tanto cielo sereno e tanto sole quasi estivo, e due temporali abbastanza violenti ma di breve durata solo il 29 e il 30.

Giugno
Mese caldissimo, con una media di 25°C, quindi superiore alla normale media di luglio e agosto. Non sono tanto le temperature particolarmente elevate, perché un solo giorno si raggiungono i 30°C, ma è la persistenza di massime tra 27°C e 29°C e minime già alte che rende il mese come da piena estate. I temporali sono assai sporadici, tranne quello della sera di sabato 28, che accumula 40 mm. Situazione già problematica in Pianura Padana, con frequenti massime di 35°C e minime elevate.

Luglio
Dopo un giugno eccezionale, questo mese è solo leggermente più caldo della norma, ma con una massima di 34.6°C il giorno 29, e un numero maggiore di precipitazioni rispetto giugno. Infatti, nel tardo pomeriggio del 4, si scatena un forte temporale, che interessa marginalmente il centro ma prende in pieno il Ponente, con una piccola tromba d'aria. Altra pioggia si avrà il giorno 24, in cui durante la notte e la prima mattina un forte temporale, in cui cadranno 30 mm, provoca una giornata in cui la massima è 24°C, con cielo nuvoloso fino a sera, e altri due temporali il 30 e il 31, che per alcune ore faranno scendere la temperatura a 19°C.

Agosto
Uno dei mesi più terribili per il caldo. È considerato il mese più caldo verificatosi da quando sono iniziate le osservazioni meteorologiche. La prima decade è bollente ed eccezionale, con temperature che raggiungono i 35°C, e minime notturne molto alte. Ancora a mezza-

notte, il termometro segna 32°C. La giornata peggiore è il 5, con minima di 29°C e massima di 34°C. Intanto continua la forte siccità, e il giorno 3, salendo su un Passo del Faiallo tutto bruciato e rinsecchito dal sole, un mio amico metterà insieme una sceneggiata in cui, tra i prati riarsi, pregherà il dio della pioggia. Segue una seconda decade sempre calda, ma senza gli eccessi ricordati. In ogni caso, quasi tutti i giorni hanno una massima sui 30°C. È proprio tra il 10 e il 14 che su molte regioni d'Italia e d'Europa si registrano record eccezionali: 42.9°C ad Alessandria, 40°C a Parigi, 38.5°C a Londra. Infatti, siamo sotto l'influenza di un Anticiclone Africano con alimentazione triplice, con un'ondata che è partita dal Marocco alla conquista di tutta l'Europa. Purtroppo si registreranno anche numerose vittime, specie tra i cardiopatici. Nella terza decade continua l'afa, pur con un tentativo di pioggia il giorno 25.

Settembre

Fin dal primo giorno la torrida estate 2003 finisce bruscamente, coll'arrivo di aria molto più fresca. Durante il mese si registra qualche precipitazione, ma non certo risolutiva per la grave siccità.

Ottobre

Dopo i primi quindici giorni, che sono un prosieguo della situazione di settembre, a parte qualche sporadico piovasco, il tempo inizia a cambiare, con i primi decisi abbassamenti della temperatura già dal 15, con un sabato 17 caratterizzato da continua pioviggine e temperatura tra i 10°C e i 16°C. Segue un progressivo deterioramento del tempo, e domenica 25 sarà una giornata fredda e piovosa per tutto il giorno, con Tramontana Scura che abbasserà la temperatura e riuscirà a fare cadere in serata qualche fiocco di neve. La vera precipitazione importante, quella con gli accumuli risolutivi della siccità, arriva solo il 31, con una piovosissima notte di Halloween, e una quasi alluvione nell'entroterra, in cui cadranno 200 mm di pioggia.

Novembre

Mese in cui cade buona parte di tutta la pioggia che non si è avuta durante i siccitosi mesi precedenti, il tutto con temperature sempre fresche, con qualche debole episodio di freddo durante il passaggio di alcune perturbazioni. Si comincia coi 23 mm della notte di Halloween, seguita da un altro peggioramento tra il 7 e l'8, che porta circa 35 mm, un intenso peggioramento tra il 14 e il 17, che accumula circa 100 mm, con le prime giornate piuttosto fredde e segnate dalla Tramontana Scura, fino a che lo Scirocco non bucherà il cuscino freddo, e soprattutto un fortissimo peggioramento tra il 21 e il 30, in cui complessivamente cadranno oltre 250 mm di pioggia, ma con temperature più miti.

Dicembre

I primi 4 giorni sono una continuazione di novembre, con temperature tra il fresco e il freddo, e un'intensa perturbazione che porta altri 150 mm di pioggia. Seguono giorni miti e soleggiati, ma dall'8 all'11 arriva un'ondata di freddo secco, con temperature che scendono a 3°C, e altre piogge copiose il 10 e l'11. Dal 17 al 19 altre forti piogge, con temperature già fredde, con un prolungamento fino al 21, giorno d'inizio di un'ondata di freddo intenso, che produrrà una vigilia di Natale serena, ma con forte vento gelido e temperature tra 1°C e 7°C. Dopo un innalzamento della temperatura a Santo Stefano, in cui si raggiungono i 13°C, una nuova ondata di piogge e freddo ci condurrà alla fine dell'anno, con altri 100 mm, Tramontana Scura e temperature basse.

Tra novembre e dicembre cadranno 1100 mm d'acqua, con frequenti nubifragi e stati d'allerta. In tutto l'anno la quota complessiva arriverà a 1400 mm, di quasi 50 mm superiore alla media, ma tutti concentrati negli ultimi due mesi. Il razionamento è scongiurato.

2004

Gennaio

Mese piuttosto freddo e con numerose precipitazioni, pur di non grande entità. È praticamente un'altalena tra giornate più miti, anche se grige, con massime sui 10°C-12°C, e brevi periodi più rigidi, in cui la temperatura oscilla tra 1°C e 7°C e anche meno.

Febbraio

Mese più mite del precedente, con una breve parentesi di alta pressione africana dall'8 al 12, che produrrà temperature abbastanza miti ma tanto cielo grigio e nubi incombenti, per il fenomeno dell'inversione termica, e in ogni caso le temperature non supereranno mai i 15°C. Dal 18 arriva una forte perturbazione che, soprattutto il giorno di sabato 21, porterà tantissima pioggia e vento gelido di Tramontana Scura, e temperatura incollata a 3°C, con tantissima neve sopra i 300 m. La particolarità di questo evento è causata dal fatto che in quota le correnti provengono direttamente dal Sahara, e così la neve assume un colore sull'arancione. Questa "neve rossa" sarà la protagonista di questo evento in buona parte della Liguria e del Piemonte, e recandomi con un amico domenica 22 a Castelvecchio di Rocca Barbena (Albenga), il borgo medioevale si presenterà magicamente coperto da moltissima "neve rossa". Seguiranno altre giornate piuttosto fredde, fino a un sabato 28 in cui fin dal mattino la neve cadrà sulla città, ma senza accumulo, fermandosi solo sopra i 100 m.

Marzo

I giorni dall'1 al 14 vedono un'ondata di freddo intenso e tanto vento sulla città, più piogge di vario tipo, con un elevato tasso d'umidità, che renderà il freddo molto penetrante. Nel pomeriggio del giorno 11 si scatenerà una notevole grandinata e cadrà molta neve sui monti, a cui seguiranno altri temporali. In seguito la temperatura si alza un poco, ma arriva un periodo grigio e piovoso dal 19 al 27, con piogge non intense, ma persistenti.

Aprile

Mese con molte piogge, seppur moderate, anche se persistenti, tanto cielo grigio e qualche giornata di sole. Le temperature rimarranno fresche per tutto il mese, con una sola punta di 22°C il giorno 25.

Maggio

Molta pioggia dall'1 al 6, con tempo fortemente perturbato il 4 e il 5, in cui piove per tutto il giorno, seguito da un notevole abbassamento della temperatura, assestandosi su minime di 10°C e massime di 16°C, e quindi molto fresca, resa quasi fredda da venti sostenuti. Dopo il 15 la temperatura si alza un poco, ma prosegue mite per tutto il mese, con un'isolata massima di 24.7°C il giorno 23. Qualche sporadica precipitazione ogni tanto dopo il 10, ma cielo spesso coperto.

Giugno

Mese praticamente senza pioggia, con una sola precipitazione tra il 19 e il 20, e caratterizzato da temperature molto miti, sempre tra 24°C e 26°C, con un solo giorno in cui si raggiungono i 30°C.

Luglio

Mese molto fresco e quasi secco, con un solo rovescio nel pomeriggio del giorno 8, preceduto da qualche pioggerella. Caratteristiche di questo mese sono le forti brezze marine "ammazza temporali", che soffiando eccezionalmente sino a molte decine di km verso l'interno, impediscono la formazione dei temporali di calore anche in zone dove solitamente sono molto frequenti, come in Val Trebbia, e creano tanti giorni sereni e freschi in città, con massime di appena 24°C. Questo è dovuto al fenomeno dell'Upwelling, ovvero risalita di acque fredde dai fondali alla superficie, che creano un forte effetto stabilizzante del tempo a causa delle fresche brezze che possono provocare. Da segnalare un periodo molto fresco tra l'11 e il 14, in cui una perturbazione che interessa principalmente l'Adriatico, portando la neve sul Gran Sasso, influenza marginalmente anche la nostra regione, con cielo terso ma vento fresco. In ogni caso, ci sarà pure spazio i giorni 24, 25 e

26 per un'ondata di Fohn, che porterà le massime a superare i 30°C, con un 35°C il giorno 25.

Agosto

Mese sempre molto mite, con un'isolata punta di 31°C il giorno 26, e con un intenso temporale nel pomeriggio del 5, che in ogni caso interesserà solo la costa, non oltrepassando la barriera dei monti, e un fortissimo temporale e nubifragio la notte dell'8, che scaricherà sulla città 80 mm d'acqua. Per il resto del mese tempo molto bello e gradevole, con qualche sporadico temporale.

Settembre

Mese più caldo della norma, caratterizzato da una frequente stabilità e poche piogge, tutte concentrate nel periodo dal 12 al 16, ma molto moderate. Dal 5 al 7 per tre giorni consecutivi si supereranno i 30°C, con una punta di 32.7°C il giorno 5. Anche nella terza decade il tempo si conserverà stabile, pur con temperature più moderate, tra i 18°C e i 23°C.

Ottobre

Molto mite, con numerosi giorni con precipitazioni, ma fenomeni di scarsa entità, tranne nel periodo tra il 24 e il 31, in cui complessivamente si accumuleranno 100 mm.

Novembre

Anch'esso molto mite, con varie piogge di discreta entità, come nel giorno dei Santi e il 2, con un totale di 45 mm, tra il 7 e l'11 e, soprattutto, tra il 28 e il 30, in cui giungerà una perturbazione più organizzata con Tramontana Scura, che abbasserà il termometro fino a 6°C e accumulerà quasi 100 mm di pioggia.

Dicembre

Mese con un regime termico di un grado superiore alla norma, con molte giornate miti ma anche altre fresche e ventose, con piogge moderate dall'1 al 5, l'8 e il 9, piogge più intense il 15 e il 16 (50 mm), e un periodo più freddo e piovoso dal 25 al 29, in cui si registra un Santo Stefano con pioggia per tutto il giorno e temperature tra 3°C e 6°C. Anche gli ultimi giorni dell'anno sono piuttosto freddi e ventosi.

2005

Gennaio

Mese in cui si conterà solo un giorno con pioggia, il 18, in cui la precipitazione avverrà nel pomeriggio, ma sarà un giorno importante perché segnerà il confine fra un inverno che fino a quel momento aveva solo scherzato, e dopo avrebbe fatto molto più sul serio. Infatti le temperature restano miti dall'inizio fino al 14, dopo di che inizia un primo abbassamento delle temperature, con un periodo tra il 15 e il 18 caratterizzato da temperature comprese tra i 4°C e i 12°C, ma già con una gelida giornata il 16 con temperatura tra i 2°C e i 6°C. Il 18, però, segna l'inizio del vero cambiamento. Infatti dopo l'unica pioggia del mese la temperatura precipita a 3°C, e ricordo perfettamente quella gelida e ventosissima serata in cui, dovendomi recare a una riunione in Comune, vi arrivai veramente intirizzito. Il periodo successivo vede molti giorni gelidi con temperature comprese tra 1°C e 6°C, e qualche giornata che, pur con la minima bassa, di giorno raggiunge i 12°C.

Febbraio

L'inizio del mese presenta ancora certe giornate con minime basse, ma massime che arrivano addirittura a 16°C, come il giorno 1. Ben presto, però, il freddo riprende vigore, con giornate gelide. Il giorno 7 nevica per tutto il giorno, con una temperatura che, partendo da 5°C, scende sempre di più, fino a portarsi a 1°C in serata, quando la neve inizia a imbiancare tutta la città, e la temperatura scende sotto lo zero. La nevicata continua la notte dell'8 e nel primo mattino si raggiungono i 7 cm, che ben presto in giornata si sciolgono rapidamente, dato che la temperatura risale fino a 5°C. Seguono altri giorni piuttosto freddi, e dal 10 la temperatura diminuisce ancora, con qualche pioggia, ma di scarsa entità, fino ad arrivare a domenica 20, in cui piove tutto il giorno con 3°C, e nel tardo pomeriggio, scendendo la temperatura a 2°C, nevica ma senza accumulo. Martedì 22 nevicherà nuovamente senza accumulo dal pomeriggio alla mezzanotte. Successivamente la temperatura scenderà ancora, con valori il giorno 28 tra 0°C e 7°C. Un dato significativo è che la neve rimane stabile per tutto febbraio sopra i 300 m, col Promontorio di Portofino molto innevato.

Marzo

I primi due giorni del mese arriva un'ondata direttamente dal polo, e si registrano temperature tra i –3°C e 1°C, con la serata del 1 marzo veramente gelida e con vento tagliente, e temperatura tra i –3°C e –5°C. Sul Plateau Rosà si registra la seconda temperatura più bassa in Italia da quando si sono iniziate le misurazioni: –36°C (il 6 marzo 1971 si registrarono –37°C, e –5°C a Genova). Il giorno 3, dalla prima mattina, inizia una fitta nevicata, che ben presto si trasforma in una delle più intense tempeste di neve che si siano verificate su Genova: aeroporto chiuso, porto chiuso, visibilità quasi nulla, neve orizzontale con fortissima Tramontana Scura, e temperatura tra –4°C e –1°C. La bufera dura sino alle 16. Poi improvvisamente il vento cessa e la temperatura risale fino ai 2°C della mezzanotte, permettendo un primo disgelo. Sono caduti 35 cm di neve in riva al mare, molti di più nei quartieri collinari, e eccezionalmente ne sono caduti 40 a Pegli, uno dei quartieri più colpiti, nonostante la proverbiale mitezza del suo clima. La mattina del 4 marzo la città sembra una stazione sciistica. Ma come succede spesso nel nostro clima marittimo temperato, in giornata la temperatura sale a 10°C, e quindi la neve si scioglierà velocemente. Il resto del mese si comporta normalmente come un normale mese di marzo, con tanta pioggia nella terza decade, specie il mattino di Pasqua (27 marzo).

Aprile

Mese mite e gradevolissimo, con molte piogge, ma di non forte intensità, distribuite in due periodi: dal 7 al 12 e dal 16 al 25. Solo quest'ultimo giorno si ha una pioggia più intensa (21 mm). La temperatura raggiungerà i 20°C solo il giorno 1 e il giorno 30.

Maggio

Mese molto moderato, mite e con 10 giorni piovosi, ma con precipitazioni quasi mai troppo intense, tranne il giorno 23 quando, tornando da Molare, luogo dove al tempo lavoravo, vengo sorpreso da un terribile temporale a Rossiglione. Arrivato in città, sta solo piovigginando, ma in seguito il temporale arriva anche a Genova, benché un poco attenuato, accumulando circa 30 mm in centro, 50 a Sestri e 90 a Rossiglione. Le temperature saranno molto miti, con un'isolata punta di 27°C.

Giugno

Mese generalmente piuttosto caldo e poco piovoso, con temperature nella norma, con un solo isolato 30°C. Le precipitazioni avvengono sotto forma di brevi rovesci e temporali, ma mai di grande entità.

Luglio

Mese non molto caldo, con temperature quasi sempre moderate, tranne in due giorni, il 2, dove si raggiungono 33°C, e soprattutto il 29, in cui tutta Italia è avvolta in un'afa molto intensa, e noi registriamo una minima di 24.8°C e una massima di 34.8°C. Da sottolineare importanti piogge tra il 4 e il 12, con una mattina di domenica 10 molto piovosa, ma nulla in confronto a una grave alluvione che contemporaneamente si abbatte sulla Costa Azzurra. I giorni seguenti il maltempo si trasferisce al centro, e resterò bloccato con un mio amico per un ora in macchina a San Vito Romano, essendomici recato per seguire una conferenza, sorpreso da una tromba d'aria con pioggia torrenziale.

Agosto

Mese non molto caldo, anche se con qualche giornata afosa in cui si superano i 31°C, ma segnato da numerose precipitazioni. Le prime si verificano il 2 e il 3, con due violenti temporali, che arriveranno a Tuscania (dove ero in vacanza) la mattina del 3, con una spettacolare tromba d'aria e pioggia torrenziale, che ci farà restare in albergo per tutta la mattinata. Altri giorni piovosi si avranno tra il 10 e il 12, e specialmente la notte e la mattina dell'11, con la città colpita da un violentissimo temporale che scaricherà 70 mm in centro, 110 a Sestri e 180 a Voltri. Altri violenti temporali tra il 18 e il 22, e tra il 26 e il 28, specie nella nottata di quest'ultimo giorno.

Settembre

Mese mite e praticamente sulla media, con una punta di 29°C solo il giorno 4. Precipitazioni si segnalano dal 4 all'11, sotto forma di piovaschi e temporali, che in ogni caso producono discreti accumuli, specie il 9 (39 mm) e domenica 11 (35 mm), quando Savona viene colpita da una grave alluvione. Verso fine mese il termometro scende un poco, con minime sui 16°C e massime sui 23°C.

Ottobre

Mese mite, con discrete piogge dall'1 all'8, e dal 18 al 26, con temperature massime che raramente scendono sotto i 20°C, a parte i giorni 19 e 20, interamente piovosi e con temperature tra 12°C e 14°C.

Novembre

Mese mite nella prima e seconda decade, con minime tra i 12°C e i 15°C, e massime tra 17°C e 21°C, con un'intensa perturbazione che c'interesserà il giorno dei Santi, con 28 mm (anche con grandine), e un'altra ancora più potente tra il 4 e il 6, che scatenerà un vero diluvio il 5, che accumulerà 128 mm. Nella terza decade la temperatura si abbassa di molto, per l'arrivo del Ciclone d'Islanda, che letteralmente si sposta dalla sua sede abituale e intorno al 25 arriva sulla nostra regione provocando una giornata di pioggia intensa, specie in serata, con forte Tramontana Scura, temperatura che precipita a 5°C e neve sopra i 500 m. Da quel momento in poi si avranno temperature basse e già invernali.

Dicembre

Mese piuttosto freddo e perturbato, soprattutto dall'1 al 5, quando un'altra perturbazione pilotata dal Ciclone d'Islanda giunge sulla nostra città provocando serate di pioggia intensa, tanto vento gelido e temperatura sui 4°C, specie il giorno 2, con neve nell'immediato entroterra e autostrade bloccate. Il resto del mese presenta tempo più clemente, anche se piuttosto freddo, con un'intensa ondata a fine mese, dal 27 in poi, con una nevicata mattutina il 28, specie nei quartieri di Levante, con poco accumulo, e temperature tra 1°C e 7°C, preparando una gelida notte di Capodanno. Da segnalare una minima di –11°C a Milano il giorno 30.

2006

Gennaio

Inizio mese con un Capodanno molto freddo, con cielo grigio, vento e temperatura tra 1°C e 6°C. Questo gennaio è molto rigido in tutta l'Europa, che attraversa uno dei peggiori inverni degli ultimi 50 anni (specie la Russia, ma anche tutta l'Europa Centro Orientale). Da noi tempo non troppo freddo e abbastanza secco fino al 14, mentre dal 15 al 17 un nuovo impulso gelido porta temperature tra –1°C e 5°C, con forte vento. Segue una parentesi meno fredda fino al 22, e dal 23 nuova diminuzione delle temperature, con valori tra 1°C e 6°C. Nei giorni 26 e 27 una depressione mediterranea congiunta con l'alta pressione russa porta due giorni di tempesta di neve su Genova (accumulo finale di 35 cm), con temperatura tra –2°C e 0°C (ricordo la serata di 26, al ritorno da Molare (AL), in cui, mentre fino al Turchino nevicava in modo lieve e senza vento, dopo la galleria fui proiettato in una tremenda tempesta, con neve che cadeva orizzontalmente, e tantissimo vento soprattutto tra Voltri e Pegli, con neve molto abbondante, che si accumulava nei bordi dell'autostrada e formava turbini che, spinti dal vento, investivano frequentemente la mia auto), mentre nell'entroterra continua a nevicare anche nei due giorni seguenti, portando 2 metri di neve, e una situazione molto difficile, in cui nei dintorni di Acquabianca un uomo viene ferito da un cinghiale. I giorni 30 e 31 risplende il sole e la temperatura si alza fino a 18°C l'ultimo giorno del mese.

Febbraio

Il mese è normalmente freddo, con intervalli miti alternati a freddo moderato. Forte mareggiata e violenti scrosci d'acqua si avranno il 18 e 19, in un periodo segnato da precipitazioni e cielo grigio. In particolare, la sera di domenica 26 un violento temporale con grandine si abbatte sui quartieri orientali della città, con temperatura di 6°C. I giorni successivi la temperatura sarà compresa tra 3°C e 8°C, e un mio amico di Roma, venuto a Genova a trovarmi, avvertirà molto freddo, a causa del vento continuo, nonostante le temperature sopra lo zero.

Marzo

Mese generalmente mite, ma con un'ondata di freddo tra il 10 e il 13, che colpirà principalmente il Versante Adriatico, e da noi si farà sentire come una forte tempesta di vento, specie nel pomeriggio di domenica 12, quando raffiche fino a 120 km/h creeranno gravi disagi in porto. Quel giorno presi la neve alla Verna, e un nevischio gelido con vento ad Arezzo. Il mese conosce varie precipitazioni, ma le uniche significative saranno quelle del 21 e del 24, intorno ai 20 mm. L'ultimo giorno cadrà un'insistente pioviggine, con cielo plumbeo e scarsa visibilità.

Aprile

Mese piuttosto fresco, con una sola punta isolata di 25°C il giorno 25, con 12 giorni con precipitazioni, ma tutte con accumuli inferiori a 1 mm, per cui il totale del mese sarà di 10 mm, fatto molto raro nel mese di aprile, solitamente piovoso.

Maggio

Altro mese in cui si totalizza pochissima pioggia: 11 mm, distribuiti in 9 giorni, con temperature molto miti, con una massima mensile di soli 22°C, e un giorno 31 improvvisamente molto fresco, se non quasi freddo per il periodo, in cui la temperatura oscilla tra 12°C e 17.7°C.

Giugno

Mese molto siccitoso, con due soli giorni con piogge debolissime, l'1 e il 2, e temperature abbastanza miti fino al 23, e calde dal 24 in poi, con punte oltre i 31°C, e notevole sensazione di afa. Le campagne soffriranno molto la siccità.

Luglio

Il primo del mese, con la siccità che non accennava a scemare, insieme ai miei amici meteorologi ci recammo dal "Decano Assoluto del Tempo Ligure", al Poggio, località presso Acquabianca di Urbe, e per sdrammatizzare un poco e ridere insieme, imbastimmo una specie di "danza della pioggia siciliana"....., con lo scopo di scacciare il Maligno, ovvero "Il Gobbo di Algeri", ovvero l'alta pressione africana, dal Nord Ovest.... Per ironia della sorte, il 6 luglio la siccità finisce e un violento temporale porta oltre 50 mm in centro, 80 a Sestri e 100 a Voltri; il caldo comunque aumenta e si registra uno dei mesi più caldi dei tempi recenti, con addirittura sei giorni consecutivi di temperature sopra i 31°C, con una punta di 34.5°C sabato 15, fatto eccezionale per la nostra città. Altri giorni con temperature superiori ai 30°C si registreranno nella terza decade, con minime alte e molta afa; il 12 sera un violento temporale si scatena sul Ponente (40 mm a Sestri), poi gran caldo con sole e maccaja fino al 28, quando nel tardo pomeriggio un tornado colpisce Sestri riversando in tutta la città dai 30 ai 50 mm di pioggia. Da quel giorno il tempo cambia e agosto è all'insegna di violente perturbazioni atlantiche.

Agosto

Mese fresco, molto perturbato ed estremamente piovoso. Il 2 sera un fortissimo acquazzone da' inizio alla diminuzione della temperatura: per tutto il mese si alternano violenti temporali e nubifragi (tremenda la tempesta di grandine (con un fulmine dietro l'altro per un'ora circa) della sera del 13 su tutta Genova Centro e Ponente, dove a

Pra' in mattinata un'altra furiosa grandinata aveva distrutto completamente le serre del famoso basilico); il 16 arriva una violenta perturbazione che in due giorni scarica 200 mm di pioggia (già 100 a Voltri nella sola notte del 16); in particolare, terribile il nubifragio della mattina del 17 in centro, con un totale tra i 100 e 200 mm di pioggia in poche ore, e molti allagamenti. Anche la notte del 26 altro violento temporale con grandine e illuminamento a giorno per i fulmini. In agosto cadono 300 mm di pioggia in centro, circa 500 mm a Sestri, 700 mm a Voltri (ricordo che 800 mm è la media annuale di Torino) e 1100 mm a Mele, dove la notte tra il 15 e 16 agosto sono caduti 360 mm di pioggia. Le temperature, sempre molto miti, se non fresche, registreranno solo un isolato 31°C il giorno 2, ma con una veloce rinfrescata nel tardo pomeriggio e una pioggia da 90 mm in serata.

Settembre

Il mese inizia mite e tranquillo, e tale prosegue fino al 13, senza alcuna precipitazione. Una violenta perturbazione porta 250 mm di pioggia su tutta la città la notte tra il 14 e 15, e il pomeriggio del 15 un vero tifone accompagnato da intense scariche elettriche porta 100 mm a Voltri, 70 mm a Sestri e 40 mm in Centro. Il 25 un disastroso nubifragio interessa tutto il Savonese, mentre a Genova si ha solo pioggia normale. Le temperature sono per tutto il mese molto moderate, con una sola punta calda di 31.6°C il giorno 10, per via del Fohn.

Ottobre

Mese mite e piovoso. I primi giorni d'ottobre cadono sul Voltrese 100 mm di pioggia, e il pomeriggio del 4 un tremendo temporale con forti raffiche di vento riversa 80 mm d'acqua sul Ponente, con epicentro a Sestri. Poi alta pressione e tempo mite, ma verso la fine del mese si verificano altre piogge, benché moderate. Le temperature risulteranno assai miti, anche nella terza decade, quando in alcuni giorni si raggiungeranno ancora i 23°C.

Novembre

Mese molto mite e piuttosto piovoso, con molte precipitazioni tra il 15 e il 29, caratterizzato da improvvisi nubifragi alternati a uno splendido sole quasi da maggio. L'inverno sembra non avere alcuna intenzione di mostrare le sue prime avvisaglie, con diversi valori massimi sui 20°C ancora nella seconda decade. Verso fine mese la temperatura si abbassa un poco, ma si registrano temperature sempre miti per il periodo, tra i 10°C e i 14°C.

Dicembre

Mese mitissimo, con una media di 11.5°C, e quindi 2 gradi e mezzo sopra la norma. Si registrano diverse piogge, anche abbondanti e a carattere di isolati nubifragi, nel periodo tra il 2 e il 8, e tra il 15 e il 18, mentre dopo quest'ultimo giorno arriva un trionfo di primavera fuori stagione, con tantissimo sole, interrotta solo nei leggermente più freschi e ventosi giorni 22 e 23. Tuttavia, per tutto il mese, non vi sarà mai una giornata completamente sotto i 10°C, fatto rarissimo. Particolarmente primaverile il Natale, con una massima oltre i 14°C.

2007

Gennaio

Il primo mese dell'*anno senza inverno* registrerà una temperatura media di 11.8°C gradi, con poche piogge, e frequenti irruzioni di Fohn, le più importanti delle quali si avranno il 12 e il 19. Ma mentre a Genova si avranno al massimo 17°C, in Piemonte, specie il 19, si registreranno 26°C a Torino e 29°C in provincia di Cuneo. Nella terza decade arriverà un periodo più freddo e piovoso dal 24 al 26, in cui nevicherà nel Basso Piemonte, e a Genova il 25 sarà pioggia, con temperatura tra 3°C e 6°C.

Febbraio

Mese molto mite ma leggermente più fresco di gennaio, con media di 11.2°C, e cioè di quasi 4 gradi oltre la norma. Si registreranno diversi giorni con pioviggini e pioggerelle, che interesseranno soprattutto il Levante, con il quartiere di Sestri Ponente ancora interessato da precipitazioni, ma al confine con la zona non interessata, ovvero a Ovest di Pegli. In ogni caso, non si avranno più quelle assurde ondate di Fohn di gennaio, e il clima sembrerà un poco più invernale.

Marzo

Il terzo mese dell'anno si presenta mite fino al 15, con diverse piogge e cielo spesso grigio, e con temperature che solo raramente raggiungono i 17°C-18°C. Si è infatti affermato un anticiclone azzorriano di matrice subtropicale. Però, questo dura sino al 19, poiché il 20 un'intensa irruzione d'aria artica fa precipitare la temperatura di 10°C, e renderà l'ultima decade del mese la più fredda di un inverno inesistente: molte persone indosseranno il cappotto proprio in quel periodo, malgrado per tutto l'inverno i capi veramente pesanti fossero rimasti negli armadi.

Aprile

Aprile è nuovamente secco e dal 10 un'estate anticipata si registra su tutta l'Europa: era dagli anni '40 che non si verificava un aprile così caldo. A Genova si registra un periodo folle dal 13 al 16, con temperature massime vicine o superiori ai 24°C, che il giorno 14 raggiungono i 27.2°C gradi, sotto un sole già estivo. Anche nell'ultima decade si registreranno giornate con massime superiori ai 24°C, e la media del mese sarà di quasi 17°C, praticamente come in maggio. Le piogge saranno scarsissime, concentrate in soli 4 giorni.

Maggio

Mese divisibile in tre parti. Dopo un primo maggio soleggiato e molto primaverile, con qualche piccolo temporale nel pomeriggio, dal 2 al 6 si registrerà un periodo piovoso, soprattutto temporalesco, con notevoli accumuli. Seguiranno giornate soleggiate e piuttosto calde, con temperature estive dal 23 al 25, e nuovamente altre piogge dal 26 a fine mese, con diversi temporali.

Giugno

Un'intensa perturbazione transita il 1 giugno, con forti piogge in mattinata in Centro e nel Ponente e una quasi alluvione sul Levante (220 mm a Polanesi in due ore). A Nervi si avranno gravi danni sulla passeggiata a mare, dove crolleranno pezzi di muro. Giugno prosegue fresco e un poco piovoso fino al 17. Poi si hanno due effimeri giorni di caldo e successivamente ritorno a un'estate mite e temperata.

Luglio

Mese molto mite e temperato, con numerose splendide e gradevoli giornate, e temperature mai troppo calde, con un isolatissimo 30.8°C solo il giorno 18. Tuttavia il mese è quasi totalmente secco, con soli due giorni con pioggia, e anche di scarsa entità. Si ripete nuovamente, come nel luglio 2004, il fenomeno dell'Upwelling (vedi).

Agosto

Mese assai mite, con temperature sempre molto temperate e giornate gradevoli, con solo un'isolata punta di quasi 32°C. Tuttavia l'8 agosto si registra un discreto temporale in città, anche se il grosso della pioggia si concentra sul Levante (110 mm alla Spezia in poche ore). Il 20 agosto arriva un'intensa perturbazione con un violento temporale ricco di scariche elettriche per tutto il pomeriggio in città, e il 21 piove abbastanza intensamente per tutto il giorno. A fine mese si registra un'altra pioggia, ma debole.

Settembre

Mese mite e leggermente più fresco della norma, con prevalenza di alta pressione, che sarà interrotta solo la notte tra domenica 16 e lunedì 17, con un violento temporale ricchissimo di fulmini e tuoni, ma senza grandi precipitazioni (40 mm a Bolzaneto, 20 mm a Sestri e pochissimi in Centro). Dopo si affermano correnti da Nord e la temperatura si abbassa, fino a far registrare un record storico il 27 settembre:

dopo una notte di pioggia intensa accompagnata da Tramontana Scura, la mattina la temperatura segna 9°C, e la massima sarà solamente di 14°C: il record precedente era del 26 settembre 1972, con 9.2°C.

Ottobre

In ottobre ricompare l'alta pressione e la Liguria sembra avere dimenticato la vera pioggia autunnale. In ogni caso, tra il 19 e il 25 su tutta l'Italia si registra una potente irruzione d'aria artica, che produrrà una forte depressione sul basso Adriatico che, in seguito, si estenderà a quasi tutto il Mediterraneo, interessando anche la nostra regione i giorni 24, 25 e 26. Dopo si avrà occasione per altre piogge il 30 e 31 ottobre, accompagnate da violente raffiche di Tramontana Scura, che raggiungeranno punte di 100 km/h la notte tra il 30 e 31: una forte tempesta di vento.... ma per Genova non è certo una novità.

Novembre

Il giorno dei Santi trascorre sereno con un sostenuto vento di tramontana, e temperatura tra gli 11°C e 16°C. Successivamente, il tempo si presenta tra il temperato e il freddino, in particolare la sera di domenica 18 novembre, premonitrice di quattro giorni d'intenso maltempo con pioggia continua, Tramontana Scura e temperatura tra i 4 °C e i 6 °C i giorni 22, 23, 24 e 25. Poi il tempo migliora, ma si capisce subito che l'inverno 2007-2008 non sarà l'eccezionale mite invernata precedente.

Dicembre

Dopo giornate non troppo fredde e segnate da qualche pioggia, un'intensa ondata di freddo raggiunge Genova sabato 15 dicembre, seguita da giornate gelide, in particolare lunedì 17 dicembre. Verso Natale arrivano moderate perturbazioni che portano debole pioggia e freddo intenso per tutto il periodo natalizio e di fine anno.

2008

Gennaio

L'anno inizia con tempo molto freddo e con una notevole nevicata il 3 gennaio su tutta la città, con accumuli sui 10 cm. Moltissima neve cade nell'immediato entroterra, bloccando il Passo del Faiallo. Il freddo intenso dura però solo fino al 16 gennaio, dopo una serata di pioggia battente, Tramontana Scura e molto freddo. Giunge infatti l'anticiclone delle Azzorre, che porta tempo mite sino a fine mese, con qualche debole pioggia il 30 e il 31 e molti giorni grigi per maccaja.

Febbraio

Mese con ben poche piogge e una giornata più fredda solo il 17, con temperature tra 2°C e 10°C. Predomina infatti l'alta pressione delle Azzorre, che porta temperature miti e cielo spesso grigio.

Marzo

Il mese inizia con una serie infinita di piogge moderate dall'1 all'11, con cielo grigio e temperature miti, finché verso il giorno di Pasqua, il 23 del mese, sopraggiunge una colata artica che sconvolge il quadro pressorio sul Mediterraneo e dà inizio a una primavera molto perturbata su tutta la Liguria.

Aprile

Mese piuttosto fresco (a parte una massima di 24°C il giorno 1), con numerose occasioni per abbondanti precipitazioni, specie tra l'8 e l'11, tra il 14 e il 21 e il 28 e 29. Temperature sulla media.

Maggio

Mese molto mite, con una sola impennata termica dal 26 al 28, in cui uno di questi giorni si superano i 28°C di massima, ma caratterizzato da intense precipitazioni. S'inizia con un forte temporale domenica 11, e poi con continue piogge e temporali dal 16 a fine mese. In particolare, il giorno 31, quando la Val di Susa è sconvolta da una grave alluvione, in serata su Genova si abbatte un violentissimo temporale con raffiche di vento di eccezionale intensità (fino a 150 km/h) che causano danni ovunque in città.

Giugno

giugno presenta un tempo fresco e molto piovoso fino al 17, in particolare domenica 8 giugno, quando una violenta tempesta di pioggia e vento si abbatte sulla città. Seguono continue piogge e temporali, che si concludono con un violentissimo nubifragio la notte tra il 16 e il 17, dove sul Ponente genovese si riversano dai 140 ai 200 mm di pioggia e circa 80 in centro. Con tale nubifragio termina praticamente il lungo periodo piovoso e inizia un'estate non troppo calda ma eccezionalmente asciutta. Le temperature, in questa parte del mese, si stabilizzano con massime sui 28°C, ma con una punta di 33°C il giorno 28.

Luglio

Mese non molto caldo e quasi senza precipitazioni, a parte qualche sporadico brevissimo rovescio, con molti pomeriggi in cui si sente tuonare e si vedono le nuvole verso i monti, ma che non raggiungeranno mai la costa. Le temperature non sono molto alte, con una sola massima di 31°C il giorno 1.

Agosto

Contrariamente alla tradizione genovese, questo mese è molto asciutto, anche se piuttosto caldo, con qualche rara punta oltre i 30°C (al massimo 32°C), e una pioggia solo nel pseudo temporalesco giorno di Ferragosto, in cui non cadranno più di 15 mm.

Settembre

Il mese presenta bel tempo con caldo umido e afoso fino alla sera di sabato 13 settembre, quando un violento temporale e nubifragio, rovinando la Notte Bianca, pone fine all'estate. Seguono continue piogge e un notevole abbassamento della temperatura, che fa sembrare l'ultima parte di settembre una specie di ottobre assai avanzato, con numerose mattine di pioggia, vento freddo e temperatura sui 14°C.

Ottobre

I primi tre giorni proseguono le piogge di fine settembre, con la mattina di sabato 4 caratterizzata da vento freddo e temperatura sui 14 gradi, che sembrano annunciare un pieno autunno molto precoce. Ma da mercoledì 8 un anticiclone subtropicale africano, con pressione in quota da piena estate, sembra riportare per alcuni giorni un'estate sui 23°C-25°C: in particolare, sarà caldissima la giornata di sabato 11 ottobre, col matrimonio di due miei amici che si concluderà con un bagno nel mare di Albisola, e temperatura sui 25°C. Ma un importante avvenimento meteorologico sta per sopraggiungere sull'Europa, ovvero la conclusione definitiva di un regime meteo dominato dalle alte pressioni subtropicali, iniziato nel lontano 1988 e con una brusca accelerata dalla torrida estate 2003. La pressione diminuisce bruscamente e mercoledì 29 ottobre sulla Liguria arriva un'intensa e complessa perturbazione, come non si vedeva da anni, che porta pioggia continua a carattere di nubifragio per tutto il giorno. Ma il vero segno del radicale cambiamento si ha l'indomani, 30 ottobre, quando una tempesta di eccezionale intensità, con raffiche fino a 150 km/h e una mareggiata storica, che non si ricordava dal 19 febbraio 1955 (ma questa l'ha ampiamente superata), sconvolge tutto il litorale ligure, Genova e Levante in primis. con una netta diminuzione della temperatura, che si porta sui 12°C.

Novembre

Mese caratterizzato da continue piogge e maltempo, con un violento temporale la sera di mercoledì 5, con cielo illuminato a giorno e pioggia molto forte. Praticamente dal 27 ottobre si registrano 50 giorni di continuo maltempo, con precipitazioni pressoché ogni giorno, spesso molto abbondanti e persistenti, e altre mareggiate. In particolare, lunedì 24 novembre arriva un'ondata artica e la temperatura precipita, e la perturbazione di venerdì 28 novembre porta neve sui quartieri collinari e fiocchi fino al mare, e le temperature rimangono basse sino a fine mese.

Dicembre

Molto fresco nei primi 15 giorni, con continue piogge, e un mercoledì 10 dicembre (dopo giorni di continue piogge e freddo), con neve a quote ancora più basse del 24 novembre. Una breve tregua viene imposta da una timida avanzata dell'anticiclone delle Azzorre dal 18 al 24 dicembre, quando arriva un'ondata di freddo intenso dalla Russia e tempo molto rigido e ventoso, che persiste sino alla fine dell'anno, con temperature tra i 2°C e gli 8°C.

2009

Gennaio

L'anno inizia con la continuazione del freddo lasciatoci in eredità dal 2008; freddissimo soprattutto l'entroterra, in cui domenica 4, vicino al Passo della Castagnola, avrò un tremendo incidente poiché, malgrado andassi molto piano, la macchina si ribalterà slittando sulla neve ghiacciata, e per fortuna io rimarrò quasi illeso (solo qualche graffio). Seguirà un'intensa perturbazione, che porterà una tempesta di neve dalla sera del 6 a tutto il 7, con 15 cm in Corso Italia, 20 a Marassi e 30 sulle alture. Il mese proseguirà piuttosto rigido e molto piovoso. Il giorno 24 la pressione precipiterà a 980 hPa, determinando intenso maltempo e mareggiate, uniti a neve nel pomeriggio.

Febbraio

La neve ricompare in centro dalle 23 del 1 febbraio alle 2 del giorno seguente, imbiancando la città ma trasformandosi subito in pioggia, anche se solo a livello del mare, mentre nei quartieri collinari la bufera prosegue per tutto il giorno. Seguono altre piogge e tempo molto variabile, e un'intensa attività temporalesca la sera del 5 febbraio. Il mese prosegue con frequenti piogge intervallate da bel tempo, ma con temperatura più mite rispetto a gennaio, con una temperata domenica 22, con una massima di 13°C.

Marzo

A inizio mese, e precisamente il giorno 5, il tempo da' una nuova dimostrazione del radicale cambiamento intrapreso da fine ottobre: si forma un minimo sul golfo ligure di 973 hPa, supportato in quota con geopotenziali blu, piuttosto rari sul Mediterraneo. Non si ricorda un minimo così profondo centrato sul Golfo di Genova: in altre occasioni la pressione sulla nostra regione aveva raggiunto i 970 hPa, ma per minimi più profondi posizionati altrove, più a Nord. Segue un periodo di alta pressione subtropicale ad alimentazione duplice – una "bestia barica" che in altri tempi sarebbe durata due mesi. Invece crolla inesorabilmente sabato 28 marzo, e la successiva domenica un'intensa perturbazione porta circa 80 mm di pioggia su Genova.

Aprile

Aprile inizia con tempo variabile e qualche pioggia, e un improvviso e anticipato incremento della temperatura intorno a Pasqua (12 aprile), con massima di 24°C. Ma il 16 arriva un'intensa e violenta perturbazione atlantica, che porterà intensi temporali sulla nostra città, con circa 80 mm di pioggia tra Voltri e Sampierdarena. Il mese continua con altre piogge intervallate da improvvisi incrementi della temperatura, come una massima di 26°C il 23 aprile, quando a Torino si raggiungono i 33°C, fatto assai insolito per entrambe le due città. Ma poi arriva un'altra perturbazione, e domenica 26 aprile trascorre sotto un'intensa pioggia continua, con venti da SE. Altre intense piogge si verificano lunedi' 27 aprile, e meno forti il giorno successivo, mentre mercoledì 29 aprile un violento temporale interessa Genova dalle 13:30 alle 15:30, con epicentro a Pegli (90 mm), potenti fulminazioni nube-terra e forti raffiche di vento. Seguono giornate di tempo bello e gradevole, tranne qualche annuvolamento pomeridiano: è l'inizio di un'inaspettata quanto lunga siccità estiva.

Maggio

A maggio piove molto poco sulla città, e il cielo è molto spesso sereno, ma con temperature miti rispetto a quelle già alte della Valle Padana, a parte una massima di 30°C il 28, seguita da brevi temporali.

Giugno

Giugno è più caldo, ma moderato, con pochissime precipitazioni. Nella notte tra il 30 giugno e il 1 luglio si verificano violenti temporali in molte zone della Liguria (40 mm a Varazze e 60 mm a Sestri Levante), ma quasi nulla a Genova.

Luglio

Mese caratterizzato da caldo moderato e mai eccessivo, con solo un giorno con una massima di 30°C. Per tutta l'estate si assiste a uno strano e misterioso fenomeno, che fa si che i temporali interessino sempre e solo la riviera savonese, o il Levante a Est di Chiavari. Più volte l'epicentro dei temporali risulta Varazze, come, per esempio, nell'intenso fenomeno della notte tra il 17 e il 18 luglio, quando a Genova si verifica solo una bufera di vento, lampi e tuoni, ma senza una goccia di pioggia. Un'altra caratteristica dell'estate 2009 è la persistenza di una cellula di alta pressione di natura africana, che non lascia passare alcuna perturbazione atlantica. Moltissimi temporali si verificano quasi ogni pomeriggio nell'entroterra, specie in Val Trebbia, ma molto raramente sconfinano sulla costa: uno di siffatti rari sconfinamenti, degno di nota, sarà il temporale convettivo del pomeriggio del 1 luglio.

Agosto

Anche agosto, contrariamente alla tradizione genovese di mese temporalesco, risulta siccitoso, come quello dell'anno precedente, e notevolmente caldo, specie nei giorni immediatamente successivi al 15: il 20 agosto, a Genova, si registra una massima di 33°C. Solo il 23 si verifica in città un temporale degno della tradizione, ma sempre con epicentro a Varazze (60 mm), 40 mm a Voltri, 25 a Sestri e non oltre i 10 in centro.

Settembre

La siccità comincia a causare danni alle colture e incendi boschivi, che si scatenano nei primi 10 giorni di settembre: in particolare, intorno al giorno 5 del mese si registra un preoccupante ed esteso rogo dal

Monte Fasce che avanza minacciosamente verso i quartieri di Levante. Anche la temperatura si mantiene elevata per il periodo, e si verifica quindi una specie di fotocopia dell'inizio settembre 2008, con conclusione simile: infatti, lunedì 14 settembre arrivano finalmente le vere piogge, accompagnate da notevole attività temporalesca, che porteranno a quasi 200 mm il quantitativo mensile genovese delle precipitazioni, le quali dureranno comunque solo fino al giorno 21. In particolare, la mattina di sabato 19 un violento temporale, ricchissimo di fulminazioni nube-terra, interessa la nostra città. Anche il pomeriggio e la serata di domenica 20 settembre risultano caratterizzati da intensi rovesci. Dopo riprende un caldo anomalo, (specie nella giornata di sabato 26 settembre), che termina verso il 5 ottobre.

Ottobre

Il mese risulta nel complesso abbastanza soleggiato, con temperatura inferiore alla norma per buona parte del periodo, e con pochi e ben definiti episodi di forte maltempo, il 4, il 9 (con accumulo di 356 mm a Varazze, ancora epicentro dell'anomalia estiva), 150 mm a Sestri (temporale ininterrotto con potenti fulminazioni) e meno in centro e, specialmente, il 22, quando si verificano piogge intense e temporali, con accumulo oltre i 100 mm in città, che portano il quantitativo mensile a oltre 250 mm.

Novembre

Il mese è assai piovoso, quasi come quello del 2008, con frequenti situazioni di intenso maltempo e stati d'allerta. Per esempio, risulterà molto intensa la perturbazione del 2 novembre, che scaricherà oltre 120 mm di pioggia sulla nostra città, e ancora più potente quella dei giorni compresi tra il 29 del mese e il Primo dicembre, che farà ammontare l'aliquota precipitativa a oltre 150 mm, con picchi di 300 mm nell'entroterra del Levante. In ogni caso, mentre la fine di ottobre e i primi 11 giorni di novembre registrano temperature notevolmente inferiori alla media stagionale (un'intensa perturbazione con Tramontana Scura interesserà la città intorno al 10 novembre), dal 12 si registra un nuovo periodo prevalentemente mite, che durerà sino a fine mese.

Dicembre

Il periodo mite iniziato il 12 novembre (tranne un breve intervallo più rigido che, iniziatosi il 2 dicembre, unito a una perturbazione, che transita il giorno 4, lo rende caratterizzato da pioggia e Tramontana Scura, con temperatura tra i 3°C e i 6°C, seguito da vento freddo il giorno successivo, con un addolcimento domenica 6, il tutto sempre con molta umidità) si protrae fino a venerdì 11 dicembre, giornata caratterizzata da cielo sereno, Fohn e massima di 16°C. (Un altro particolare interessante del novembre e inizio dicembre 2009 si ha nel succedersi continuo di domeniche sempre piovose, che tapperanno in casa la maggior parte dei nostri concittadini). Da sabato 12 dicembre inizia un periodo caratterizzato da una potente ondata siberiana: la prima giornata veramente fredda risulta domenica 13 dicembre, con una bufera di forte vento e temperatura costante sui 5°C. Particolarmente colpita dal vento gelido la riviera savonese e il suo immediato entroterra. Le bufere di vento raggiungono il genovesato la notte successiva e persistono per tutta la giornata di lunedì 14, con una successiva notte da insonnia per il rumore delle potenti raffiche. Viene vietato il transito della Genova-Ventimiglia ai telonati e furgonati. Mercoledì 16 dicembre il cielo si rannuvola e, nel pomeriggio, arriva del "grattarone", ovvero pioggia ghiacciata che di solito precede la neve, che puntualmente la segue, ma solo per poche ore e senza accumulo. Venerdì 18 dicembre una perturbazione proveniente dalla Valle del Rodano causa una violenta bufera di neve su Genova, dalle ore 13 fino alle 4 del giorno successivo, concentrata soprattutto dalle 14 alle 18:30, che porta accumuli vicino ai 15 cm, e temperatura sui –3°C. Poi tutto ghiaccia a causa delle basse temperature, che si susseguono fino a domenica 20 dicembre, in cui la minima tocca i –4°C in città. Da segnalare un week-end caratterizzato dai marciapiedi ghiacciati, fatto raro per Genova, dove, normalmente, terminata la nevicata, comincia lo scioglimento della neve.

Questa ondata di freddo risulta di grande rilievo, interessando tutta l'Europa e il Nord America, come non si verificava da tempo, lasciando ipotizzare un altro segno della svolta meteo avutasi a fine ottobre 2008.

Sabato 19 dicembre si verifica il fatto più clamoroso di questo evento: diversi treni rimangono bloccati per ore nel Tunnel sotto la Manica. La televisione mostra immagini di città paralizzate: Madrid, Saragozza, Parigi, Londra. Il 22 Mosca viene sepolta dalla più intensa nevicata degli ultimi 100 anni, ma con una temperatura di "soli" –15°C.

Tornando alla nostra città, il fatto molto interessante è dato dal continuo succedersi di giorni con gelo, dal 17 al 22 dicembre. In particolare, dopo un lieve aumento della temperatura nella mattinata di lunedì 21 dicembre, che porta il termometro di Piazza Baracca di Sestri a segnare 8°C a mezzogiorno, verso le 13 inizia a piovere, con un improvviso abbassamento della temperatura (lo stesso termometro, alle 15 segnerà –1°C, assestandosi poi sui –3°C dopo due ore). Tuttavia, il previsto allerta neve non si verifica, a causa di un forte riscaldamento in quota proprio centrato sul capoluogo ligure, che causerà un tremendo e storico gelicidio (pioggia che, al suolo, si trasforma in ghiaccio) dalle 17 del 21 fino alle 14 del 22, con terribile galaverna su tutta la città, alberi in cui ogni foglia è avvolta da un candelotto ghiacciato, strade pericolosissime per auto e pedoni, treni bloccati, autostrade chiuse, porto e aeroporto chiuso. In più, la percezione termica è resa bassissima da forte e impetuosa Tramontana Scura su tutta la città, con temperatura compresa tra i –2°C e i –6°C, a secondo dei quartieri più o meno soggetti alle violente raffiche di vento. Da Voltri verso Ponente, fino ad Alassio (fuori dall'epicentro della scaldata in quota) è invece neve abbondante, con Savona particolarmente colpita. Verso le 16 del 22 comincia a piovere incessantemente, con accumuli notevoli, e temperatura risalita ai 3°C-4°C. La pioggia dura per tutta la notte del 23, fino a cessare in mattinata, con una risalita della temperatura fino a 13°C. Poi riprende a piovere e la temperatura scende a 7°C, rimanendo su quel valore per quasi tutto il giorno del 24 quando, verso le 10, inizia a piovere intensamente e fino alle 23, con nubi molto basse e scarsa visibilità. Dopo la temperatura risale, e il giorno di Natale è il culmine dell'avvezione sciroccale, con cielo coperto al mattino e rasserenatosi velocemente, causando una giornata primaverile con massima di 15°C. Il Natale 2009 passerà alla storia nel resto d'Italia per le altissime temperature; per esempio, a Porto San Giorgio, dove risiedeva il nostro compianto amico meteorologo Vittorio Fabbri, minima di 15°C e massima di 23°C. In Sicilia clima perfetto per i bagni di mare! La scaldata dura però un solo giorno; verso le 22 del giorno di Natale un forte vento più freddo si abbatte su Genova, portando a 7°C la minima del giorno di Santo Stefano, con cielo coperto e debole Tramontana Scura. Il cielo rimane coperto per quasi tutto il giorno, con temperatura sui 7°C costante. L'indomani si fa strada un sole quasi primaverile, e il termometro arriva fino a 13°C. C'è inoltre da dire che, nella notte di Natale, le ennesime piogge troppo abbondanti hanno causato lo straripamento dei fiumi nello spezzino e nell'alta Toscana, e il giorno 28 la situazione si riacutizza a causa di una "sbilencata", ossia una perturbazione con correnti da O-SO, la peggiore per quelle zone, essendo le correnti perpendicolari alle catene montuose. In tale giorno, a Genova la temperatura resta mite, sui 10°C, ri-diminuendo il giorno successivo, in cui soffierà debole Tramontana Scura, col termometro fermo a 6°C. Il giorno 30, la città si sveglia con nubi molto basse, cielo assai plumbeo e pioviggine, che aumenta nella tarda mattinata, con Tramontana Scura sempre debole, e termometro a 6°C, una miscela che causa una percezione di temperatura assai più bassa. Nella tarda serata la temperatura risale fino a 9°C. Nella nottata successiva si arriva fino a 13°C, con debole pioggia, e verso il pomeriggio di San Silvestro inizia una graduale debole diminuzione della temperatura, sotto un cielo sempre plumbeo, che farà concludere il primo decennio del XXI secolo con 7°C, debole Tramontana Scura e cielo coperto.

2010

Gennaio

L'anno inizia con temperatura moderatamente fredda e una forte depressione (con rovesci al mattino), che causa dal pomeriggio e fino alla mattina del 2 gennaio una delle più disastrose mareggiate verificatesi negli ultimi anni sulla nostra regione, con danni notevolissimi.

Verso il pomeriggio del 2 la temperatura, che col vento di Libeccio era risalita a 12°C, comincia a ridiscendere bruscamente, accompagnata da forte tramontana, toccando 1°C la mattina del 3, tra sole e nuvole. Nel pomeriggio si risale a circa 7°C, ma l'indomani arriva una nuova debole perturbazione che fa precipitare la temperatura a 0°C e provoca una debole nevicata, anche in centro; segue una bufera di vento gelido sempre più intenso, con cielo coperto, che raggiunge punte considerevoli nel pomeriggio del 5, quando riprende a nevicare: ma è una neve bagnata più simile alla pioggia gelata, che comunque accumula un poco sulle auto. Verso le 9 la precipitazione cessa. Il 6 è una giornata di transizione, normalmente fredda; il 7 viene lanciato un'allerta 2 neve, dalle 18 per 14 ore: vengono chiuse tutte le scuole. Ma l'imprevedibilità del nostro clima si fa beffa delle previsioni: solo pioggia e violenta Tramontana Scura, con 2°C… questione di temperatura troppo elevata in quota.

La pioggia continua incessante, con brevi intervalli di pausa nei giorni seguenti, ma nel tardo pomeriggio del 9 la Tramontana Scura lascia il posto a un raro Libeccio freddo, che crea ancora pioggia, tempo umidissimo e temperatura stabile sui 6°C. Intanto l'Europa Occidentale è alle prese con una storica ondata di gelo: persino la mite Irlanda registra un –10°C a Dublino. Gela il Mare del Nord, e la neve ricopre persino le spiagge della Spagna Meridionale. Un simile scenario ricorda solo gli inverni della Piccola Era Glaciale.

Il tempo prosegue con una lunga sequenza di giorni dal cielo costantemente plumbeo e pioggia, fino al 12 con Libeccio Freddo, e poi con Tramontana Scura, con temperature tra 1°C e 5°C. Il tempo migliora venerdì 15 gennaio, con vento freddo da N, e un poco meno forte il 16, e la temperatura massima arriva a 9°C. Segue la fredda e piovosa domenica 17 gennaio, e poi giorni con tempo migliore, con minime sugli 1°C o 2°C e massime sui 9°C. Giovedì 21 gennaio, nel pomeriggio, il termometro inizia a scendere, e l'indomani si registrano una minima di 0°C e una massima di 2°C, con forte e gelida Tramontana Scura da travaso padano, e cielo poco nuvoloso. La mattina successiva la minima è –1°C, fatto raro per Genova in assenza di Burian o di aria diretta dal Polo. Domenica 24 gennaio il cielo si copre, con temperatura tra 0°C e 3°C, e l'indomani, lunedì 25 gennaio, nevica a sprazzi sulla città, con accumulo da metà Cornigliano a metà Sampierdarena, e pioggia mista a neve altrove.

Seguono giornate molto fredde e ventose, con temperatura oscillante tra 0°C e 5°C, caratterizzate da forti venti che rendono assai più bassa la temperatura percepita. In particolare, venerdì 29 gennaio arriva una perturbazione con geopotenziali estremamente bassi (pressione molto bassa in quota), che causano una forte grandinata nel tardo pomeriggio, nei quartieri centrali e orientali della città. Segue un'intensa bufera di vento gelido, che dura fino al primo pomeriggio di domenica 31 gennaio.

Febbraio

La televisione e la stampa avevano da tempo segnalato l'arrivo di un'intensa ondata di gelo, a cominciare da inizio febbraio. In realtà l'irruzione artica si rivela meno intensa del previsto e, provenendo squisitamente da Nord, trova il riparo delle Alpi. Di conseguenza, nel pomeriggio del 31 cessa il vento e, per un poco di giorni, il tempo assume la caratteristica di gran freddo al mattino, ma temperature sui 7-8°C di giorno, in assenza di vento. Venerdì 5 febbraio arriva un'intensa perturbazione, che scarica sulla città oltre 100 mm d'acqua, accompagnata da intensa Tramontana Scura, che raffredda in breve tempo l'atmosfera e fa trasformare la pioggia in neve bagnata nel tardo pomeriggio, con vento gelido. Seguono due giornate miti e soleggiate, in particolare domenica 7 febbraio, quando sopraggiunge una falsa ed effimera primavera che, nel pomeriggio, fa salire il termometro a 15°C. Il giorno dopo ritorna il freddo, sempre più intenso, con cielo in genere nuvoloso, e viene emanato un allerta neve per giovedì 11 febbraio, che si rivela nuovamente infondato: la temperatura non scende sotto i 2°C, e su tutta la città piove solamente, ma con un meraviglioso spettacolo del Fasce assai imbiancato. Seguono due giornate fredde, ma non eccessivamente, con temperatura tra i 2°C e i 7°C. Domenica 14 febbraio ritorna la pioggia, con temperatura sui 4°C. I giorni successivi sono molto freddi, con temperatura tra 2°C e 4°C, e vento molto forte, che rende estremamente più bassa la temperatura percepita.

Mercoledì 17 una perturbazione con venti in quota da SE provoca molta pioggia (40 mm) e intensa burrasca di Tramontana Scura. Il giorno successivo tregua meteo con vento più debole e temperatura sui 4°C-5°C. Una profonda depressione (980 hPa) mediterranea centrata a Sud di Genova porterà tantissima pioggia nella mattinata di venerdì 19, con un rapido miglioramento successivo. Sabato 20 e domenica 21 tregua "armata", e nuova perturbazione lunedì 22, con nuove piogge a seguito. Giovedì 24 la temperatura si alza fino a 14°C, e si comincia a sentire aria di primavera, con tempo in genere abbastanza perturbato ma non più molto freddo (temperature sopra i 10°C). Sabato 27, dal tardo pomeriggio, nuova perturbazione con pioggia intensa in serata… e tutto sembra a carattere più primaverile. Tuttavia domenica 28 febbraio la temperatura scende e si stabilizza sui 6°C, mentre una gelida pioviggine cade per buona parte della giornata, cessando solo alle 17.

Marzo

Nel secondo inverno più gelido (come temperatura media) dal 1960 (superato solo da quello del '62-'63), marzo presenta nuove sorprese. Dopo due giorni non troppo freddi, ecco che mercoledì 3 transita una nuova perturbazione con pioggia e vento freddo, e temperatura sui 5°C; segue tempo un po' meno freddo, ma con improvvisa recrudescenza di basse temperature la notte di domenica 7 marzo, quando dalle 6 alle 7:30 neve mista ad acqua cade su Genova. La temperatura scende nuovamente e il panorama meteo assume da lunedì in poi i caratteri di una nuova gelida ondata su tutta l'Europa, Italia compresa. L'8 marzo arriva vento glaciale e la mattina del 9 il termometro segna 1°C; verso le 12 incomincia a nevicare, con fiocchi sottili, che aumentano d'intensità tra le 14 e le 15, assumendo i caratteri di mini bufera. A Ovest di Voltri invece intensa tempesta di neve con buon accumulo, e temperatura tra 0°C e 1°C. La notte seguente inizia a nevicare debolmente, a tratti più decisamente, sull'intera città, con varie pause, fino alle 10 del mattino, con una temperatura sui 2°C-3°C. Il cielo rimane coperto per tutto il giorno 10. Forte ondata di gelo su tutta l'Italia, con tormenta di neve a Trieste e una raffica di Bora a oltre 150 km/h. Neve a Barcellona e in altri posti solitamente risparmiati dal freddo. Il giorno successivo il cielo si sgombera parzialmente di nuvole, ma la temperatura rimane rigida: tra i 2°C e i 7°C. Solo il giorno 12 si assiste a un più deciso aumento della temperatura (sui 12°C) con cielo nuvoloso. Gradualmente, si fa strada una timida alta pressione di matrice azzorriana, che porta tempo più clemente fino al 20, con deciso aumento della temperatura. Il 21 arriva una perturbazione, ma ormai di carattere primaverile, con pioggia moderata in città per tutto il giorno, e nubi bassissime a 100 m, che causano nebbia molto pericolosa sull'autostrada A26 da Voltri al Turchino. Il tempo prosegue variabilmente nuvoloso, con impetuoso vento da S o SE, e venerdì 26 marzo arriva un'altra perturbazione, con le stesse caratteristiche di quella del 21: pioggia e nubi molto basse: quasi nebbia in porto. Segue accentuata variabilità, e un'intensa perturbazione il 30 marzo, con un violento temporale nel primo pomeriggio, esteso dal mare a tutto l'entroterra, con epicentro sul Faiallo (a Urbe 45 mm, a Genova circa 20 mm). Segue una giornata assai fresca e ventosa, con nubi veloci tipicamente atlantiche.

Aprile

Inizia con una nuova perturbazione il giorno 1, con un temporale in mattinata. Altra notevole perturbazione il 3 e il 4 aprile, giorno di Pasqua, con pioggia per quasi tutto il giorno di sabato e la domenica pomeriggio. Poi il tempo si assesta sul bello per circa una settimana, quando domenica 11 aprile arrivano temporali brevi ma frequenti causati dallo scontro di venti da E in quota e da O al suolo. Segue una settimana piuttosto fredda e perturbata, con occasioni per brevi piogge. In particolare, domenica 18 aprile risulta fredda, nuvolosa e ventosa su tutta la riviera. Seguono variabilità e piogge, e un deciso incremento della temperatura a partire dal 25 aprile, con massime di 23°C.

Maggio

Fine aprile è stata un anticipo d'estate? Non proprio, perché dal 1 maggio la temperatura precipita a valori marzolini, e un'intensa perturbazione causa pioggia ogni giorno fino al 7 maggio compreso, con importanti accumuli il giorno 4 (circa 50 mm), correlati con un evento eccezionale in Val Padana: 120 mm il 5 maggio nella zona di Cremona, fatto molto strano per quelle zone solitamente poco piovose. La sera del 7, un violento muro d'acqua si abbatte nel tratto di costa e immediato entroterra tra Sestri e Voltri, con epicentro nel solito "imbuto" triangolo Mele-Fado-Turchino. Seguono piogge praticamente ogni giorno, che culminano nel violentissimo temporale della mattinata del 13, che investe il Ponente da Cornigliano a Varazze, con epicentro ad Arenzano (punte oltre i 100 mm), 95 mm a Voltri, 90 a Pegli e 85 a Sestri, molto meno più a Est.

Dopo inizia un periodo di tempo più stabile, ma interrotto da un notevole temporale giovedì 20 maggio, con epicentro nuovamente a Ponente, molta grandine ad Arenzano, forte pioggia da Sestri a Voltri, quasi niente in centro. Altro breve temporale giovedì 27 maggio, sempre a Ponente.

Giugno

Giugno inizia abbastanza caldo e soleggiato, con punte oltre i 30°C in Pianura Padana, e un temporale convettivo nel tardo pomeriggio di giovedì 3 giugno, ma solo in centro, con massimo su Righi e Valbisagno (ma solo 12 mm). Poi il tempo peggiora vistosamente, con frequenti pioggerelle e clima molto umido e maccajoso. In particolare, mercoledì 16 giugno cade molta acqua sulla città, ma senza scariche elettriche, con epicentro a Sestri (80 mm) e circa 40 mm in centro. Seguono altre piogge (praticamente, dal 13, ogni giorno); in particolare, la notte del 17 si abbatte un violento temporale sulla città. Segue una giornata di tregua il 18 e poi un'altra perturbazione, che causa un violentissimo temporale dalle 18:30 alle 20:30 di sabato 19 giugno, con circa 50 mm in centro, 75 mm a Sestri, e 30 nei quartieri di Levante. Segue vento freddo da NE e temperatura sui 15°C, e un tempo simil autunnale. Il giorno successivo il tempo permane instabile e freddo per la stagione, con pioggia e vento freddo in serata, e temperatura inchiodata a 16°C. Dopo arriva gradualmente la propaggine più orientale dell'Alta delle Azzorre, e il tempo rimane stabile fino al 30, con aumento della temperatura a fine mese.

Luglio

Fa sempre più caldo verso fine giugno, e ai primi di luglio arriva un caldo molto umido e afoso, accompagnato da bel tempo, ma da tassi d'umidità elevatissimi. In particolare, domenica 11 luglio il clima è veramente insopportabile: la Riviera è invasa da macchine posteggiate in tutti i modi possibili: aspiranti bagnanti sono disposti a code chilometriche pur di raggiungere il mare. Ma, non trovando nemmeno sulle spiagge il sospirato refrigerio, molti cercano il fresco sui monti costieri della Liguria. La notte successiva si hanno brevi rovesci sulla città, e successivamente il caldo permane assai pesante, con una punta di Fohn torrido domenica 18 luglio, in cui all'aeroporto di Sestri Ponente si raggiunge il valore di 35.6° C, temperatura mai raggiunta da quando è stato costruito il primo aeroporto. In centro si hanno punte di 37°C, e 38°C nella Piana di Albenga. Per avere una giornata simile bisogna risalire al 2 agosto 1990 (ma quel lontano giorno fu assai peggiore a causa dell'umidità).

I giorni successivi la temperatura diminuisce un poco e, verso il 25, il caldo comincia a diventare un normale calore estivo, con minime di 21°C e massime di 28°C, e la Liguria, dopo tre settimane d'inferno, sembra aver ritrovato la sua tipica estate. Giovedì 29 arriva una notevole perturbazione che porta circa 35 mm di pioggia, e abbassamento della temperatura.

Agosto

Agosto inizia mite e gradevole, con forti temporali la notte del 5, in cui cadono circa 50 mm a Sestri, 40 mm in centro e 120 mm a Fiorino. La temperatura si abbassa, il cielo si fa frequentemente nuvoloso, fino al terribile temporale della notte tra il 12 e 13 agosto, in cui cadono 65 mm a Sestri e 110 nella zona di Castelletto, causati da un temporale auto rigenerante che persiste fino all'alba. Poi tregua, fino a nuove piogge il 14 agosto, molto intense in serata, specie nel Ponente genovese. Segue tempo piuttosto fresco, ventoso e nuvoloso, e moderate piogge il 20, seguite da una giornata torrida per una rimonta dell'alta pressione, con Fohn in città, e temperatura massima sui 32°C. Ma il gran caldo dura solo due giorni (già meno domenica 22), e poi si ritorna alla normalità, ma ricompaiono dense nubi, e si arriva a una giornate molto grigia, con nubi basse, maccaja e qualche rovescio, il giorno 24. Da segnalare un'ondata di caldo storica sulla Russia Europea, che persisterà da inizio luglio fino al 20 agosto, con un'interminabile sequenza di giornate con temperature minime di 30°C e massime di 39°C-40°C su Mosca; ancora peggio più a Sud Est, con punte di 45°C a Kazan. La nazione è assediata dagli incendi, che minacciano le centrali nucleari. Solo dopo il 20 agosto si torna a temperature normali. È stato come se il Sahara si fosse trasferito nella grande pianura russa, con centro a Mosca, e temperature "folli" di 40°C a San Pietroburgo e Helsinki, e 35°C in Lapponia. I russi definiranno l'estate 2010 la più calda da 1000 anni.

Tornando alla nostra regione, dopo il 24 agosto si hanno due giornate discrete con temperature moderate, ma elevato tasso di umidità, e il giorno 27 compare una maccaja grassa, con nuvolosità a 50-100 metri e pioviggine abbastanza persistente. Sabato 28 ritorna il bel tempo, e verso fine mese arriva un abbassamento della temperatura per aria secca da Nord, che porta tempo splendido e giornate di forte vento di tramontana, fino a superare i 100 km/h.

Settembre

Il tempo bello e gradevole dura fino al 6 settembre. Il giorno 7 si hanno rovesci al mattino sul voltrese e al pomeriggio nel centro Est cittadino. Poi, verso le 18, si forma un temporale orografico in Val Varenna, di estrema violenza; alimentato dal mare caldo, in poco tempo il "mostro" giunge a interessare il Ponente genovese, con pioggia violentissima, grandine e fulmini continui (illuminato a giorno). A sua volta, si forma poi un temporale marittimo violentissimo al largo di Sampierdarena che, unendosi al precedente, crea una vera e propria bomba meteorologica, con fulmini uno dietro l'altro, tuoni assordanti, pioggia alluvionale, che terminano solo intorno alla mezzanotte, con cumulate cittadine tra i 100 e i 220 mm (a Pegli 120 mm in un'ora). Dopo la mezzanotte riprende a piovere in modo più moderato, con lampi e tuoni, proseguendo per tutta la notte dell'8, e terminando solo alle 9 del mattino. Il 9 settembre Genova si sveglia con un cielo serenissimo e un sole splendido, ma già dalla tarda mattinata si fa strada sul golfo ligure una goccia fredda in quota, che nel pomeriggio causa un violento temporale da Sestri Ovest fino ad Arenzano, con epicentro a Pra', cielo nerissimo, grandine e pioggia molto violenta. In seguito i fenomeni, attenuandosi, si estendono a tutta la città, cessando solo alle 19. Seguono due giorni di tempo bello e asciutto, con cielo serenissimo, fresco al mattino e piuttosto caldo nel pomeriggio, con qualche raffica di vento fresco da Nord. Settembre prosegue con un periodo di tempo bello e quasi estivo (tuttavia con notti abbastanza fresche), finché verso fine mese il tempo peggiora, con frequenti temporali e acquazzoni.

Ottobre

Gli acquazzoni proseguono fino a sabato 2 ottobre, quando nel primo pomeriggio un violento rovescio di pioggia si manifesta sul Ponente genovese.

Domenica 3 ottobre inizia soleggiata, ma col passare del tempo il cielo si fa molto nuvoloso, fino al verificarsi, nel tardo pomeriggio, di un violento nubifragio nel voltrese, che fa totalizzare al pluviometro 120 mm in poche ore, con estensione della pioggia (ma a livello normale) fino a Sestri: è l'anticamera di una nefasta perturbazione.

Lunedì 4 ottobre, al mattino un terribile nubifragio si manifesta da Celle Ligure verso Ponente, facendo straripare il Teiro a Varazze: sono caduti oltre 300 mm di pioggia in due ore, con buona parte della città bassa inondata. Verso le 9:30 inizia a piovere a Sestri Ponente: la pioggia si fa subito violentissima e incessante fino a mezzogiorno, facendo ingrossare paurosamente i torrenti, ed estendendosi in Val Polcevera e fino alla Foce, ma in quest'ultima zona in modo più attenuato. Dopo una breve pausa fino alle 13, sulla città si scatena un inferno di violenza di pioggia di rara intensità, con epicentro a Sestri, e circa 120 mm di pioggia in soli 40 minuti. La precipitazione cessa verso le 16, ma a Sestri straripano tutti i torrenti, provocando un'alluvione che, per la delegazione, sarà ancora peggiore di quella del '70. Infatti, a differenza di quell'anno, straripa paurosamente anche il Mulinassi in via Merano, creando un vero disastro di auto accartocciate, acqua alta quasi un metro, e generale devastazione. Altro disastro lo reca il Chiaravagna, che trasforma Via Giotto in un torrente inferocito che invade Via Sestri. Nella delegazione esondano tutti gli 8 torrenti, e sono caduti in sole 4 ore 411 mm di pioggia. Anche nel resto della città i quantitativi, pur minori, sono notevoli: 390 a Pegli, circa 300 in Val Polcevera e circa 250 in centro ma, per fortuna, solo 150 nel bacino del Bisagno, che per questa volta viene risparmiato.

Per giorni Sestri alluvionata rimane zona X, dove si circola con molta fatica, con numerose deviazioni, e Via Merano chiusa al traffico. Sestri è immersa nella polvere, e l'11 ottobre una violenta burrasca di vento da NE crea un fenomeno simile a una tempesta di sabbia.

Altre piogge si verificano sabato 16 e domenica 17, e dalla sera di domenica 24 fino al mattino del 25 ottobre, con un violento temporale nella notte, che porta 40 mm circa a Sestri e 80 a Pegli. Poi il tempo migliora, ma la temperatura scende di parecchi gradi, con una forte tempesta di vento i giorni successivi, chiusura dell'autostrada a telonati e furgonati, e minime sugli 8°C, con massime sui 15°C. Venerdì 29 si presenta mite e soleggiato (ma sempre con minima di 8°C), con una massima di 19°C, ma una nuova intensa perturbazione è in arrivo, attesa per domenica 31 ottobre e lunedì 1 novembre. Infatti, la sera del 31 ottobre si scatena una pioggia molto violenta su tutta Genova, con apice diluviale intorno alla mezzanotte: una perfetta Notte di Halloween! Ricordo quel pomeriggio il tentativo di andare a Borgio Verezzi con amici, e la violentissima pioggia e vento, che rendeva difficile la guida in autostrada, che ci fece decidere di ritornare a casa, uscendo ad Albisola e rientrando dal senso opposto di marcia. Quella sera, con gli stessi amici, festeggiai Halloween in un locale del Centro Città, ma al ritorno, passando vicino al Bisagno sotto una pioggia torrenziale e con visibilità assai ridotta, tememmo di essere travolti da una piena…. Fortunatamente ritornammo a casa sani e salvi.

Novembre

Il giorno dei Santi altra pioggia, mentre il grosso della perturbazione si sposta nelle regioni orientali, causando un'estesa e grave alluvione nel Veneto.

Nella nostra città novembre si presenta all'insegna del maltempo esteso e prolungato, sulla scia dei due novembri precedenti. Le temperature restano miti medio-autunnali per buona parte del mese, anche se giovedì 25, nel tardo pomeriggio, una perturbazione fredda entra nella nostra regione, causando un violento temporale grandinigeno su Genova, e abbassamento della temperatura. Domenica 28 novembre arriva la prima giornata invernale, con neve su tutta la città, ma senza accumulo nella zona costiera, e temperatura sui 2°C.

Dicembre

Il tempo prosegue ormai improntato sulla stagione invernale, con un'intensa irruzione fredda artica su tutta l'Europa, che ai primi di dicembre registra nuovamente temperature insolitamente basse in Inghilterra e Irlanda (–8°C a Dublino, solo un poco meno dell'inverno precedente). Nuovamente, si preannuncia un gelido inverno sull'Europa Occidentale, come se la Corrente del Golfo, a causa della grande quantità di ghiaccio scioltosi nei caldi anni '90, si fosse di colpo raffreddata.

Sulla nostra città freddo molto intenso e pioggia continua debole si registra lunedì 6 dicembre, preceduto da una cupa domenica pomeriggio. La temperatura è incollata sui 2°C; l'indomani si sale a 5°C-6°C, con una fastidiosa pioggerella continua e nubi assai basse, che portano nebbia sulle autostrade costiere. L'umidità arriva alla saturazione e la temperatura aumenta, fino a raggiungere i 12°C l'8 dicembre. Seguono alcuni giorni soleggiati e miti, con minime sui 7°C e massime sui 13°C, finché arriva una forte ondata di freddo lunedì 13 dicembre, proveniente dalla Groenlandia, con aria artica marittima. Il raffreddamento tocca l'apice il 16 dicembre, con una minima di –1°C in città, che chiude la serie di giorni freddi e soleggiati. Infatti, la notte del 17 dicembre, dalle 2 alle 5, un'intensa nevicata si abbatte su tutta la città (Pegli compresa), con accumuli sui 5 cm. Poi sembra trasformarsi in pioggia; ma nel pomeriggio altri rovesci nevosi si abbattono sul centro città. Alle 14, la temperatura è di –1°C a Sestri. Segue un giorno di tregua, e poi nuova nevicata domenica 19 dicembre, dalla tarda mattinata per tutto il pomeriggio, con un certo accumulo, forte vento e molte strade ghiacciate nei quartieri appena collinari (come, per esempio, in Via Sant'Elia a Sestri). Dopo una breve pausa l'indomani 20 dicembre, con cielo coperto e temperatura rigida, dal pomeriggio inizia un lunghissimo periodo di pioggia continua e "interminabile", fino al mezzogiorno di Santo Stefano. In particolare, la notte tra il 22 e il 23 dicembre cadono a Sestri 130 mm di pioggia, con forte Tramontana Scura in tutta la città (e non meno di 60 mm nei quartieri meno colpiti), con allagamenti generalizzati, e fortissima galaverna dall'immediato entroterra, che causerà la caduta di molti alberi, e la chiusura temporanea del Passo del Faiallo. Nel pomeriggio di Santo Stefano la temperatura, che nei giorni precedenti aveva oscillato dai 3°C ai 6°C, diminuisce, per una nuova irruzione fredda, e si stabilizza sui 2°C-4°C, con forte vento di tramontana. Il 26 si ha pure un rasserenamento, che comunque si rivela effimero perché, dal pomeriggio del 27, il cielo si copre nuovamente e inizia una lunga serie di giornate grige, con qualche pioviggine, e temperatura oscillante dai 2°C ai 9°C.

2011

Gennaio

Il primo periodo è piuttosto freddo (solo il giorno di capodanno 2011 la temperatura arriverà a 9°C, per poi diminuire i giorni seguenti). La notte del 6 arriva una debole nevicata senza accumulo, sospinta da forte Tramontana Scura, e il giorno della Befana è grigio, piovoso e assai freddo, con galaverna nell'immediato entroterra.

Dopo il giorno 6 continua a fare abbastanza freddo, ma si fa strada un anticiclone africano che inizia a influenzare la nostra scena meteo dal 10 gennaio, portando temperature miti e maccaia alternata a giornate soleggiate, con minime sui 6°C e massime sui 14°C. Il tutto s'interrompe il 20 gennaio da un'irruzione fredda dalla Lapponia, che porterà la temperatura a livelli prettamente invernali, non superiori ai 7°C. Sabato 29 e domenica 30 gennaio, una perturbazione atlantica porterà neve su tutta la città, con accumulo modesto in centro e in Val

Polcevera, assai più consistente (30 cm) a Ovest del Castelluccio di Pegli, fino ad Arenzano incluso, e accumuli abbondantissimi nell'immediato entroterra marittimo.

Febbraio

Febbraio mostra una timida ripresa dell'alta pressione africana, ma con effetti particolari, segnati da minime assai basse e massime sui 13°C-14°C. Da domenica 12 febbraio si fanno strada perturbazioni atlantiche, e martedì 14 sarà segnato da pioggia continua e abbondante, con temperatura invernale, e molta neve sui monti. Il mese prosegue tra piogge e giornate fredde, ma senza eccesso, alternate ad altre più miti.

Marzo

Il tempo prosegue piovoso alternato a giornate fredde e ventose fino al 20 marzo, con un incremento della temperatura dal 5 marzo in poi, ma numerose precipitazioni, in particolare dal 10 al 15 del mese, con accumuli cittadini complessivi oltre i 100 mm. Il tempo prosegue influenzato dall'Atlantico, fino alla piovosa giornata di domenica 26 marzo.

Aprile

A inizio mese si fa strada un anomalo e inquietante anticiclone africano, con valori di pressione da piena estate, che graverà su tutta l'Europa centro occidentale fino al giorno 10, con temperature da record il giorno di sabato 9 aprile, quando a Mortara (PV) si raggiungono i 34.5°C, e in tutta l'Italia settentrionale sembra il culmine dell'estate (32°C a Milano, 30°C a Torino). Solo la costa ligure, beneficiata dal mare freddissimo post invernale, continua a registrare temperature tra i 13°C e i 20°C, con un fitto nebbione da Genova a Mentone la mattina del 10 aprile, causato dal mare assai freddo, dissoltosi poi verso mezzogiorno. Dopo continua il bel tempo, ma con temperature solo leggermente superiori alla norma, fino al 22 aprile, quando si faranno strada pioggerelle non molto abbondanti, che persisteranno per tutto il periodo pasquale. Successivamente, l'alta pressione africana invade la

Scandinavia, e da noi giungono correnti da Nord Est, fresche e umide per il Sud, che subirà piogge abbondanti fino ai primi di maggio, e secche per il Nord, dove comincia a farsi strada una certa preoccupazione per una possibile siccità.

Maggio

Il mese di maggio prosegue infatti caldo e secco, ma relativamente nella norma, senza gli eccessi termici che hanno caratterizzato la prima decade di aprile, non tanto sulla costa, quanto in Pianura Padana,

Venerdì 27 maggio inizia il primo cambiamento del tempo, con una perturbazione da NO che causerà un breve temporale nel tardo pomeriggio sulla città, con pioggia di breve durata ma a carattere d'intenso rovescio.

Giugno

Dopo un breve intervallo, mercoledì 1 giugno arriva un'intensa perturbazione da Ovest che porta 44 mm a Sestri Ponente, quasi 80 sul Monte di Portofino e piogge generalizzate e abbastanza abbondanti un po' su tutta la regione, come su tutto il Nord Ovest italiano.

Seguono giorni abbastanza caldi (22°C-25°C), caratterizzati da ventilazione sostenuta da NE che porta sulla costa temporali convettivi dell'Appennino e delle Alpi, sia il 2 che il 3 giugno.

Invece, una moderata perturbazione da SO è attesa per il pomeriggio del 5.

E puntualmente, dopo la tregua del 4 giugno, nella notte di domenica 5 un violento temporale scarica sulla città intorno ai 40 mm di pioggia, e nel tardo pomeriggio dello stesso giorno un violento fenomeno, detto "vorticità", ovvero vari tornados riuniti, pioggia torrenziale e grandine, si scatena nel tratto di costa da Albenga a La Spezia, con epicentro a Genova, portando anche una brusca diminuzione della temperatura, che per alcune ore si attesta sui 13°C. I giorni seguenti altri violenti temporali, specie la notte di giovedì 9 giugno, che scaricano da Varazze verso Est una quantità di pioggia tra i 40 e i 120 mm. Poi segue un periodo tranquillo e abbastanza soleggiato, con minime sui 17°C e massime sui 23°C-24°C, con un incremento della temperatura a fine mese, cielo variabile, che alterna giorni soleggiati a giorni piuttosto grigi, e temperatura che tocca i 28°C il 28 giugno. Il 29 giugno, nel tardo pomeriggio, un breve ma violento temporale grandinigeno si abbatte sulla città, poi seguono giorni temperati, con minime sui 18°C-20°C e massime sui 25°C.

Luglio

Un lieve incremento della temperatura si ha tra fine giugno e inizio luglio, che porterà il primo giorno del nuovo mese ad avere una massima di 30°C. Ma poi si fa avanti l'instabilità, sempre più forte di giorno in giorno, col culmine dal tardo pomeriggio del 4 luglio fino alla prima mattina del 5, quando uno storico e violentissimo temporale auto rigenerante si scatena sulla città, con epicentro a Sestri e Pegli, dove, dalle 19 alle 21 cadono 128 mm di pioggia, seguiti da altri 28 nella notte, con vento, fulmini a ripetizione e illuminamento a giorno. Si allaga completamente il sottopasso di Multedo e molti negozi di Via Merano a Sestri, già duramente provati dall'alluvione del 4 ottobre precedente. Seguono giorni variabili e temperati, con una punta di caldo il 12 luglio, con massima di 29°C, ma pronto arrivo di perturbazioni atlantiche dal 13 luglio, con temporali e rovesci quasi ogni giorno, che culminano il giorno 19 con una violenta perturbazione, che causa un breve ma intenso diluvio in mattinata e poi pioggia fine e insistente per tutta la giornata, terminando con un violento temporale dalla tarda serata alla notte inoltrata del 20. Seguono giorni segnati dal continuo alternarsi di sole e nuvole, con rovesci notturni, e forte vento da SO. Nella serata del 23, altro temporale con forti scariche elettriche.

Agosto

Il tempo prosegue piuttosto fresco e variabilmente perturbato, con varie piogge e rovesci alternati a bel sole, fino al 7 agosto, con una forte pioggia nella nottata. Dopo il tempo si avvia verso una stabilità più tipica del mese di luglio che di agosto. Le temperature rimangono comunque molto moderate fino al 16, con incremento dal 17, per l'arrivo di una potente alta africana, che porta giorni e giorni di temperatura tra i 35°C-40°C su tutta la Val Padana, e minime di 23°C con massime di 28°C-29°C sulla nostra regione, tranne lunedì 22 agosto, quando un Fohn improvviso fa salire il termometro fino a 34.6°C, con punte di 37°C in varie zone della città. L'indomani si ritorna a un caldo più consono alle nostre zone, e la temperatura diminuirà molto lentamente nei giorni successivi, ma con forte umidità.

Settembre

Il 4 settembre un'intensa perturbazione causa forti nubifragi nell'estremo Ponente e, soprattutto, nel Levante, con epicentro nel Tigullio. Segue tempo bello e caldo, interrotto da un'altra perturbazione il 18 settembre. Poi continua il caldo anomalo, accompagnato da tempo secco.

Ottobre

Inizio mese molto caldo, tanto che la temperatura del 1 ottobre a Genova sarà 21°C-29°C. Dal 2 comincia un moderato raffreddamento, con apice verso il 25 ottobre, quando un'intensa perturbazione causa pioggia intensa e Tramontana Scura su Genova (temperatura oscillante da 6°C a 9°C), e una violenta tempesta su Spezzino e Lunigiana, con alluvione in Val di Vara, Lunigiana, Monterosso e Vernazza.

Segue una tregua con tempo bello ma fresco e ventoso.

Novembre

Inizio piuttosto soleggiato e fresco, ma il 4 novembre arriva una violenta perturbazione che causa una tremenda alluvione su Genova: dalle 9 alle 14 cadono 540 mm di pioggia a Quezzi, 400 ad Albaro, con epicentro in Val Bisagno. Straripa il Fereggiano, causando 6 morti, e straripa successivamente il Bisagno, inondando la Stazione Brignole. I giorni successivi altri nubifragi interesseranno tutta la Liguria (a Rossiglione cadranno 520 mm d'acqua). L'8 novembre, dalle 2 alle 9, altro tremendo nubifragio con tuoni e fulmini di tipo estivo si scatena su Genova, provocando l'esondazione dello Sturla. Il tempo migliora verso il 10 novembre. Dopo inizia un lungo periodo dal clima piuttosto mite e secco, per l'avanzata di un'alta pressione azzoriana-subtropicale, coll'intervallo di qualche giornata abbastanza rigida.

Dicembre

Mese dominato dall'alta pressione delle Azzorre, che porta tempo mite e alternanza di sole con giornate grige e maccajose, con una breve pausa solo domenica 18 dicembre, con un poco di pioggia e freddo, ma solo sui 6°C-7°C, e Tramontana Scura. Poi riprende un tempo caratterizzato da Fohn alternato a maccaja.

2012

Gennaio

Il tempo sereno alternato a grigio e maccaja prosegue per quasi tutto gennaio, interrotto solo il giorno 16 con una giornata fredda con temperatura da 1°C a 4°C, e forte tramontana. Ma già il giorno dopo il clima diventa più mite, e ritorna un'anomala alta subtropicale che fa ricordare tanto l'inverno 2006-07. Inutile quindi dire che dopo il periodo alluvionale di inizio novembre sulla città piove molto poco, come del resto in tutto il Nord Italia. Solo verso fine gennaio si ha una svolta decisiva. Già giovedì 26 si ha un abbassamento della temperatura e cielo coperto. Questo tipo di tempo prosegue nei giorni successivi, e domenica 29 si ha pioggia sulla costa e termometro sui 2°C-3°C, e neve nell'immediato entroterra. Poi arriva aria direttamente dalla Siberia e il termometro precipita sottozero. Martedì 31 gennaio nevica sulla città con –2°C.

Febbraio

Neve anche il giorno 1. Poi la temperatura scende ancora e si arriva a sabato 4 febbraio con –5°C di minima e –1°C di massima, e forte vento da NE, dopo che venerdì 3, nella nottata, è ricomparsa la neve (persino a Nervi e nei posti più caldi della Riviera). Tutta la Liguria è sotto una morsa di grande gelo che, per persistenza e durata, non si verificava da tempo, con forte vento di Burian. Va molto peggio sul versante adriatico, con paesi letteralmente sepolti da neve e bloccati dal gelo, e temperature di molti gradi sottozero (fino a –25°C nella Marsica, in Abruzzo), e molta neve anche a Roma. In Liguria la minima si registra a Sassello, con –22°C il giorno 6. Il 7 febbraio a Sestri la minima è di –6°C, e la massima di –2°C. Poi breve tregua il mercoledì e il giovedì seguente, con temperatura che risale fino a 8°C, e nuova ondata di Blizzard (neve con vento polare) sull'Italia Orientale, con bufera di vento gelido sulla Liguria e temperatura scesa fino a –3°C. Il grande gelo termina il 14 febbraio, in modo piuttosto insolito, e cioè col ritorno dell'alta pressione subtropicale e dell'inverno mite. In ogni caso, questa ondata di gelo, anche se più breve, è stata paragonabile a quella del febbraio 1956, solo che quell'anno durò più a lungo ed ebbe recrudescenze anche in marzo. Gli accumuli nevosi sul versante adriatico, comunque, sono risultati ancora superiori a quelli del '56. Per esempio, la città di Urbino è stata sepolta da metri e metri di neve. In ogni caso, il breve inverno 2011-2012 è durato solo 20 giorni.

Marzo

Prosegue il tempo asciutto, sereno e mite, fino a una parentesi piovosa lunedì 5 marzo, in cui cadono 80 mm di pioggia in una giornata su Sestri, con forte Tramontana Scura e una temperatura sui 4°C-5°C. Ritorna in seguito il bel tempo intervallato da giorni di maccaja, con qualche precipitazione a intervalli superiori a una settimana. Particolarmente strano il temporale convettivo da NE su tutta la regione domenica 25 marzo. Infatti, questo genere di temporali è tipico dell'estate, da maggio a settembre... non si sono mai visti in aprile... figuriamoci in marzo... L'ultima settimana di marzo prosegue con tempo bello e piuttosto caldo, con abbassamento verso il fine settimana, con ritorno delle nuvole e una giornata cupa e sciroccosa sabato 31 marzo, con temperatura sui 14°C-15°C.

Aprile

Soltanto in aprile l'anticiclone comincia a cedere, con primi veri annuvolamenti e prime piogge, dapprima deboli, poi, a partire dalla notte tra il 4 e il 5, più intense (30 mm). Inizia così un periodo di tempo perturbato, con temperatura in forte diminuzione e piogge frequenti. Giorno di forte maltempo è mercoledì 11 aprile, con un violento nubifragio in mattinata sulla città, che porta circa 60 mm di pioggia, accompagnata da forte vento ciclonico, e temperatura scesa a 6°C. Il 12 ritorna un temporaneo ed effimero sole.

Successivamente, il mese continua tra piogge piuttosto abbondanti e belle giornate.

Maggio

Anche il mese di maggio è abbastanza altalenante, in un contesto mite e temperato. La mattina di sabato 5 maggio violenti rovesci e una tromba d'aria interessano la città. Poi il tempo migliora rapidamente, e prosegue con alternanza di giornate perturbate a sole. Tuttavia, non si registrano piogge molto abbondanti. La giornata più perturbata risulta essere domenica 20 ma, pur piovendo per tutto il giorno, non cadono più di 20 mm di pioggia.

Giugno

Giugno inizia con molto grigio, pioviggine e maccaja, specie il 2 e il 3, e poi molto variabile, con una discreta pioggia domenica 10 giugno, nel tardo pomeriggio. Successivamente, fa sempre più caldo e il tempo risulta soggetto all'alternanza di invasioni di anticicloni africani, che vengono battezzati con nomi strani: Annibale, Minosse, Caronte e, per ultimo, verso fine agosto, Lucifero, il peggiore di tutti.

Luglio

Tra un anticiclone e l'altro si verificano deboli piogge, come per esempio la mattina del 6 luglio e l'intera giornata del 14 luglio, con nubi molto basse e nebbia orografica al di sopra dei 150 m. In giugno e luglio, a causa del mare ancora freddo, il caldo viene fortemente mitigato, e si nota un grande divario tra la costiera ligure e la Pianura Padana.

Agosto

Nel mese di agosto, scaldandosi il mare, il divario di cui si è parlato nel paragrafo su luglio, pur rimanendo, si attenua, e si avrà in particolare una settimana molto afosa, con minime sopra i 25°C e massime sopra i 30°C, dal 13 al 20 agosto. In particolare, il giorno 20 è l'apice dell'anticiclone Lucifero, che porta gran caldo fino al Nord Europa, con l'intera Germania che registra temperature sopra i 35°C, e che avrò "l'onore" di sperimentare direttamente di ritorno dalla Danimarca il giorno 19. La settimana successiva fa leggermente meno caldo, ma la grande estate 2012 termina solo il 30 agosto con la Perturbazione Poppea, che scarica circa 90 mm di pioggia in una notte sulla città, specie a Levante. Non rimane comunque risolto il problema siccità, che grava su tutto il Nord e centro Italia, con l'anomala e molto strana eccezione della città di Torino e del suo hinterland occidentale, che in luglio ha registrato frequenti temporali.

Settembre

A settembre giungono sulla nostra regione abbondanti precipitazioni, specie a carattere di rovescio e temporale, come quello molto forte del primo pomeriggio del 16 settembre. Le temperature restano molto miti per tutto il mese, con una punta di 30°C solo il giorno 6.

Ottobre

Anche ottobre risulta assai piovoso, con allerta 2 meteo domenica 14, causa un'intensa perturbazione che giunge sulla nostra regione nel tardo pomeriggio, accompagnata da forti e continue scariche elettriche. Verso fine ottobre giunge un'improvvisa e breve quanto intensa ondata di freddo, che porta temperature basse specie domenica 28.

Novembre

Il tempo continua a essere caratterizzato da allerte maltempo di tipi 1 e 2, specie tra il 9 e l'11 novembre. In particolare, quest'ultimo mese risulterà assai piovoso, con un'intensa perturbazione tra il 25 e il 28, che successivamente formerà un minimo sul Basso Tirreno, verso il quale affluirà aria molto fredda da NE, e darà ufficialmente inizio all'inverno sulla nostra regione.

Dicembre

Da inizio dicembre fa sempre più freddo, e arriverà un'intensa e breve tempesta di neve, con Tramontana Scura molto forte, dalla sera del 13 alla prima mattina del 14, portando 15 cm di neve nelle zone più esposte della città, anche se vicinissime al mare, come Voltri, Sestri Est, Cornigliano, Sampierdarena, e tutta la zona di Albaro. Successivamente, il tempo rimane normalmente freddo fino al giorno 22, quando aria mite atlantica giunge su tutta l'Italia, portando sulla nostra regione temperature dai 10°C ai 15°C, con alternanza di giornate grige e piovose (la prevalenza) e giornate serene con fohn, specie il 28. In particolare, la mattina del 26 un forte nubifragio colpisce tutta la parte Est di Genova, con epicentro a Borgoratti, dove sono caduti circa 100 mm di pioggia (circa 50 nel quartiere di Marassi). La Russia e l'Ucraina hanno invece attraversato intorno a Natale una delle peggiori ondate di gelo del secolo, con Mosca che è giunta a –30°C, con un'attenuazione a cominciare dal giorno 27.

2013

Gennaio

Come già detto a conclusione del 2012, l'anno inizia con una forte perturbazione che porta 70 mm di pioggia il giorno 2, con una temperatura di 5°C. Segue un intervallo fresco con qualche pioggia, e poi una giornata molto fredda e piovosa domenica 13 gennaio, con temperatura sui 3°C e Tramontana Scura. Questo tipo di tempo persiste, con piccole variazioni, anche nei giorni successivi, regalando moltissima neve oltre i 400 m di quota, fino alla ventosa e fredda giornata del 20 gennaio. Segue un intervallo un poco meno freddo, ma con occasione per piogge e tanto grigiore.

Febbraio

I primi di febbraio fanno segnalare alcune giornate fredde, seguite da altre miti, fino all'evento nevoso dell'11 febbraio, annunciato in modo ridondante come "The Big Snow". In realtà, nevica intensamente sulla città, ma solo fino alla tarda mattinata, segue una pausa e poi lo scatenamento della furia degli elementi tra le 16 e le 17: tormenta fittissima, Tramontana Scura scatenata, scarsissima visibilità e buoni accumuli anche a livello del mare... quindi si Big Snow, ma solo per un'ora.

Seguono giornate piuttosto fredde, con ripresa della neve per tutto sabato 23, con una temperatura di 2°C, ma senza accumulo. La neve riprende la notte del 24, dalle 2 alle 6, sempre senza accumulo. Seguono giornate fredde e ventose e, verso fine mese, un aumento delle temperature.

Marzo

Inizia con alcune giornate di bel tempo, ma seguite subito da una giornata fredda e piovosa. Il mese si presenta freddo e ricco di piogge insistenti e copiose, e i giorni 17 e 18 marzo, con una temperatura di 2°C, in città si registra la nevicata più tardiva dal 1937, battendo il record precedente del 13 marzo 1976. Buoni accumuli in molte zone della città. Segue continua pioggia, vento freddo di Tramontana Scura, e una vigilia di Pasqua (30 marzo) piovosa e fredda, che sembra la vigilia di Natale. L'entroterra registra accumuli nevosi complessivi stagionali secondi solo al 1986.

Aprile

Da inizio mese il termometro prende timidamente a salire, ma il mese è caratterizzato da pioggia frequentissima e abbondante. Per esempio, domenica 21 la bella giornata invita tutti a gite fuori porta, ma dalle 16 un improvviso e violento temporale si scatena su tutta la Liguria, da Ponente a Levante. A metà mese la maggior parte degli alberi ha ancora l'aspetto invernale, e solo nei giorni successivi cominciano ad apparire le prime foglie. Il giorno 25, improvvisamente, si registra una massima di 25°C, caldo che più moderatamente viene ripetuto il 29 e il 30.

Maggio

Il primo maggio registra ancora una giornata calda, con massima sui 24°C. Ma il mese si dimostra molto piovoso, con una forte perturbazione il 16, e pioggia molto intensa la sera di sabato 18. Segue ancora pioggia, e un forte abbassamento della temperatura la notte di sabato 25 maggio: quel giorno si registreranno una minima di 9°C e una massima di 14°C, con fine pioggia e vento freddo per tutta la mattina, che accompagneranno i funerali di Don Gallo. Poi il tempo migliora, ma altri temporali piuttosto forti si scatenano a fine mese.

Giugno

Giugno si presenta piuttosto fresco e poco piovoso, con soli 6 giorni con pioggia, con punte massime nel violento temporale del pomeriggio di domenica 9 e nel forte temporale della notte del 24, con pioggia abbondante. Le temperature sono nel complesso molto miti, con soli due giorni caldi il 18 e il 19, seguiti da giornate molto fresche e con minime basse, fino a 13°C.

Luglio

Luglio si presenta improvvisamente molto caldo, con massime elevate spesso sopra i 30°C, fatto insolito per la nostra città, dovuto a un'alta pressione centrata sulla Gran Bretagna che espone la nostra regione a Fohn da Nord, che inibisce la brezza di mare. Ma tale vento porta anche instabilità e temporali isolati sulla città, spesso molto violenti, in particolare domenica 7, con forte grandinata in centro, e poi un discreto numero di nubifragi molto localizzati, uno dei quali riesce a scaricare 40 mm in mezz'ora a Sturla. Il 29 luglio buona parte della Liguria è sotto fenomeni temporaleschi, ma Genova viene saltata.

Agosto

Inizio caldo, con un temporale il giorno 8, ma ben poca pioggia. Fino al 20 il mese si dimostra caldo come il precedente. Il 14 agosto forti temporali e nubifragi interessano Genova e Savona, e un violento temporale si scatena sulla città la notte del 20. Segue una pausa e poi una serie di furiosi temporali e nubifragi: il 24 forte temporale su Genova, ma ancor di più sul Levante e nell'interno, con 100 mm a Masone e 118 mm a Cavi di Lavagna. Domenica 25 nel pomeriggio si scatena un forte temporale ricchissimo di fulmini, con ripresa alla grande dalla serata e per tutta la notte, con vento fino a 100 km/h, grandine, fulmini e pioggia torrenziale. Dopo una pausa, si ripresenta la sera di lunedì 26 un temporale ancora più violento, con grandine ed eccezionali scariche elettriche, e accumuli precipitativi tra i 60 e i 100 mm, che pone fine al periodo molto caldo.

Settembre

Settembre si presenta mite, con pioggia l'8 e un violentissimo temporale nel tardo pomeriggio del 15, specie per le intense scariche elettriche. Poi prevalgono sole e tempo piuttosto caldo, fino alla perturbazione del 29, che nella sera scaricherà molta pioggia su tutta la città e, in particolare, a Sestri e Cornigliano, con 115 mm agli Erzelli.

Ottobre

Ottobre sembra inizialmente presentarsi poco piovoso, tranne piovaschi di poco conto, e con precoce abbassamento della temperatura, ma non in maniera eccessiva. Il giorno 20 dalle 16 si scatena su tutta la regione un violentissimo temporale con potentissime scariche elettriche, che lasciano per alcune ore al buio interi quartieri di Genova e di molte città liguri: salta la corrente in moltissimi apparecchi elettrici (con amici tenteremo di andare a Calice, ma arrivati ci accoglieranno fulmini e un inizio di pioggia torrenziale, che ci consiglierà di rifugiarci nell'autogrill di Spotorno, dove rimarremo senza luce e i proprietari chiuderanno il locale, costringendoci a tornare a casa). La violenza della perturbazione, con pioggia alluvionale ma per fortuna di non lunga durata, è sospetta e preoccupante, e infatti la notte successiva un'alluvione si abbatte in Val Fontanabuona, portando via il ponte di Carasco. Tale evento coincide coll'inizio di un improvviso aumento della temperatura, che raggiunge 22°C il giorno 22, e persiste a livelli tra 16°C e 20°C sino a fine mese. L'aumento è accompagnato da forti e umidi venti sciroccali che portano molta pioggia, specie a Levante. La sera del 23, dopo forte bufera di vento da Sud, si abbatte sulla città un violento temporale con pioggia intensa, che prosegue con minore intensità per tutta la notte. Segue un periodo di nubi marittime assai basse, che portano improvvise forti precipitazioni e visibilità ridottissima (nebbia marittima con visibilità 100 m domenica 27 durante il rovescio intorno alle 15). Poi seguono altre piogge.

Novembre

L'inizio mese presenta temperature quasi consone al periodo, anche se non di certo basse, e nuove perturbazioni in agguato. Sabato 9 novembre, nel tardo pomeriggio, un violento temporale grandinigeno interessa la città. La notte tra il 10 e l'11 novembre 2013 Genova viene scossa dalla "tempesta di San Martino", una bufera di vento fortissimo da Nord con raffiche fino a 140 km/h, che spazza le nuvole e porta tempo asciutto e sereno per tutto l'11 novembre, con forte abbassamento della temperatura. Il 12 riprendono le piogge e non abbandonano più la nostra città, con occasioni per vento di Tramontana Scura e qualche temporale, come nel pomeriggio di martedì 19 novembre, quando il giorno prima la Sardegna è stata devastata dall'alluvione. Poi continuano piogge e vento forte con notevole abbassamento della temperatura, che scende sotto i 10°C. Domenica 24 novembre il cielo è nuvoloso e la temperatura piuttosto bassa, mentre una nuova ondata di freddo si profila da NE. Tale ondata durerà solo sino ai primi di dicembre.

Dicembre

A inizio mese un'alta pressione subtropicale s'impadronisce del Mediterraneo e dell'Europa Centrale, portando tempo grigio e mite e aria immobile e molto inquinata. Ma questo "mostro anticiclonico", che sembrava volere durare a lungo, viene interrotto il 19 dicembre con un improvviso e vitale risveglio delle perturbazioni atlantiche: la prima, proprio il giorno 19, rende la relativa sera fredda e piovosa su Genova, con temperatura di 5°C e intensa Tramontana Scura. Seguono perturbazioni sempre più vigorose che portano pioggia abbondante, fino alla "tempesta di Natale", ovvero un violento ciclone extratropicale che porta per tutto il giorno 25 140 mm di pioggia su Genova, vento violento con raffiche fino a 138 km/h, e mare in tempesta. Tuttavia, dopo la fredda serata del 19 dicembre, la temperatura si è alzata e assestata su valori tardo-autunnali, che manterrà per tutto il piovosissimo e mite inverno 2013-2014. Ritornando alla tempesta di Natale, se a Genova sono caduti 140 mm di pioggia, una quantità enorme ne è caduta in Appennino, con punte di 600-700 mm in due giorni in tutta l'area immediatamente al di là dello spartiacque del Savonese Orientale, fatto veramente assurdo per il periodo.

2014

Gennaio

Dopo Natale e Santo Stefano, che vedono un'attenuazione della tempesta, inizia un bombardamento di perturbazioni atlantiche sulla nostra regione, a ritmi di una-due ogni due giorni, che portano tantissima pioggia e causano frane e allagamenti ovunque. Gennaio è particolarmente disastroso: il 17 un terrazzo crolla a Cervo e un treno rimarrà per due mesi in bilico su un binario, inclinato verso il mare. Domenica 19 alluvione a Bogliasco, e un medico muore mentre cerca di portare soccorso. Verso fine gennaio vi è un modesto abbassamento della temperatura, che porterà una breve nevicata di un'ora su Genova la sera del 29 gennaio.

Febbraio

Mese molto piovoso, in cui sono presenti tutti i fenomeni atmosferici, tranne la neve, con temperature piuttosto miti, e 19 giorni di pioggia.

Marzo

Il tempo mite e piovosissimo dura sino al giorno 5, con grave dissesto per il nostro territorio già molto fragile. Marzo si presenta più mite e meno piovoso, con soli 7 giorni di pioggia.

Aprile

Aprile registra quantitativi precipitativi nella norma e temperatura mite. La notte del 18 aprile un forte temporale interessa efficacemente la nostra città.

Maggio

Anche maggio prosegue piovoso in modo normale, ma il fatto più importante è dato da avvisaglie molto timide dell'avvicinarsi dell'estate. Non vi sono particolari impennate della temperatura, dato che al massimo si raggiungono i 24°C.

Giugno

Dopo i primi giorni miti, l'estate scoppia improvvisa il 7 giugno e porta caldo afoso da stagione piena fino al 14, quando arriva la "Summer Storm", che porta un forte temporale grandinigeno nel pomeriggio su tutta la nostra regione. Segue un tempo quasi sempre grigio e poco caldo, che si protrae sino a fine mese.

Luglio

È segnato da continui nubifragi sulle riviere e sull'interno e pioggerelle moderate su Genova, tranne un violento temporale la sera del 9 luglio. Il fatto strano è comunque dato dall'estrema piovosità di quest'estate su tutta l'Italia, flagellata per tutto luglio da continui nubifragi. Genova viene in fin dei conti abbastanza risparmiata, ma solo per un fenomeno di Upwelling: il mare in profondità al largo della nostra città è più freddo di quello immediatamente vicino, l'energia in gioco è quindi minore, e tutti i temporali vengono di conseguenza dirottati sulle riviere. Non farà mai veramente caldo.

Agosto

A inizio agosto il mare si è scaldato, e quindi i nubifragi iniziano anche su Genova. Domenica 3 la città è interessata da un forte temporale, ancor più violento a Varazze-Celle, che scarica 100 mm in un'ora. I giorni successivi sono instabili, ma il tempo è migliorato sull'Italia centro-meridionale. Il 19 agosto un violentissimo temporale interessa Genova in mattinata, accompagnato da varie trombe d'aria, tra cui un F2 molto distruttivo ad Arenzano e un altro tornado a Multedo. Il 24 altro nubifragio su Genova, con epicentro in Val Polcevera. L'estate 2014 non si è quindi quasi vista, specie in zone d'Italia dove non dovrebbe piovere molto, come in Maremma o nel Sud, che invece verdeggiano come in aprile. Milano viene particolarmente bersagliata dai nubifragi per tutta l'estate, con straripamenti del Seveso e del Lambro.

Settembre

Settembre è più caldo del normale di circa un grado e mezzo, e abbastanza piovoso e temporalesco, ma senza grandi quantitativi pluviometrici. Vi saranno puntate tra i 27°C e i 29°C, ma la media delle massime sarà sui 25°C, e tutto sommato con molte belle giornate.

Ottobre

Dopo un inizio tranquillo, dal 6 si crea una situazione assai pericolosa per Genova, che si trova al confine tra una depressione atlantica e un potente anticiclone a Est che le sbarra la strada: la situazione è molto simile a quella di inizio ottobre 1970. I risultati non si fanno attendere: dopo una pioggia intensa ma breve nella notte del 6, riprende a piovere intensamente per tutto il giorno 7, con accumuli verso i 100 mm a Ponente. L'8 sembra esserci una tregua, ma la notte del 9 riprende a piovere assai intensamente, con pause, che sembra possano scongiurare il pericolo per i torrenti. La mattina del 9 tutta la città, specie a Ponente, viene flagellata da pioggia torrenziale. Poi il tempo sembra calmarsi. La sera però riprende a piovere, e un violentissimo temporale si forma nell'interno della Val Bisagno, procedendo verso la costa: quando la cella temporalesca raggiunge il mare, essendo quest'ultimo ancora assai caldo, viene caricata ulteriormente di energia, e sulla città si scatena una vera e propria tempesta di fulmini e pioggia torrenziale, che fa esondare il Bisagno, il Fereggiano e lo Sturla, causando l'ennesima grave alluvione genovese. Dopo una pausa, riprendono intervalli torrenziali fino alle tre del pomeriggio del 10. Poi tutto si calma, pur rimanendo il cielo grigio e immobile. La notte dell'11 si scatena un temporale ancora peggiore di quello della notte precedente, partendo da Voltri e interessando tutta la città. Fortunatamente il Bisagno non esonda, ma la pioggia allaga e riempe box, s'infiltra in scuole, industrie e aziende, causa frane dappertutto, specie a Rivarolo, allaga sottopassi... insomma, un disastro generalizzato, che coinvolge un territorio vasto anche all'interno, con alluvione a Montoggio (già allagata il 10) e Campo Ligure. Lunedì 13 ottobre altra violenta perturbazione, ma per fortuna in città solo due brevi temporali: vengono interessati l'entroterra e la parte più meridionale del Basso Piemonte, con grave alluvione a Gavi Ligure e Novi. Il 14 finalmente l'alta pressione a Est, causa di tanti guai, si sposta. Il tempo rimane comunque ancora semi-estivo, non disdegnando altre forti piogge improvvise ora su uno ora sull'altro quartiere. L'umidità rimane alta e la temperatura oscilla in città tra i 18°C e i 22°C. Mercoledì 22 ottobre finalmente arriva aria da Nord, che riporta la temperatura autunnale alla normalità, diminuendo l'energia in gioco e allontanando lo spettro dell'alluvione. I giorni 7, 9, 10, 11 e 13 ottobre sono caduti su Genova tra i 500 e i 1000 mm di pioggia (ricordiamo che 900 mm è la media annuale precipitativa di Milano).

Novembre

Dopo una pausa che dura sino a inizio novembre, con abbassamento della temperatura dal 22 ottobre, dal giorno 3 del mese riprendono le piogge. In particolare, il 4 novembre si abbatte su tutta la regione un'intensa perturbazione con forti venti di Scirocco, che determinano notevolissimi accumuli nell'imperiese e stato di grave attenzione. Dal tardo pomeriggio un violentissimo temporale si abbatte sulla nostra città, dando inizio a un nuovo triste periodo, caratterizzato da pioggia record. Il giorno 5 è la volta dell'Estremo Levante e della Lunigiana, con alluvione di Carrara, la sera del 10 è il turno di Chiavari, il cui centro storico viene invaso da due metri d'acqua, e il 15 è nuovamente Genova a essere interessata da una grave alluvione, questa volta specialmente nel Ponente e in Val Polcevera. L'alluvione di sabato 15 novembre 2014 si segnala per la violenza estrema dei fenomeni, il cielo nerissimo, le potenti fulminazioni e il vento scatenato da SO. Vengono allagate Voltri, Pra' e Pegli, insieme a Pontedecimo e altre zone della

Val Polcevera. Nel pomeriggio viene fortemente interessato anche il centro, con il Bisagno al limite. Auto con altoparlante girano per tutta la città avvisando i cittadini di non uscire e di salire ai piani alti. In definitiva, una nuova catastrofe. Dopo il 15, il tempo rimane pessimo sino a fine mese.

Dicembre

Il tempo è piovosissimo fino a metà dicembre, con continui temporali e nubifragi, e cielo costantemente grigio. La temperatura si abbassa di poco, e l'inverno sembra non volere arrivare, con molti alberi ancora col fogliame da metà ottobre. In tutto il mese di novembre sono caduti su Genova oltre 750 mm di pioggia, e in tutti i tre mesi autunnali la quota è di oltre 1200 mm. Questo porterà l'anno 2014 a registrare il record assoluto della quantità precipitativa sulla nostra città, che per la prima volta, dal 1870, supererà i 3000 mm, superando anche il precedente record di 2700 mm del 1872, ed evidenziando un pericoloso trend di aumento delle precipitazioni.

Il tempo rimane mite anche dopo il 15 dicembre, ma si fa strada un potente Anticiclone delle Azzorre, che porta giornate primaverili su tutta la nostra regione. Dal 26 inizia un abbassamento della temperatura per il sopraggiungere di aria molto fredda da Est, che porta pioggia e freddo il giorno 27. Il freddo persiste sino al 1 gennaio 2015, con la temperatura che scende fino a 0°C nella notte di Capodanno.

2015

Gennaio

Dopo la parentesi di freddo di fine anno ritorna prepotentemente l'Alta delle Azzorre, riportando tempo secco e mite, con due episodi di Fohn sulla nostra città: il 4 (arriveremo a 18°C), e l' 11 (minima 10°C e massima 18°C). Il giorno 10 fortissime correnti di Fohn interessano il Piemonte e la Lombardia Occidentale, portando 25°C a Torino (dopo una minima di 0°C) e 15°C a Milano. Da sabato 18 gennaio il tempo cambia a causa del ritiro dell'anticiclone sull'Atlantico e il sopraggiungere di correnti più fredde e umide. Sabato 18 è una giornata strana, caratterizzata da forti temporali grandinigeni nell'entroterra, specie alla sera nell'Alta Valle Scrivia, molto strani per il mese di gennaio. Poi il clima diviene più freddo e una perturbazione porterà molta pioggia tra martedì 21 e giovedì 23 gennaio, con neve già nell'immediato entroterra. Il 24 e il 25 gennaio ritorna un tempo migliore con temperature più miti, e successivamente più freddo.

Febbraio

Mese che presenta due periodi piuttosto freddi, dal 3 al 7 e tra il 13 e il 15, con massime sotto i 10°C. Per il resto è un mese mite con qualche precipitazione mai abbondante.

Marzo

Mese mite e fresco (solo una massima di 21°C), che presenta tre periodi piuttosto piovosi, dall'1 al 5, dal 14 al 17 e dal 21 al 26, ma con precipitazioni senza eccessi.

Aprile

Il 1 aprile un'improvvisa impennata della temperatura (fino a 21°C) lascia pensare a una precoce primavera, ma poi il clima diviene più consono al mese, con diversi episodi piovosi, ma di non grande rilievo.

Maggio

maggio presenta diversi giorni con improvvise impennate della temperatura, come domenica 10 (23°C) e soprattutto domenica 17 (fino a 29°C), seguiti da un fortissimo temporale la tarda mattinata di giovedì 21 maggio, che termina con un forte abbassamento della temperatura (fino a 10°C), che poi riprende a risalire.

Giugno

Inizio giugno segna un anticipo d'estate, ma il 14 arrivano forti temporali che si protraggono per vari giorni, raggiungendo il culmine martedì 23 giugno, con un fortissimo temporale che fa totalizzare 300 mm in due ore nella zona di Fiorino, e per puro caso il Cerusa non esonda. Seguono giorni sempre più caldi sino a fine mese.

Luglio

Il mese esordisce con temperature superiori alla media ovunque (a Genova fino a 34°C nella prima decade del mese). Per tutto il mese tutta la Pianura Padana sfiora ripetutamente i 40°C, e in monti luoghi li supera. La sera di venerdì 24 luglio la siccità s'interrompe con un forte temporale che prosegue per tutta la notte del 25, dando l'avvio a un periodo più temperato, fino al 2 agosto.

Agosto

Dal giorno 1 la temperatura riprende a salire e il giorno 7 agosto sarà memorabile perché a Genova verrà raggiunta la più alta temperatura dal 1870: 38.7°C, con forte Fohn da N. Lo scorso record apparteneva al 4 luglio 1952, con 37.8°C. In ogni caso, il clima non sarà così insopportabile come nel famigerato 2 agosto 1990 (vedi), a causa dell'umidità molto inferiore. Il caldo prosegue fino al 13, con temperatura oscillante tra i 30°C e i 35°C (sono temperature anomale per la nostra città). La mattina del 10 agosto su Genova si abbatte un notevole temporale, che in ogni caso non smorza l'afa. Il giorno 14 altro temporale piuttosto forte. La vera svolta si ha il giorno di Ferragosto, quando al mattino sulla città si abbatte un violentissimo temporale con potenti fulminazioni, che riprende ancora più intenso e spettacolare la sera su tutto il Ponente. Seguono giorni temperati, con l'arrivo di un'intensa perturbazione il giorno 24, che scarica 120 mm di pioggia in centro. Segue tempo abbastanza sereno sino a fine mese.

Settembre

La prima metà è caratterizzata da tempo variabile e piuttosto caldo, tra piovaschi e sole, fino alla sera del 14, quando inizia un violentissimo nubifragio temporalesco che scarica 260 mm di pioggia in poche ore sulla città, e solo per un pelo il Bisagno non esonda. Seguono tempo variabile e altre precipitazioni, e un graduale abbassamento della temperatura.

Ottobre

ottobre è piuttosto piovoso con frequenti allerte, ma non di livello massimo, e con temperature nella norma.

Novembre

Dopo piogge notevoli tra il 3 e il 5, incomincia un'anomala siccità con temperature costanti tra i 16°C e i 18°C, assenza di vento e cielo perennemente grigio. Fine novembre porta un po' di freddo relativo, ma dopo pochi giorni l'anticiclone africano rimonta e invade mezza Europa, stabilizzando nella nostra città la temperatura tra i 12°C e i 14°C, con cielo perennemente coperto e plumbeo.

Dicembre

Molto mite e con cielo quasi sempre grigio, ma a eccezione delle altre regioni del Nord, il mese totalizza 12 giorni piovosi, seppur di piogge fini e persistenti, che comunque portano il mese ad accumulare circa 50 mm. Solo il 31 inizia un graduale abbassamento della temperatura.

2016

Gennaio

Fine dicembre riporta un tempo meno mite, e il 2 gennaio 2016 la città è flagellata da pioggia e Tramontana Scura con temperatura tra i 4°C e i 5°C. Seguono giorni variabili, con occasioni per qualche pioggia, e tempo non molto freddo. Un po' di freddo arriva dal 14 al 24 gennaio, ma senza raggiungere temperature degnamente consone al periodo (al massimo si toccheranno i 2°C). Poi riprende l'alta pressione africana e un tempo simile a quello di dicembre, con pioviggini e cielo cupo e grigio.

Febbraio

Inizio mite, statico e grigio, finché domenica 7 non giunge una forte perturbazione che porta 165 mm in centro. Altra pioggia si avrà venerdì 12 febbraio, con calo della temperatura per Tramontana Scura. Per domenica 28 febbraio si discute se dare l'allerta rossa. Alla fine ne viene fuori un'allerta arancione e sulla città cadono circa 100 mm di pioggia, accompagnata da una mareggiata.

Marzo

Marzo inizia con piogge, ma poi arrivano le prime (molto precoci) impennate del termometro, per una situazione di alta pressione a Nord delle Alpi, che porta Fohn sulla città. Il mese prosegue nel complesso variabile, con un importante guasto prima di Pasqua (sabato 26 marzo), che porta altri 100 mm di pioggia su tutta la città.

Aprile

Il mese di aprile alterna nuove impennate del termometro fino a 25°C e abbassamenti della temperatura, con tempo nel complesso variabile e poche piogge. Su tutto il NO si registra un mese piuttosto siccitoso.

Maggio

La siccità cessa verso il 10 maggio, coll'arrivo di un'importante perturbazione atlantica che porta circa 70 mm di pioggia sulla città. Il mese prosegue un poco instabile, culminando il giorno 23 con una tremenda grandinata nella tarda mattinata, accompagnata da tuoni e fulmini. È l'inizio di un periodo fresco e piuttosto temporalesco.

Giugno

Piuttosto fresco e temporalesco, con numerose precipitazioni che, oltre a rendere i prati verdissimi, determinano un precoce proliferare di funghi.

Luglio

In questo mese si registra un caldo normale, ma con un'accoppiata di violenti temporali le sere del 13 e del 14. In particolare, la prima sera si abbatte sulla città un'altra violenta grandinata, e la sera successiva solo pioggia molto intensa, ma con notevole attività elettrica. Il resto del mese prosegue con poche piogge e temperatura piacevolmente calda, ma senza eccessi.

Agosto

Inizio temperato, con giornate soleggiate, fino a un temporale intenso verso il 10. Agosto prosegue senza piogge e il giorno 24, dopo il terremoto di Amatrice, scoppia un improvviso caldo torrido da piena estate, con 35°C di massima proprio quel giorno, anticiclone occidentalizzato e vento di Fohn. È l'inizio della vera estate '16, che si prolungherà nel mese successivo.

Settembre

Mese particolarmente caldo e siccitoso, con tre giorni consecutivi di Fohn e 33°C intorno al 10 del mese.

Ottobre

La stagione calda termina a inizio ottobre con la prima irruzione fredda da NE, che porta i termometri intorno ai 15°C. Per il giorno 14 viene emanata un'allerta rossa per un'intensa perturbazione, e dopo una mattinata insipida con poca pioggia e lamentele della popolazione per l'allarme, nel primo pomeriggio un potente tornado spazza la città da Ponente a Levante, incattivendosi in particolare sul tratto costiero da Nervi a Recco, dove cadono fili elettrici, pali della ferrovia, moltissimi alberi, e tutto accompagnato da pioggia torrenziale. La popolazione ringrazia allora l'ARPAL Liguria per avere emanato l'allerta. Ottobre prosegue con giorni sereni e freschi intervallati a piogge di scarsa entità.

Novembre

Si registrano le prime giornate fredde sui 10°C di massima e vento forte, che si propongono piuttosto numerose, come per esempio il giorno 11. Dal 25 al 27 del mese arriva un'intensa perturbazione e viene emanata una nuova allerta rossa. Questa volta sulla città cadono 100 mm, ma l'Imperiese e il basso Cuneese subiscono una pesante alluvione.

Dicembre

Dicembre si presenta ancora una volta piuttosto mite, con una puntata tiepida fino a 21°C in uno dei primi giorni. Il tempo è in genere soleggiato, e si registrano poche giornate fredde.

2017

Gennaio

Mite fino al giorno 5, quando arriva una notevole ondata di freddo intenso da Est, che nel Sud porterà neve a Napoli e persino a Siracusa, e in seguito la città partenopea raggiungerà il minimo storico di –5.5°C. Sulla nostra città si registrano 21 giorni molto rigidi con temperature spesso sui 2°C -4°C, e vento continuo di tramontana che flagella la città come raramente è accaduto in passato, soprattutto per la persistenza e la continuità. Da segnalare l'assenza quasi assoluta di precipitazioni. Il centro-Sud vive un mese glaciale, ricordato per la tragica vicenda del Rigopiano. Proprio verso il giorni della Merla il clima ritorna più mite, ma sempre senza piogge.

Febbraio

Inizia abbastanza mite ma dal 5 al 15 si hanno 10 giorni di freddo e nuovamente vento continuo e incessante di Tramontana, con bassa umidità relativa. Dopo diventa meno freddo e senza piogge, del tutto insulso.

Marzo

Inizia con l'unica vera perturbazione dopo molti mesi asciutti, che scarica in ogni caso solo 50 mm di pioggia, cifra non elevata per gli standard genovesi. Poi ricompaiono, come l'anno precedente, le prime impennate calde, specie in Pianura Padana, che portano a una primavera anticipata, con fioritura di glicini già a fine mese.

Aprile

Un mese che tutto sommato sembra un maggio precoce, ancora una volta con poche piogge e qualche puntata di temperature quasi estive.

Maggio

L'unico mese di questa parte siccitosa dell'anno che registra piogge consone al periodo, raggiungendo i 100 mm. In particolare, il giorno 1 piove molto intensamente in mattinata, mentre il pomeriggio rasserena, ma la temperatura oscilla tra i 10°C e i 15°C. Seguono diversi giorni di piogge più o meno intense. Sabato 6 piove per tutto il giorno. Nei giorni successivi, le piogge diventano meno frequenti e si fanno strada anche giornate abbastanza calde, sino a fine mese.

Giugno

Mese molto caldo e non molto piovoso, che prosegue quindi il trend siccitoso di quest'anno, con un giorno di metà mese che grazie al Fohn si raggiungono i 35°C. Siccità ancora peggiore in tutto il Piemonte, con caldo già da piena estate.

Luglio

Mese molto caldo ma movimentato da un violento temporale nel pomeriggio dell'11, che scarica 25 mm sulla città, e soprattutto un violentissimo nubifragio la sera del 22, con una quantità incredibile di potenti fulminazioni, e precipitazioni che raggiungono in molte zone della città quasi i 70 mm, come a Pegli. Seguono altri temporali, con intervalli caldi e soleggiati, nonché molto afosi.

Agosto

Con questo mese, si conclude la seconda estate più calda dopo quella del 2003, con qualche temporale a inizio mese, ma poi siccità totale e numerose giornate in cui il termometro raggiunge i 30°C, fatto raro per la nostra città. L'ultima ondata africana si verifica l'ultima settimana del mese, che sopraggiunge ad aggravare maggiormente lo stato di siccità in Piemonte e Lombardia, meno intenso nella nostra regione.

Settembre

Dal primo giorno del mese, come nel 2003, il caldo intenso finisce, e il mese prosegue con temperature perfettamente nella norma climatica del periodo. Il 9 arriva la prima forte perturbazione, e in città viene emanata l'allerta rossa. Tuttavia, cadranno solo 50 mm, perché il grosso della perturbazione va a finire su Livorno, causando una grave tempesta alluvionale.

Il resto del mese prosegue con altre piogge e con le prime mareggiate, una situazione che si protrae sino a fine mese.

Ottobre

Mese caldo, con diversi episodi di piogge consistenti. In particolare, negli ultimi giorni sembra ancora settembre, col termometro che raggiunge ancora i 24°C e il sole che splende.

Novembre

Registra piogge consistenti e più frequenti, e un abbassamento della temperatura, che si riporta sui valori medi. Verso il 20 del mese arriva la prima ondata fredda della stagione, con temperature basse che in questo periodo non si vedevano da tempo, e forte vento da NE.

Dicembre

Il primo giorno una perturbazione fredda porta i primi fiocchi sulla città, dopo molto tempo. Per il resto, il mese prosegue con temperatura sulla media, ma molto piovoso, e sembra volere colmare la deficienza idrica dell'anno. Il giorno 11 si scatena su tutta la regione una violenta tempesta, con venti fino a 140 km/h, mare scatenato e pioggia molto intensa, che fa raggiungere circa 200 mm a molte zone della città. Il mese continua perturbato ma non molto freddo, con molta umidità.

Il 2017 risulterà l'anno più secco dal 1870, con una piovosità totale inferiore ai 600 mm, e quindi ancor meno dei 620 mm del 1921, anno che prima teneva lo scettro della siccità.

2018

Gennaio

Mese mite e notevolmente piovoso, con elevato numero di giorni con precipitazioni, cielo quasi sempre grigio e frequente maccaja.

Febbraio

Coll'arrivo del secondo mese dell'anno il clima si fa più rigido e le temperature scendono leggermente al di sotto della media, con frequenti piogge, molta neve sui monti e cielo quasi sempre grigio. Verso il 20 del mese inizia un fenomeno molto importante: lo Strat Warming, ossia il riscaldamento anomalo della statosfera ai poli. Come sempre in queste situazioni, questo causerà l'arrivo del Burian sull'Italia, e gli ultimi giorni del mese nella nostra città saranno gelidi, con minime fino a –4°C. Domenica 26 su Genova nevica tutto il giorno, ma senza accumulo.

Marzo

Il primo giorno del mese, con una temperatura sullo 0°C o di poco sotto, arriva la neve con accumulo, ma si tratterà di una mezza delusione perché ci si aspettava una di quelle nevicate che ogni tanto Genova sa offrire, mentre cadranno solo pochi centimetri, tuttavia in una giornata tempestosa caratterizzata da fortissimo vento di Tramontana Scura e mare agitato: darà infatti più problemi il vento che la neve, copiosa e sotto forma di bufera solo per un breve intervallo di tempo in serata. Seguono giorni meno freddi, ma sempre prettamente invernali, con molte precipitazioni, che proseguono per tutto il mese, anche se dopo il 10 la temperatura si alza un poco, pur rimanendo sotto media. Si registrano diversi giorni con precipitazioni molto abbondanti.

Aprile

Mese piuttosto piovoso e perturbato, ma con un improvvisa impennata della temperatura a causa di un'alta pressione con massimi a Nord delle Alpi, dal 16 al 21, che farà toccare alla nostra città, sotto l'effetto del Fohn, una massima di 28°C, che non capitava dal 1975. Seguono giorni meno caldi, tuttavia sopra media, sino a fine mese, con diverse precipitazioni.

Maggio

Dal primo del mese si cambia coll'arrivo di aria più fredda, piogge e temporali, che faranno totalizzare al mese 19 giorni con precipitazioni, diverse giornate calde (sui 24°C) intervallate da giornate molto fresche (fino a 12°C), in un contesto di estrema variabilità, che alterna in uno stesso giorno freddo, caldo, sole, pioggia, nuvole e vento, in uno scenario tipicamente Atlantico. Da segnalare alcuni forti temporali, come nel pomeriggio di domenica 13 maggio.

Giugno

Mese iniziato sotto l'aspetto più primaverile che estivo, con frequenti rovesci, tempo molto variabile con cambiamenti repentini nell'arco di una stessa giornata, e diversi temporali, ma mai troppo intensi. Il giorno 13 intenso nubifragio su Savona, con 60 mm. Qualche giornata più calda con temperature sino a 26°C. Segue un periodo di giornate miti alternate a qualche rovescio o temporale, sino alla fine del mese.

Luglio

Inizio mese con caldo nella norma, anche se con molta umidità, che rende le giornate afose, con un temporale la notte del 4, l'11 e il 12. In particolare, il giorno 11 si manifestano piogge molto abbondanti sulla Riviera di Levante, con 108 mm a Camogli, e ancor più nell'immediato entroterra, con circa 180 mm a Borzone. I nubifragi vengono replicati il giorno successivo, sulle stesse zone, anche se meno intensi. Seguono altri giorni di maltempo, distribuiti fino al 25 del mese. In particolare, forti temporali interesseranno tutta la regione il giorno di lunedì 16, con una tremenda grandinata su Savona e circa 100 mm di pioggia nella zona di Albisola. Dopo il 25 il termometro tende a salire, per via di una ventilazione più settentrionale fohnizzata, che in ogni caso per diversi giorni porta sulla costa i temporali che si formano normalmente sull'Appennino, con diverse occasioni per forti precipitazioni.

Agosto

Mese molto piovoso e tragico per la nostra città, segnato dal crollo del Ponte Morandi. I primi giorni, fino al 4, sono molto caldi, col termometro che raggiunge i 34°C per tre giorni consecutivi, con minime molto alte, fino a 28°C, che renderanno difficoltoso prendere sonno. Diversi pomeriggi si verificano temporali, variando ogni giorno i quartieri bersagliati. Segue tempo un poco meno caldo, ma con temperatura sempre sopra la media, e altri temporali, finché uno forte si abbatte sulla città lunedì 13, e un violento nubifragio interesserà la regione il nefasto giorno 14 (in cui viene emanata un'Allerta Arancione), colpendo in particolare la costa a Est di Savona (con oltre 100 mm a Varazze), ma non risparmiando nemmeno Genova, dove cadranno circa 40 mm. Alle 11:36, sotto un diluvio e varie scariche elettriche, avviene la tragedia del Ponte Morandi.

Successivamente, arriva un Ferragosto molto caldo, con vento di Fohn, cielo limpido e temperatura che raggiunge i 32°C. Seguono giorni meno caldi, coi soliti temporali pomeridiani, specie in centro, fino al 19, quando inizia una serie di 4 giorni terribili per il caldo, con temperature massime sempre di 34°C e minime sui 25°C-26°C, e temporali di calore ogni pomeriggio, localizzati ora in una zona ora nell'altra. La mattina di sabato 25 arriva un forte temporale, particolarmente violento, purtroppo per ironia della sorte, proprio nella zona del crollo del ponte, dove si riversano in un'ora circa 60 mm.

Successivamente sembra rasserenare, ma verso le 16 un tremendo e furioso temporale si abbatte su tutta la costa da Savona a Camogli, con cielo nerissimo, con la fortuna che il grosso del nubifragio scarica principalmente in mare, e sulla terraferma cadono circa 20 mm, quantità non pericolosa. Le ore successive si alternano rovesci di pioggia, finché dopo le 18:30 un altro furioso temporale, proveniente da Nord, scarica altri 40 mm di pioggia proprio sullo stesso tratto di costa. Dopo l'evento, il termometro si porta su normali valori da fine stagione, con minime sotto i 20°C e massime sui 25°C, che si mantengono sino a fine mese, con un temporale la tarda serata del 31.

Settembre

La notte dell'1 continua il forte temporale iniziato la sera del 31, seguito da giornate non troppo calde, finché il giorno 8 una rimonta dell'alta pressione africana riporta l'estate sulla città, con temperature massime di 26°C-27°C, ma con un'impennata il giorno 20, sotto l'effetto del Fohn, in cui si raggiungono i 31°C. Dopo il 20 settembre la temperatura inizia a diminuire, ma l'alta pressione subtropicale risulta più tenace che mai, e le temperature rimarranno sempre sopra la media del periodo.

Ottobre

Uno dei mesi più nefasti della storia meteo recente, nonché piuttosto caldo, con una temperatura di circa 2 gradi sopra la media. Si lascia dietro una scia di disastri generalizzati su tutto il territorio italiano.

Il giorno 1 sembra quello di una prima presentazione del mese. Infatti, dopo una prima mattinata un poco piovosa e con temperatura ancora tiepida, verso mezzogiorno su tutta la nostra regione si scatenano violenti temporali, spesso associati a grandine. Si tratta di aria fredda e instabile che giunge su un mare ancora molto caldo, causando fenomeni di forte contrasto tra masse d'aria. Nel pomeriggio la temperatura scende bruscamente, precipitando a 12°C, con forte vento. Ad Alassio e Laigueglia si verifica una storica grandinata da 30 cm, e dopo l'evento le due località assumono uno strano aspetto invernale, peraltro poco frequente anche in quella stagione, data la mitezza del loro clima.

Seguono giorni abbastanza stabili e con temperatura piuttosto alta, uniti a piogge sporadiche (ma con maltempo terribile, alluvioni e morti nel centro Sud), quando per l'11 ottobre viene emanata un'allerta arancione, che sarà pienamente azzeccata, perché quel giovedì cadranno sulla città circa 100 mm di pioggia, in ogni caso distribuiti in tutta la giornata, e quindi non arrecanti alcun danno. La paura di un'alluvione era in ogni caso dovuta al fatto che la perturbazione aveva precedentemente causato una grave alluvione nelle Isole Baleari. Ma, chi temeva il peggio, non aveva tenuto conto che le perturbazioni più pericolose per Genova non sono quelle che hanno una traiettoria così meridionale, ma quelle che prima recano danni in Costa Basca e in generale in tutto il Sud Ovest della Francia (non il Sud Est, perché spesso dalla Costa azzurra raggiungono l'imperiese e non il Genovesato). Infatti gravi alluvioni si scateneranno sulla Sardegna e poi in Calabria e Sicilia, queste ultime due regioni, come già detto, già fortemente martoriate a inizio mese e con una sola breve successiva pausa di tempo più stabile.

Dopo il giorno 11, il tempo si ristabilisce con un'alta pressione che viene definita "Ottobrata", perché spesso alla metà di questo mese si ha una pausa di tempo mite e soleggiato su tutta l'Italia. Le temperature rimangono in ogni caso sempre di due gradi superiori alla media.

Verso il 25 del mese l'alta pressione abbandona la nostra regione e si approssima un'intensa perturbazione, che c'interesserà tutto sabato 27, portando sulla città altri 100 mm di pioggia, una certa ventilazione da SE e una discreta mareggiata. In ogni caso, nulla di eccezionale per gli standard pluviometrici a cui è abituata Genova.

Domenica 28 vi è una specie di pausa, ma sempre con qualche pioggia moderata, anche se viene emanata un'allerta rossa per il giorno 29. Dopo un lunedì mattina in cui sembra che tale allerta sia stata un poco esagerata, verso le 11 arriva il primo breve temporale. In ogni caso, il mare continua a ingrossarsi. Verso le 12:30 il cielo diventa nero-arancio come se fosse notte – ma una notte molto particolare e assai spettrale – e viene accesa l'illuminazione pubblica. Dalle ore 13 alle ore 15 si scatena un furioso temporale con forte vento e pioggia torrenziale, tuoni continui ma non troppo forti. Un cielo così non si era mai visto. Intanto una depressione, ex uragano tropicale, alimentata esclusivamente da aria calda, ruotando come una trottola giunge dal basso Mediterraneo sulla nostra regione, portando un minimo di 980 hPa sulla Costa Azzurra, ulteriormente rinforzata da un apporto di aria artica dalla Groenlandia, e caratterizzata da fittissime isobare, che significano venti molto intensi. Risalendo la Costa Tirrenica, verso mezzogiorno causa una tremenda tromba d'aria a Terracina, sradicando molti alberi, e per il vento a Napoli un giovane muore schiacciato da un albero caduto. Tornando a Genova, dalle 13 alle 17 la pressione precipita bruscamente (segno inequivocabile di maltempo molto pericoloso), e il barometro, che a mezzogiorno segnava "pioggia", si stabilizza su "tempesta". Verso le cinque si scatena un altro violento temporale, specie a Ovest di Pegli, e i venti s'intensificano sempre più, finché dalle 19 alle 24 si assiste a una furia degli elementi come mai avevo osservato. Un violentissimo vento da Sud Ovest, con una velocità media tra i 150 e i 160 km/h, e raffiche che raggiungono i 206 km/h verso le 22, scrosci di pioggia violenta e fulmini a ripetizione si scatenano su tutta la regione. La pressione molto bassa contribuisce ad alzare il livello del mare, e il vento, da Uragano di categoria 3, forma onde fino a 10,5 m d'altezza, che devastano tutta la costa, da Ventimiglia a Lerici, distruggendo spiagge, passeggiate a mare, abbattendo moli e dighe, sollevando persino yatch, che vengono scaraventati sulle passeggiate a mare. Verso le 22:30 un fulmine colpisce un locomotore tra Nervi e Bogliasco, incendiandolo, ma per fortuna tutti si salvano. Sulle ferrovie costiere il vento abbatte pali e fili elettrici e fa cadere molti alberi. Una violenza del genere non si ricorda – nemmeno ai più anziani viene in mente. Ci sono centinaia di milioni di euro di danni. L'indomani mattina, con un mare ancora molto grosso, ma in fase calante, la nostra regione si presenta devastata. Tra l'altro, sono stati abbattuti numerosissimi alberi dalla violenza del vento. A Voltri viene chiusa Villa Duchessa di Galliera, con un numero enorme di alberi sradicati, e altri parchi della città seguono la stessa sorte, e ne viene vietato l'accesso. È stata la più forte tempesta che abbia colpito la Liguria da moltissimi decenni.

Nella notte l'uragano, conservando la categoria 3, arriva nel Bellunese, e causa un disastro in una famosa foresta di pregiato legno con cui si fabbricano i violini Stradivari: un tappeto di alberi sradicati, danni enormi, e anche qui causati da vento fino a 200 km/h (unito a una pioggia torrenziale che determina una grave alluvione in tutto il Cadore).

Il giorno successivo il cielo si rasserena nel pomeriggio, ma verso sera arriva altra pioggia, per l'approssimarsi di una nuova intensa perturbazione, che c'interesserà il giorno 31, per la quale viene emanata un'allerta arancione. Quel giorno cadranno sulla città altri 100 mm di pioggia, soprattutto dal tardo pomeriggio, con lampi e tuoni, provocando una sera perfetta per Halloween. Ma non c'è nulla da festeggiare, perché questo famigerato mese di ottobre si trascina con sé 26 morti distribuiti su tutto il suolo italiano.

Novembre

Altro mese molto piovoso.

Il giorno dei Santi trascorre con qualche pioggia, ma tutto sommato non troppo perturbato, mentre già dal giorno 2 si affacciano nuove perturbazioni, che portano nuova abbondante pioggia sulla città. Dopo due giorni di pioggia a tratti abbondante, specie nelle ore notturne, da lunedì 5 inizia un periodo di piogge interminabili, con violenti nubifragi distribuiti su tutta la regione. Anche in questo caso, specie nei giorni 6, 7 e 8, la violenza della pioggia si concentra nelle ore notturne. Venerdì 9, dopo che nella notte un forte nubifragio ha interessato il Tigullio, la città si sveglia sotto una pioggia torrenziale e visibilità scarsa. Per fortuna, verso le 11 la precipitazione smette, concedendo una tregua, che evita ai torrenti di esondare, ma riprendendo dalla sera in poi. Sabato 10, pur essendo emanata solo un'allerta gialla, si verifica una pericolosa convergenza tra Scirocco e Tramontana, localizzata nella zona tra Voltri e Sestri, con epicentro a Pra' e Pegli, e soprattutto in Val Varenna, dove in meno di due ore, nel primo pomeriggio cadono 200 mm di pioggia, distruggendo un pezzo della strada per San

Carlo di Cese e provocando un disperso. Dopo una pausa, in cui la pioggia è solo meno insistente, in serata si scatena un violentissimo nubifragio sul Ponente Genovese, con epicentro a Mele. In particolare, il temporale del pomeriggio, del tipo "Autorigenerante del Varenna", ha allagato molti negozi del centro di Pra', e causato lo straripamento del Rio San Pietro. Dopo una pausa nel giorno 11, ma con la pioggia che riprende intensa in serata, al mattino del 12 si scatena un altro nubifragio sulla città, anche questa volta colpendo principalmente il Ponente.

Dal 27 ottobre al 12 novembre, su molti quartieri genovesi, specie a Ponente, è caduta più pioggia di quanta normalmente ne cade a Milano in un anno.

Successivamente il tempo si ristabilizza, e termina quella fase di "atmosfera" fradicia che ci aveva interessato per 17 giorni. Intorno al giorno 16 la temperatura inizia a diminuire, per il graduale arrivo di aria fredda dalla Russia, e lunedì' 21 a Genova si ha una minima di 4°C e una massima di 11°C, con le solite variazioni a seconda dei quartieri più o meno esposti. Sino a fine mese prosegue il freddo, unito a qualche pioggia moderata, con culmine il giorno 30, che registra temperature tra i 5°C e gli 8°C, pioggia e forte Tramontana Scura

Dicembre

A parte il primo giorno, con freddo come il 30 novembre e pioggia nella notte, la temperatura si alza, per l'arrivo di una provvisoria alta pressione subtropicale, che porterà un innalzamento della temperatura, che avrà il culmine il giorno 5, con una minima di 8°C e una massima di 16°C-17°C. Il giorno 6 è già più freddo, con l'arrivo della Tramontana Scura. Seguono piogge notturne, ma mai eccessive, e due giorni molto miti: l'8 e il 9, con cielo limpido e massima sui 15°C, quindi molto sopra la media, ma con comparsa il 9 di un violento Fohn, che mantiene anche di sera la temperatura a 14°C, prima di una forte diminuzione della temperatura e del ritorno a normali condizioni invernali, con temperature tra i 5°C e gli 8°C.

Nei giorni seguenti le temperature diminuiscono gradualmente, e più decisamente dal 13, inizio di un'ondata di freddo, con temperatura che si avvicina molto allo zero il giorno 15, caratterizzato da vento gelido. Segue pioggia molto intensa e fredda Tramontana Scura i giorni successivi, con temperatura tra i 2°C e i 6°C, che creerà una gelida, piovosa e ventosa serata da lupi il 16. Il freddo proseguirà fino al 20, poiché il giorno 21 arriverà un'anomala alta pressione subtropicale, che renderà i giorni natalizi molto miti, tradizione ormai consolidata, con la temperatura che toccherà addirittura i 20°C il giorno 30, con solito Fohn, e una fine anno mitissima con temperatura tra i 9°C e i 14°C.

2019

Gennaio

A parte un clima un poco più rigido il giorno di Capodanno, con temperatura sotto i 10°C e fino a 6°C, il tempo prosegue caratterizzato dalla predominanza dell'alta pressione delle Azzorre, che alterna cielo sereno, ma molto più spesso grigio, qualche pioggia, e temperature molto miti, intervallate a giorni intorno alla normalità climatica, fino all'arrivo di un'ondata di freddo il giorno 19, che culminerà il 23, in cui da mezzogiorno alle 19 una forte bufera di neve si scatenerà sulla città, con violenta Tramontana Scura, temperatura fino a –1°C, e un accumulo sui 10 cm in centro e 15 sulle alture. Il clima rimarrà piuttosto freddo sino a fine mese, ma senza particolari eccessi, con temperatura sempre sopra lo zero.

Febbraio

A parte un gelido inizio mese, si avrà un ritorno dell'alta pressione subtropicale, che condizionerà tutto il mese, che avrà una temperatura media di 10°C, frequenti giornate soleggiate, poca pioggia, qualche giornata grigia e praticamente una primavera anticipata, specie il giorno 25, quando il Fohn porterà una massima di 20°C.

Marzo

Mese molto mite, governato dall'Anticiclone Subtropicale, con soli tre giorni con pioggia, e peraltro molto scarsa, cielo spesso sereno, ma alternato a giornate grige con nubi asfittiche e forte inquinamento, temperature su una media di oltre 13°C (praticamente, un aprile anticipato), con punte di 22°C il giorno 22, e di 20°C i giorni 11, 23 e 29.

Aprile

Mese in cui la temperatura rientra nella norma, caratterizzato da abbondanti precipitazioni (specie nell'ultima decade), e un'effimera impennata calda il giorno di Pasqua (21 aprile), in cui si tocca la massima del mese: 24°C, con una prima decade fresca, piovosa e con qualche temporale, una seconda più stabile e tiepida, e molta pioggia dal giorno di Pasquetta (22), specie sulla costa, con temperatura precipitata a 13°C, altre successive piogge, e un fortissimo temporale con grandine nel tardo pomeriggio del giorno 26, con notevoli accumuli su tutta la città. La primavera inizia a divenire molto capricciosa e piuttosto fredda, con gli ultimi giorni del mese caratterizzati da tempo perturbato, che sembrano più tipici del mese di marzo.

Maggio

Mese freddo e particolarmente piovoso e temporalesco, con giornate caratterizzate da pioggia e vento freddo, precipitazioni abbondanti e persistenti, e cielo quasi sempre grigio e cupo. La massima temperatura raggiunta si ha il giorno 29, con soli 23°C. Molti giornate fredde e, in particolare, da segnalare la violenta grandinata della notte tra il 4 e il 5, con una domenica 5 con temperatura tra i 7°C e i 12°C, la neve sulle montagne non molto al di sopra della costa, e vento gelido. Andando con amici sulle colline sopra Varazze, ancora evidenti le tracce della violenta grandinata della notte, vento freddissimo e neve sopra i 500 m. Molto freddo pure sabato 18, con pioviggine e tanto vento freddo, più cielo plumbeo. Ventosissima e plumbea pure domenica 26, con sensazioni molto fredde provate a Toirano insieme ad amici. La temperatura media del mese risulterà di 15.5°C.

Giugno

La prima decade è piuttosto mite e soleggiata, con temperature tra i 17°C e i 22°C, ma già da domenica 9 si fanno strada venti aridi e caldi di Fohn, che portano la prima massima veramente estiva: 27°C, e 29°C il giorno seguente, con un breve temporale pomeridiano. Nuova impennata della temperatura il 14, che arriva sino a 31°C. Ma è soprattutto nell'ultima decade che prende campo una rimonta anticiclonica sahariana, con aria calda a tutte le quote, e giornate veramente afose e da estate piena a partire dal 25, con un giorno 26 in cui, all'apice dell'ondata africana, la temperatura oscilla tra i 25°C e i 34°C, e una nuova impennata sabato 29 giugno, con minima di 26°C e massima di 35°C, e minima di 27°C il giorno successivo. Per tutto il mese vi saranno ben poche piogge, e la media delle temperature sarà di circa 23°C, ovvero di due gradi sopra la norma.

Luglio

Mese caldo ma contrassegnato da diversi episodi precipitativi, con piogge uniformi e moderate i giorni 14 e 15 e 27 e 28, distribuite uniformemente su tutta la regione, e quindi molto propizie all'agricoltura. Si segnalano punte di 33°C i giorni 10 e 13, e un'altra ondata sahariana centrata il giorno 24, pur meno intensa di quella di fine giugno, che porterà il termometro a 34°C. Tale ondata, centrata sulla Francia, porterà Parigi a toccare la massima storica di 42.6°C. Seguiranno giorni meno caldi, con temperature con massime sui 27°C-28°C (e quindi nella norma), ma spesso con notti molto afose.

Agosto

Mese in prevalenza caldo e soleggiato, con una media superiore di 1,8°C alla norma, ma senza eccesso nelle temperature, che toccheranno i 31°C il giorno 14, e poi per più giorni consecutivi dal 22 al 25, con 30°C il 26. La massima si toccherà il 31, con una giornata afosissima, con minima di 25°C e massima di 33°C. L'unico vero temporale, peraltro molto intenso e violento, si avrà la sera dell'8, con quantitativi di quasi 100 mm nel giro di un'ora, specie in centro. Altre piogge saranno solo molto sporadiche e con scarso accumulo.

Settembre

Inizio caldissimo, con punte di 32°C il 3 e il 4, con una minima di 24°C il giorno 3. Dal 5 si verificano notevoli precipitazioni, spesso temporalesche, con un violento temporale nel pomeriggio dell'8, che causerà un'intensa grandinata nel savonese, con vertici nel quadrilatero Varigotti-Borgio Verezzi-Bardineto-Calizzano. Trovandomi quel giorno in quest'ultima località, dovrò partire coll'auto che dovrà affrontare un asfalto con circa 10 cm di grandine depositativi, e una temperatura che, improvvisamente, da 20°C scenderà a 1°C dopo l'evento. Tornando verso casa, in tutta la costa temperature tra i 10°C e i 14°C, sotto una pioggia battente. Dopo questo fenomeno, potremmo decretare la chiusura del periodo di massimo caldo estivo, perché le temperature proseguiranno molto miti e gradevoli, ma con una provvisoria rimonta del caldo il 13 e il 14, in cui, quest'ultimo giorno, la temperatura massima sarà di 31°C, seguita da una serata afosissima, che avrò il "piacere" di gustare nella bella festa di pensionamento della collega Roberta, a Sampierdarena. Dopo quella notte così afosa, il termometro scende verso temperature che rispecchiano un clima molto mite, pur se ancora semi-estivo, con minime sui 20°C-21°C e massime sui 24°C, e diverse precipitazioni, pur non intense.

Ottobre

Mese nel complesso molto caldo, con una media di quasi 19°C, ma estremamente piovoso. Inizia con piogge moderate, che tendono a prediligere principalmente il Levante, nonché i quartieri orientali di Genova, alternati a qualche bella giornata di mite sapore di Ottobrata. Dal giorno 15 inizia un severo maltempo, che durerà sino ai primi di dicembre. Nella notte e nella prima mattina del 15, un diluvio temporalesco si abbatte sui quartieri di Ponente della città, con 230 mm a Sestri, 320 a Pegli, 350 a Pra', 390 a Voltri e 415 nel Porticciolo di Arenzano, con la statale allagata nella zona di Vesima. Seguono piogge praticamente ogni giorno. Il giorno di domenica 20, quando la nostra regione è interessata da una violenta mareggiata, viene emanata l'allerta rossa per il lunedì successivo, e già dalla notte piogge molto intense si abbattono nuovamente sul Ponente. Il grosso delle precipitazione questa volta interesserà l'entroterra e il basso Alessandrino, con Ovadese in primis, con circa 520 mm di pioggia che cadranno su Rossiglione e Campo Ligure, e provocheranno una grave alluvione. Grave inondazione pure a Gavi Ligure e Val di Lemme. Dopo altre piogge e numerosi temporali, verso fine mese c'è una tregua, con temperature ancora molto miti: circa 15°C di notte e 20°C-21°C di giorno. Solo il giorno 31 la temperatura si stabilisce nella norma climatica, con temperature tra i 13°C e i 16°C.

Novembre

Forse il mese più tragico e disastroso della storia meteo della nostra città e della Liguria in generale: un mese di piogge torrenziali, con una persistenza che batterà persino il famoso 2014. Piogge quasi continue fin da inizio mese (a parte un giorno dei Santi solo piovigginoso), con repentini temporali che avanzano da Ovest e interessano tutta la città, e una dinamicità atmosferica che non si vedeva da tempo, con l'Atlantico scatenato a inviare perturbazioni a raffica sulla nostra regione. Anche nel resto d'Italia si segnalano gravi danni per il maltempo, in particolare il giorno 12, quando una tremenda acqua alta, seconda solo a quella famosa del 1966, arreca enormi danni alla città di Venezia e a tutta la Laguna Veneta. Da noi continui nubifragi, segnalando in particolare la sera di giovedì 14, quando improvvisamente un potentissimo lampo da il via a una violenta tempesta di fulmini, uno dei quali spegne la lanterna (non capitava dal 4 novembre 1994). Violentissimo maltempo pure il giorno di martedì 19, con pioggia violenta accompagnata da forte Tramontana Scura, e temperatura sui 7°C (il vento mi distruggerà due ombrelli). Il massimo del maltempo si raggiunge sabato 23 novembre, quando nella notte un tremendo nubifragio, con epicentro in Bassa Val Polcevera, si abbatte sulla città, facendo esondare il torrente che attraversa Fegino e portando quasi all'esondazione il Polcevera. Anche in questo caso i quantitativi sono notevoli, sui 300-400 mm in una notte. Il territorio ligure, ormai fradicio, non regge più, e cominciano a verificarsi frane di ogni tipo, tra cui una gravissima nel pomeriggio di domenica 24, quando un'enorme frana si abbatte su un pilone di un viadotto dell'A6, a 1 km da Savona verso Nord, facendolo crollare, con un automobilista che, con grande prontezza di riflessi, blocca l'autostrada ed evita che vi siano morti o feriti. La sera del 25, con pioggia continua, viene chiusa l'A26 Voltri-Ovada, perché due viadotti vengono ritenuti a rischio, isolando di fatto la Liguria e creando una situazione pericolosa e insostenibile la mattina del 26, quando la statale del Turchino si trova a sopportare tutto il traffico di tir diretti verso il Piemonte, con grave pericolosità, a causa della concentrazione di tale peso su una strada di montagna non adatta a reggerlo. A mezzogiorno viene riaperta l'A26, ma solo su una corsia, con grave responsabilità degli addetti, perché viene concentrato il doppio del peso su metà carreggiata. Numerosissime frane si abbattono in tutta la regione, tra cui la solita nei pressi di Vesima, che blocca pure l'Aurelia in direzione di Arenzano e in senso opposto. Inoltre, i giorni successivi viene dato l'allarme per la pericolosità di alcuni viadotti sull'A10 (quello di Vesima) e l'A12 (quello di Staglieno), e un servizio televisivo mostra gli abitanti di quest'ultimo quartiere genovese preoccupati dalla continua caduta di pezzi di viadotto. Mercoledì 27 altra forte perturbazione ci interessa in mattinata, con un violento temporale. La temperatura, da inizio mese, è lievemente inferiore alla norma, con una media di 11.5°C. Infatti, durante il mese, insieme alla pioggia è frequente la Tramontana Scura, che raffredda di molto l'atmosfera.

Dicembre

Inizio con maltempo e freddo l'1 e il 2 del mese, specie la mattina di quest'ultimo, con pioggia intensa, Tramontana Scura scatenata e temperatura sui 6°C, che risale a 10°C nel pomeriggio. Segue finalmente un miglioramento più deciso, ma con forti venti, specie il giorno di mercoledì 4, con Tramontana Scura che raggiunge i 115 km/h in porto, e chiusura della sopraelevata a telonati, furgonati e moto. Dal giorno 7 si fa strada un tempo molto mite e uggioso, con ancora delle piogge, ma più localizzate, a causa di un'alta pressione sulla Spagna che fa provenire le correnti da Ovest sulla nostra regione. Ma anche questo dura poco, perché presto la temperatura diminuisce, e ritorna la pioggia, ma questa volta con forti correnti di Tramontana Scura, che porteranno tre giorni molto rigidi il 10, l'11 e il 12, col freddo che proseguirà sino al primo pomeriggio del 13, con temperatura scesa fino a 2°C, tanto vento gelido e altra pioggia. Sabato 14 pausa con una giornata mite, con minima di 5°C e massima di 12°C, con imminente nuovo arrivo di scirocco e tantissima pioggia. Segue un periodo con pioggia ogni giorno, che culmina coll'allerta rossa del 20 dicembre, che si rivela una giornata con pioggia molto forte, vento di scirocco e temperatura sui 12°C. Segue pioggia più debole fino al 22, quando il 23 si fa strada un potente anticiclone subtropicale, che causerà un Natale primaverile, e darà inizio a una lunga fase di tempo molto mite e siccitoso, intervallata solo il 29 e il 30 del mese con correnti più fredde, e temperature tra i 4°C e i 7°C. Questa fase di tempo mite e soleggiato darà la possibilità di iniziare i lunghi lavori di ripristino di strade e autostrade, danneggiate fortemente da frane e smottamenti per una fase di maltempo (durata da metà ottobre fino al 22 dicembre) destinata a passare alla storia, e a fare degli anni '10 del XXI secolo i più piovosi da sempre.

2020

Gennaio

Mese molto mite, caratterizzato da un'alta pressione che sembra indistruttibile, che in ogni caso consente qualche pioggia portata dalla maccaja, come spesso succede in inverno. L'unica giornata dal sapore quasi invernale è il 25, con minima di 6°C e massima di 9°C.

Febbraio

Mese ancora più mite di gennaio, sempre con l'alta pressione subtropicale, con un giorno 4 in cui, sotto l'effetto del fohen, la temperatura salirà a 19°C, e in ogni caso con la solita frequente maccaja associata a pioggerelle. La Pandemia scoppia con tempo grigio, mite e umido.

Marzo
Il mese “clou” della Pandemia è meteorologicamente molto statico e anonimo. Con una media di 12°C, prevalgono le giornate soleggiate, tranne il 25 e il 26 quando finisce un’alta pressione durata tre mesi e arrivano correnti fredde di Tramontana Scura e pioggia, ma senza esagerazione. Poi la temperatura riprende le caratteristiche di inizio primavera.

Aprile
Mese più caldo del normale di circa 3 gradi, e con pochissima pioggia. Il 7 e l’8 si raggiungono 25 gradi, sempre sotto l’effetto prevalente di un’alta pressione centrata sulla Francia. È un susseguirsi di tante bellissime giornate, che fanno venire voglia di uscire, se non fosse per le severe e giuste restrizioni anti Covid.

Maggio
Anche questo mese è più caldo del normale, ma ritornano le piogge e numerosi temporali, con una punta massima di 28°C il giorno 18. In ogni caso, il regime dell’alta pressione è ormai lontano.

Giugno
Mese molto mite, in media con la temperatura, e con numerosi rovesci e temporali. Il termometro non sale mai sopra i 26°C. È solo leggermente più caldo del maggio che l’ha preceduto.

Luglio
Mese in media con la temperatura, con una punta di 33°C solo il giorno 12, ma con numerosi episodi di maltempo, alternati a belle giornate, seppure Genova non venga così tanto colpita (solo forti acquazzoni e qualche moderato temporale). Memorabile la violenta grandinata della sera del 4, che ci sorprese in pizzeria al Porto Antico, durante una pizza di fine anno scolastico. Particolarmente colpito dai temporali lo Spezzino.

Agosto

Mese leggermente più caldo del normale, con una punta di 33°C solo il giorno 6, e con diversi moderati temporali, con uno forte solo a fine mese. Nei primi giorni del mese il resto del paese è sotto una morsa di caldo feroce, con punte di 40°C a Firenze. Il giorno 3 viene inaugurato il Ponte S. Giorgio sotto una pioggia moderata ma dalla durata di circa 2 ore, con attività elettrica. Altra giornata d'intensa attività elettrica il 17, con tuoni e fulmini per quasi tutto il giorno, ma pioggia a tratti e moderata. Interessante quella serata in cui, trovandomi sulla passeggiata di Voltri, erano ben visibili i numerosi fulmini che cadevano sul mare. L'unico vero episodio di autentico maltempo si ha il giorno 29, in cui si manifesta un violento e lungo temporale spacca-estate, con qualche chicco di grandine, una tromba d'aria in mattinata a Multedo e una brusca diminuzione della temperatura, che scende a 17°C nel momento della massima intensità precipitativa.

Settembre

Mese meteorologicamente diviso in tre decadi ben distinte. Nella prima si vive degli effetti refrigeranti del forte temporale del 29 agosto, con temperature in linea col periodo, se non leggermente più basse. Verso il 10 si fa strada un'anticiclone africano, che porta una nuova estate piena, che dura dieci giorni, con una punta di grande afa il 13 e soprattutto il 14, con minima di 24°C e massima di 33°C. Verso il 20 l'anticiclone si ritira, e la terza decade è caratterizzata da frequenti piogge e temporali, e temperature spesso inferiori alla media, con minime anche di 12°C e massime appena sopra i 20°C, con il giorno 28 che registra una massima di 19°C. L'autunno inizia quindi in regola col calendario.

Ottobre

Mese molto piovoso e in media con le temperature. Da segnalare un evento molto importante i giorni 2 e 3, che può ricordare, anche se in misura meno intensa, la "tempesta Vaia" del 29 ottobre 2018. A Genova pioggia abbondante e, soprattutto, la sera del 2 forti raffiche di vento da S-SO, con punte fino a 140 km/h. La zona più colpita dal maltempo è l'estremo Ponente ligure e l'entroterra, soprattutto la Val Roja e le Alpi Marittime Francesi a Ovest. Anche l'alta Valle Vermenagna, nel Cuneese, viene duramente colpita, con oltre 500 mm di pioggia a Limone in 24 ore, e devastazione a Tenda e Saint Martin de Vesubie, nell'entroterra di Nizza, in corrispondenza con la piemontese Entracque. Anche Ventimiglia subisce una pesante alluvione. Segue il classico tempo autunnale, con piogge frequenti ma di intensità normale.

Novembre

Mese leggermente sopra media e con scarse precipitazioni, con alcune giornate già fredde e ventose, come il 22 e il 28, in cui si raggiungono i 10°C o si superano a malapena. Frequente grigiore.

Dicembre

Mese piovosissimo (segna 25 giorni con precipitazioni), ma senza fenomeni di eccessiva intensità. Da segnalare giorni molto freddi l'1 e il 2, e dal 6 al 9, con temperature abbondantemente sotto i 10°C. Il Natale del 2020, con tutti chiusi in casa per la seconda ondata di Covid, è piuttosto rigido, con pioggia, Tramontana Scura e temperatura sui 6°C. Ancora più fredda la mattina del 28, con solo 1°C, e fiocchi di neve che accumulano leggermente nell'immediata collina.

2021

Gennaio

Mese in media, con circa 7°C, una prima parte rigida, che dura sino al 18, in cui si segnala un'altra fioccata il 2, e giornate molto fredde, grige e ventose il 2 e il 9, con elevata umidità, che accentua ancora di più la sensazione di freddo. La Germania è interessata da abbondantissime nevicate e temperature notevolmente sotto lo 0°C. La seconda parte del mese è meno rigida, con piogge sino al 22, e poi spazio per un timido sole, dovuto al rinforzo dell'alta pressione.

Febbraio

Mese molto mite, con circa tre gradi sopra la media, non molta pioggia e numerose giornate miti, ma con un'intensa quanto breve ondata di freddo dal 12 al 15, accompagnata da cieli sereni e vento forte, dapprima annunciata come un'intensa e duratura ondata di gelo, e poi notevolmente ridimensionata.

Marzo

Mese molto anonimo, con una temperatura un poco superiore alla media, ma senza eccessi, tanto che il termometro non scende mai sotto i 6°C e non sale mai sopra i 19°C. Otto giorni con precipitazioni, ma di rilievo molto moderato.

Aprile

Mese nella media climatica, con diversi giorni con pioggia, ma mai eccessiva, e qualche temporale. Le temperature sono sempre piuttosto fresche e non si segnala nessuna precoce giornata più calda.

Maggio

Mese con temperatura inferiore alla media, molto grigio e piovoso, con numerosi giorni con precipitazioni, anche piuttosto abbondanti. Solo verso fine mese si assiste a un più deciso aumento della temperatura, ma molto moderato, tanto che si raggiungono i 26°C solo il giorno 30, unico episodio pre-estivo del mese.

Giugno

Mese con temperatura leggermente superiore alla media, ma sempre molto moderata. Dal 6 all'undici del mese si hanno temporali ogni pomeriggio, a volte anche piuttosto intensi, e vengono raggiunti i 30°C solo il giorno 28.

Luglio

Mese nella norma climatica come temperatura, poiché solo il 18 e il 19 si hanno due giornate veramente calde, il primo con una massima di 34°C e il secondo con una minima di 26°C, ma una massima di

30°C. Notevole temporale nel pomeriggio del 16 luglio, ma le precipitazioni risultano inferiori alla media.

Agosto

Mese con temperature nella media climatica, malgrado il Sud Italia attraversi un periodo di caldo fuori dalla norma, con diversi giorni in Sicilia con punte oltre i 45°C, e un lungo periodo con temperature sui 40°C. In ogni caso, da segnalare a Genova un mese con pochissime precipitazioni, senza alcuna rottura dell'estate e veramente caldo solo verso il 20.

Settembre

Mese con temperature costantemente sopra la norma di 2 gradi, ma senza alcun eccesso, dato che le massime non vanno mai oltre i 29 gradi. Il vero stop alla stagione estiva si ha solo domenica 26, con forte pioggia e temporale al mattino, con un accumulo di circa 40 mm. In ogni caso, anche questo mese ha una media di precipitazioni molto inferiore alla norma.

Ottobre

Mese con temperatura di molto superiore alla media, che si segnala per la violenta ondata di maltempo dei giorni 3 e 4. Domenica 3 su Genova cadono circa 170 mm di pioggia, in un violento nubifragio durato quasi tutto il giorno. Dalla notte, il maltempo si sposta maggiormente nell'entroterra al di là dello spartiacque e nel Basso Alessandrino, con Genova senza piogge, ma sferzata da un violento vento da SE. L'eccezionalità di questa ondata fa si che lunedì 4 su Rossiglione cadano in 24 ore circa 930 mm di pioggia, e circa 500 mm su Ovada e tutto l'Alto Monferrato e, stranamente, molto meno a Masone, fatto provvidenziale, perché permette il non eccessivo ingrossamento dello Stura e fa si che non si verifichi alcuna alluvione. La quantità di pioggia caduta su Rossiglione è solo al secondo posto dopo quella caduta su Genova Bolzaneto tra il 7 e l'8 ottobre 1970, ossia 948 mm in 24 ore. Il resto del mese prosegue con tempo piuttosto asciutto e temperature molto tiepide, con un raffreddamento solamente gli ultimi due giorni del mese, e il 31 si registrano temperature tra i 12°C e i 14°C.

Novembre

Mese con temperatura sulla media, e quindi molto fresco, con numerose precipitazioni, ma mai di forte intensità. Si segnala come giorno piuttosto freddo il 25, con temperature tra i 6°C e i 10°C, e notevole ventilazione di Tramontana scura.

Dicembre

Il mese trascorre con un grado di temperatura superiore alla media, e con freddo solo nei primi 10 giorni, che culmina con una fioccata nevosa nel pomeriggio del giorno dell'Immacolata, sotto una temperatura di 2°C e notevole Tramontana Scura. Verso fine anno si afferma un poderoso anticiclone "mangia inverno", secondo un copione molto affermato in questi ultimi anni. In particolare, in montagna, a circa 1500 m di altitudine, si hanno temperature diurne sui 14°C, che determinano lo scioglimento della poca neve caduta in precedenza.

2022

Gennaio

Mese con una media di circa tre gradi superiore al normale, caratterizzato da un poderoso anticiclone africano che di fatto divora l'inverno, e saltuarie giornate un poco più fredde e ventose, come per esempio il 7, con una minima di 4°C e una massima di 9°C. Precipitazioni scarse unicamente collegate col fenomeno della maccaja da alta pressione.

Febbraio

Mese con inverno inesistente, con una media di quasi 4 gradi superiore al normale, con un unico giorno relativamente più freddo, ovvero il 14, con pioggia debole. In ogni caso, le precipitazioni sono molto scarse, e quindi continua il trend siccitoso.

Marzo

Mese con temperatura di poco superiore alla media, e con scarsissime precipitazioni. Praticamente, una continuazione di febbraio, solo che ora la temperatura è più "normale" rispetto al mese precedente. Il 27 e il 28 si registra un assaggio primaverile, con due massime di 21°C.

Aprile

Mese con temperatura sulla norma, pochi giorni con precipitazioni e diverse impennate della temperatura, come dal 14 al 17 e il 28 e 29, che raggiunge i 25°C-26°C.

Maggio

Si registra un carattere estivo anticipato su tutto il paese. I giorni con precipitazioni sono più numerosi dei mesi precedenti, ma le piogge non sono mai decise. Si registra anche qualche breve temporale. Ciò che prevale è comunque il caldo, con molte impennate di temperatura, soprattutto dal 26 al 28, quando si raggiungono persino 32°C (il 27). La temperatura media è di due gradi e mezzo sopra la norma.

Giugno

Mese con una temperatura tipica di luglio, precipitazioni molto esigue, ridotte a 4 giorni, e siccità su tutto il paese, in particolare in Piemonte, con gravi danni all'agricoltura. Si segnalano numerosi giorni da estate piena, come il 9, il 10 e dal 26 al 31, col termometro che supera i 30°C.

Luglio

Mese caldissimo e siccitoso, con una media di tre gradi oltre la norma, numerose giornate caldissime e alta pressione imperante, che causa scioglimento dei ghiacciai in alta quota e disastri generalizzati, come la sciagura della Marmolada di inizio mese. A Genova si registra il 18 una minima di 27°C e una massima di 37°C (fatto eccezionale per la nostra città), sotto un caldissimo Fohen, ma sono numerosi i giorni con temperatura superiore ai 30°C, con addirittura una massima di 35°C il giorno 30. L'Italia soffre una grave siccità, in particolare il Nord, con la Pianura Padana in grave crisi idrica, ma contemporaneamente, nella seconda metà del mese, nuovamente il Sud è sotto la morsa del caldo torrido ed eccezionale, con giorni di massime sui 45°C e in alcune località della Sicilia anche oltre.

Agosto

Mese caratterizzato da caldo umido, con un grado e mezzo sopra la norma, ma da piovosità notevole, con numerosi temporali. Si inizia con un forte temporale il pomeriggio del 7, segno di un cambiamento del tempo, che scarica oltre 20 mm di pioggia. Ne segue uno il 13 caratterizzato da pioggia non fortissima ma da numerose fulminazioni, una delle quali produrrà un guasto al mio personal computer di casa, e poi ogni giorno un temporale, ma sempre senza esagerazione di pioggia, tranne il pomeriggio del 17 e, soprattutto, la mattina del 18, in cui si verifica il passaggio di una violenta perturbazione, che causerà a Genova un fortissimo temporale con annessa tromba d'aria, ma soprattutto una devastante grandinata con venti tempestosi a Sestri Levante, con gravi danni. Per quanto riguarda il regime termico, i primi 8 giorni sono caratterizzati da forte afa, col giorno 8 in cui si raggiungono i 35°C. Successivamente, il lungo periodo temporalesco della seconda decade stempera il caldo, che nella terza decade è molto più moderato e perfettamente consono ai parametri estivi della nostra regione, mentre fino al 15 nel Sud Italia persiste l'eccezionale ondata di calore. Da segnalare che tutte le numerose precipitazioni che hanno interessato Genova, non sono giunte in Pianura Padana, dove il Po' è ai minimi storici, e la natura soffre la gravissima siccità che praticamente imperversa da inizio anno.

Settembre

Mese con temperatura di un grado superiore alla norma, ma molto moderata e senza alcun eccesso, tanto che in nessun giorno vengono raggiunti i 30°C. È però caratterizzato da periodici passaggi di forti temporali, anche con forte vento, specie il giorno 26 e il giorno 30.

Ottobre

All'inizio del mese, i meteorologi parlano di un imminente ribaltone delle condizioni atmosferiche. Giunge infatti un potente anticiclone africano, che praticamente riporta l'estate su tutto il paese, e quindi anche sulla nostra regione. Genova registra una media mensile oltre i 20°C, ovvero di oltre 4 gradi sopra la norma, e praticamente non piove quasi mai, se non sporadici, isolati e brevi saltuari piovaschi. Un altro segnale poco rassicurante è caratterizzato da sciami di mosche scatenate che disturbano tutti i Genovesi, segno inequivocabile che questi insetti forse non riescono a capire in quale stagione ci troviamo, e sono molto molestati da questa estate tardiva. In tutta Italia si registrano temperature fino a 30°C, che durano fino alle soglie della festa dei Santi, quando la televisione mostra molti bagnanti, e non solo nelle regioni meridionali.

Novembre

Il mese, pur mediamente caldo, riporta l'autunno nei ranghi, ricomparendo forti precipitazioni, che causano accumuli totali fino a oltre 300 mm. Numerose precipitazioni temporalesche i primi 10 giorni, pur con temperature ancora da inizio autunno. Le prime vere giornate autunnali si hanno il 15 e il 16, con temperature tra i 10°C e i 15°C e pioggia forte e continua. Dal 28, dopo altre forti piogge, arriva pure un clima piuttosto freddo, con temperature tra gli 8°C e gli 11°C.

Dicembre

Mese molto piovoso, che, nei primi 21 giorni, segna frequenti episodi di maltempo e freddo, con forti piogge e Tramontana Scura, e fiocchi di neve il giorno 13, con una temperatura di 2°C per tutta la mattinata, che successivamente sale solo a 5°C. Le numerose precipitazioni riportano, almeno sulla nostra città, un certo equilibrio idrico, benché l'anno si riveli il più siccitoso dal 1870, con la calamità che ha infierito soprattutto fino a tutto luglio. Come sembra tradizione da alcuni anni, verso Natale arriva un potente anticiclone africano, che in ogni caso nella nostra città causa cielo sempre coperto, scarsa visibilità per nubi molto basse, e continue precipitazioni per maccaja grassa, a volte anche consistenti. L'anno si chiude sotto la più classica maccaja con pioggia, sotto una temperatura di ben 13°C.

2023

Gennaio

L'anno inizia sotto il dominio dell'anticiclone africano, ma che sulla nostra città, a causa d'infiltrazioni umide atlantiche, porta numerose precipitazioni. In particolare il giorno 3, pur in regime di alta pressione, le nubi sono molto basse e la visibilità è molto scarsa, con pioggia forte e persistente per tutto il giorno, che accumula ben 100 mm circa. Si continua con precipitazioni intervallate a giornate più soleggiate, ma con temperatura da metà novembre, finché il giorno 17 l'anticiclone migra verso Nord Ovest, lasciando spazio a perturbazioni atlantiche che portano freddo, tanto da consentire un periodo prettamente invernale, con numerose precipitazioni e Tramontana Scura, fino al giorno 28, quando si riaffaccia l'anticiclone. Quindi, a differenza dell'inverno assente dell'anno passato, questo mese di gennaio presenta almeno circa 12 giorni d'inverno vero. La media mensile è in ogni caso sopra la norma di circa due gradi e mezzo, a causa del primo periodo fortemente anomalo.

Febbraio

Mese che inizia con la ricomparsa dell'anticiclone africano, ma che in complesso quest'anno è meno forte, perché già il 6 si ritira, lasciando spazio a un periodo freddo fino all'11, con giorno 9 in cui si segna 1°C. Poi riprende ad avanzare l'anticiclone, ma che riporta altre precipitazioni, a causa della posizione orientalizzata che, come nel mese precedente, favorisce infiltrazioni umide da Sud Ovest, finché il 27 si registra un altro calo delle temperature, accompagnato da pioggia moderata e Tramontana Scura. Il mese registra una media di 10.1°C, quando la norma dovrebbe essere 7.8°C.

Marzo

Mese piuttosto perturbato, sebbene segni 2 gradi in più della media. Cielo spesso nuvoloso e notevoli precipitazioni, anche se non distribuite in molti giorni. Particolarmente perturbati il 25 e il 26.

Aprile

Mese molto perturbato e con temperatura sulla media, con numerose piogge e temporali. Da segnalare il forte temporale grandinigeno della tarda mattinata del 13 aprile, con epicentro a Multedo-Pegli, che vengono ricoperte da circa 20 cm di grandine, specie nella zona del Varenna. Impennata della temperatura solo il giorno 30, con 25°C.

Maggio

Mese con temperatura di circa 2 gradi superiore alla media, ma segnato da forti piogge e temporali, specie dal 10 al 22 e dal 28 a fine mese. Estremamente perturbato su molte parti d'Italia, con la tremenda alluvione della Romagna della notte tra il 16 e il 17, peraltro già preceduta da un'altra più lieve alluvione il giorno 4. I giorni 29 e 30 si raggiungono i 28°C, ma con forte instabilità, a causa di correnti da NE che portano sulla costa i temporali generatisi in Appennino.

Giugno

Mese con temperatura di quasi 2 gradi superiore alla media, ma segnato da frequenti piogge, specie dal 9 al 14, e un notevole nubifragio la mattina del 30. I giorni con temperatura superiore ai 30°C non sono così rari, come dovrebbero essere nella nostra città, e il giorno 24 si raggiungono 34°C.

Luglio

Mese caldo, con una media di temperatura di un grado superiore alla norma, molto umido e afoso, con cielo spesso coperto e numerose precipitazioni notturne, pur di lieve entità, ma tanto da rendere l'afa ancora più insopportabile. Notevole temporale con forti rovesci la mattina del 13. Per la terza volta consecutiva caldo tremendo al Sud, con temperature che in alcune zone della Sicilia Interna superano i 40°C, specialmente i giorni dal 15 al 20, in cui nell'Italia Centro Meridionale si registra una temperatura media di 30°C a 1500 m, che porta 40°C a Roma. Noi rimaniamo fuori da quel poderoso anticiclone africano, ma registriamo minime altissime sui 25°C-26°C, e tantissima umidità.

Agosto

Il mese si comporta in un modo strano. I primi 15 giorni, grazie a un afflusso d'aria più fresca da Nord, preannunciato il 4 da un breve temporale (benché la temperatura fosse già un poco scesa i giorni precedenti), sono miti e piacevoli, con notti piuttosto fresche. Verso Ferragosto la pressione tende ad aumentare sempre di più: si tratta di un'alta pressione africana con massimi sul centro della Francia e sulla Svizzera, una delle peggiori per la nostra regione. Infatti, dal 19 inizia un vero supplizio dovuto a un mix di umidità e temperature elevate, con l'apice il giorno 21, quando, sotto l'effetto del fohen, si ha una minima di 28°C e una massima di 38°C, temperatura raggiunta precedentemente a Genova solo il 7 agosto 2015 e, più indietro nel tempo, il 4 luglio 1952. Il caldo prosegue i due giorni successivi, più attenuato, con massime di 32°C-33°C, e minime tremendamente sempre sui 28°C, poi tende a scemare, e la Liguria ritrova la sua classica estate, benché ormai la stagione volga alla fine. Sabato 26 è un giorno grigio e minaccioso, specie al pomeriggio, ed è annunciata una violenta tempesta per i giorni successivi. Infatti, tra la sera di domenica 27 e la mattina di lunedì 28, con apice tra mezzanotte e le quattro, si scatena un temporale storico per fulminazioni, vento e, soprattutto, quantità di pioggia, che in circa 8 ore accumula tra i 100 e i 350 mm su tutta la nostra città, con epicentro nel quartiere di Marassi. Le piogge, più moderate, proseguono sino a fine mese, con temperature ormai degne della fine dell'estate, tra i 18°C e i 24°C.

Settembre

Mese con temperatura di circa tre gradi oltre la norma, che inizia in norma climatica e con tempo discreto, ma poi capitola nuovamente, sotto l'avanzata di un'ennesima alta pressione africana, verso una piena estate fuori stagione, con frequenti massime oltre i 30°C e minime elevate, finché il 13 l'alta pressione cede il passo a perturbazioni atlantiche che portano notevoli precipitazioni, con numerosi temporali, fino al giorno 23, quando nuovamente torna il bel tempo e aumentano le temperature, per stemperarsi solo gli ultimi due giorni del mese.

Ottobre

Un mese con la media termica tipica di settembre, con numerose precipitazioni, anche abbondanti, ma con un inizio segnato da un nuovo anticiclone subtropicale, che sembra ripetere il mese dell'anno precedente, con nuovamente sciami di mosche come impazzite che molestano i genovesi, naturalmente molto fuori stagione. Verso il 18 l'Anticiclone Africano abbandona le nostre zone ma, pur verificandosi numerose piogge e temporali, la temperatura rimane ancora troppo elevata per un autunno ormai avanzato (almeno sul calendario). Anche l'ultimo giorno del mese registra una massima sui 20°C, dopo che i giorni precedenti li avevano notevolmente superati. Da segnalare le mareggiate degli ultimi giorni.

Novembre

Mese che all'inizio segna numerose e abbondanti precipitazioni, con una fortissima mareggiata che dal 2 al 5 allaga numerose cittadine rivierasche, meno intensa di quella terribile del 29 ottobre 2018, ma molto più dilatata nel tempo, e quindi nuovamente assai distruttiva. Il giorno 4 la Toscana vive fortissimo maltempo, con l'alluvione a Prato e zone limitrofe. Successivamente, la temperatura inizia a scendere inesorabilmente, con assenza di piogge dal 10 al 27, ma con frequenti venti di grecale e Tramontana Scura. Il giorno 30 piove e tira forte vento, con la temperatura prettamente invernale, e quindi inferiore alla media. Durante il mese si susseguono altre mareggiate, ma con scarse piogge perché i venti sono da Ovest-Sud Ovest, più propizi a precipitazioni nell'estremo Levante e in Toscana.

Dicembre

Dopo un inizio con piogge, vento e alcune giornate decisamente rigide, come il 4, in cui la temperatura oscilla tra i 3°C e i 6°C, gradualmente l'inverno vira verso l'ormai consolidata pausa natalizia, per via dell'ingerenza di un possente anticiclone azzorriano-subtropicale a Ovest dell'Italia, che devia maltempo e freddo sui Balcani, e lascia le nostre zone con un clima ancora troppo autunnale, con minime di 8°C-9°C e massime tra i 12°C e i 15°C. Tornerà l'inverno vero? Per ora siamo destinati nuovamente a un Natale molto mite, con poca neve in montagna e temperature che dovrebbero rimanere stabili e quasi primaverili almeno sino al 28.

Cambiamenti climatici? L'impatto sulla Liguria Una breve riflessione

In questi ultimi anni si fa un gran parlare dei cambiamenti climatici. È indubbio che fa più caldo rispetto a 40 anni fa, che da tempo non si verificano inverni degni di questo nome, e in genere si dà la colpa all'inquinamento provocato dall'uomo.

Io non sono del tutto d'accordo su quest'ultimo aspetto, perché so bene che il clima è sempre cambiato. Per esempio, intorno all'anno 1000, i Vichinghi di Eric il Rosso avevano raggiunto una terra che è la ben nota Groenlandia, il cui nome significa Terra Verde. In quel periodo, i ghiacci polari erano molto ridotti, i passi alpini molto praticabili (coi mezzi di allora), e numerosi studi hanno dimostrato che l'Anticiclone Africano era molto presente, spesso producendo estati forse ancora più calde di quella terribile del 2003.

Poi, dal 1250, il clima iniziò a raffreddarsi, e si arrivò al Trecento, inizio della Piccola Era Glaciale, che toccò due massimi: uno intorno al 1400 e uno intorno al 1650-1700. In quest'epoca si segnalano due inverni in particolare: quello del 1407-08, probabilmente il peggiore che si sia mai verificato in Europa nel precedente millennio, con freddo pungente già a inizio novembre, e una costanza di neve e gelo che durò sino ad aprile. Si parla di città come Firenze, con la neve che durò 40 giorni, delle coste della Sicilia coperte di neve e ghiaccio per molto tempo. Gli inverni peggiori del '900, ovvero il 1928-29, 1955-56, 1984-85 sono stati sicuramente freddi, ma si è trattato di un'ondata, e impallidiscono rispetto a molti inverni del '400. Famoso fu pure il 1708-09, ma rispetto a quello del 400 fu di durata minore, perché ci fu un gelo estremo, che comunque si concentrò specialmente in gennaio, con replica più moderata in febbraio. Studi accurati hanno permesso di capire che per molti giorni del gennaio 1709 a 1500 m sopra la Pianura Padana la temperatura media fu di –22°C, mentre nel 1985 arrivò solo una –15°C a quella quota, e per un tempo minore.

Nel '500 non mancarono comunque stagioni molto strane, come il triennio 1538-39-40, in cui tutta l'Europa fu investita da una terribile siccità e da temperature caldissime in ogni stagione. Si parla di totale mancanza di neve sulle Alpi, di fiumi britannici che si prosciugarono e tali restarono per quasi 2 mesi. Insomma: anni caldi, caldissimi, con distruzione dei raccolti e carestie.

Ma andiamo ora nella nostra regione e cerchiamo di capire cosa è cambiato veramente rispetto a 40 anni fa.

L'anomalia è data principalmente da un'alta pressione subtropicale che sembra ormai semi permanente nel Sud della Spagna, e spesso si gonfia e arriva sino all'Inghilterra Meridionale, coinvolgendo specialmente l'Italia Settentrionale e centrale Tirrenica. Prima era molto molto più rara, e quando la nostra città veniva interessata da una zona di alta pressione, questa era solo un semplice promontorio del nucleo principale, che rimaneva più a Sud. Si sono balenate molte ipotesi riguardo a questo fenomeno, ma in realtà nessuno è riuscito a capirlo a fondo. Sembra che sul Sahara vi sia "una macchina" che la spinge in quella direzione. Questo non succede solo d'estate, ma pure in inverno, causando le ondate di calore del periodo estivo e l'inusuale mitezza di questi ultimi inverni.

È come se fosse cambiata la circolazione atmosferica. In primavera e in autunno spesso piove eccessivamente, perché questa figura barica si presenta con minore frequenza, ma non scompare comunque del tutto, tanto da riuscire a produrre spesso mesi notevolmente più caldi della norma di un tempo.

Prima in inverno la figura tipica di alta pressione era l'anticiclone russo siberiano, che a volte influenzava il nostro paese, e che quando si ritirava più a Est consentiva il sopraggiungere di correnti meridionali molto umide, legate alle perturbazioni atlantiche, che scorrendo sopra lo strato d'aria fredda sopraggiunto prima permettevano la neve a Genova e a Savona, in genere circa tre volte ogni inverno, e una volta all'anno si verificavano anche forti bufere di neve. L'ultima nevicata vera si è verificata a Genova il 23-01-19, con 15 cm in centro, e l'ultima vera tempesta si è verificata il 26-27 gennaio 2006, con accumulo finale di 35 cm.

A volte, se si verificava un afflusso molto freddo proveniente dalla Siberia, poteva nevicare persino nella mite Sanremo, come domenica 9 febbraio 1986.

Ma se c'è la figura di alta pressione subtropicale in Francia e in Spagna, questa scaccia più a Est l'anticiclone russo siberiano, e da noi il freddo vero non arriva.

Perché succede questo? In realtà se ne sa ben poco. È in ogni caso certo che, finché si manifesterà, gli inverni di un tempo resteranno un ricordo.

Per la piovosità è diverso. Negli anni '10 del XXI secolo a Genova e sulla Liguria in generale si è assistito a una frequenza e intensità precipitativa mai verificatasi prima, che poi ha lasciato il posto ai due anni molto siccitosi 2021 e 2022, seguiti da quest'ultimo anno più piovoso, almeno nella norma.

Anche di questi fenomeni, benché se ne parli molto, nessuno in realtà riesce veramente a comprenderne la causa.

Auspico in ogni caso il ritorno a quella moderazione molto propizia alle coltivazioni, magari interrotta da qualche evento precipitativo sopra le righe, come del resto è sempre successo nella nostra regione.

Staremo a vedere.

Genova, 22-12-23
Paolo Pellegrino

Indice

editricezona.it
info@editricezona.it

Made in United States
Orlando, FL
04 November 2026

90201286R10175